新工科计算机专业卓越人才培养系列教材

面向大数据的数据结构与算法设计

Python版 | 附微课视频

汤羽 林迪◎编著

人民邮电出版社
北京

图书在版编目（CIP）数据

面向大数据的数据结构与算法设计 : Python版 / 汤羽，林迪编著. -- 北京 : 人民邮电出版社，2022.12
新工科计算机专业卓越人才培养系列教材
ISBN 978-7-115-59341-2

Ⅰ. ①面… Ⅱ. ①汤… ②林… Ⅲ. ①数据结构－高等学校－教材②电子计算机－算法设计－高等学校－教材③软件工具－程序设计－高等学校－教材 Ⅳ. ①TP311.12②TP301.6③TP311.561

中国版本图书馆CIP数据核字(2022)第087003号

内容提要

面对大数据和人工智能技术及其应用的迅猛发展，传统数据结构与算法课程的教学内容和教学模式亟待改革，以适应大数据和人工智能专业人才培养的需求。本书就是为满足这种需求而编写的。本书共 15 章，主要内容包括大数据概论、Python 语言基础、线性表、栈与队列、数组与字符串、树与二叉树、图、键值对、嵌套数据结构、列存储结构、排序算法、查找算法、基础算法设计、机器学习算法基础、大数据框架下的算法设计等。本书兼顾每种数据结构的抽象逻辑结构及其物理存储形式，使学生对数据结构的设计原理、实现方法、存储机制有较深刻的认识。

本书可作为计算机科学与技术、软件工程、大数据技术与应用、人工智能等专业数据结构与算法及相关课程的教材。

◆ 编　　著　汤　羽　林　迪
责任编辑　孙　澍
责任印制　王　郁　陈　犇
◆ 人民邮电出版社出版发行　　北京市丰台区成寿寺路 11 号
邮编　100164　　电子邮件　315@ptpress.com.cn
网址　https://www.ptpress.com.cn
固安县铭成印刷有限公司印刷
◆ 开本：787×1092　1/16
印张：14　　2022 年 12 月第 1 版
字数：336 千字　　2024 年 12 月河北第 3 次印刷

定价：59.80 元

读者服务热线：(010) 81055256　印装质量热线：(010) 81055316
反盗版热线：(010) 81055315
广告经营许可证：京东市监广登字 20170147 号

前言

PREFACE

自 20 世纪 40 年代冯·诺依曼（Von Neumann）提出“处理器+存储器+控制器”的计算机模型以来，存储数据和程序指令的存储器系统一直是计算机科学的主要研究领域，提供数据存储逻辑结构和数据抽象模型的数据结构一直是计算机类专业教学的重点。传统的数据结构及算法课程主要讲授数组、栈、堆、队列、链表、树、图、散列表等经典数据结构，以及与这些数据结构相关的检索、查找、删除、更新、排序等操作及算法。这门课程在整个计算机专业课程体系以及学生的专业知识体系和编程技术能力的培养中具有举足轻重的作用。

近年来，随着大数据计算及其应用的兴起，超大规模数据的采集、存储、计算处理已成为大数据及人工智能的热门研究领域，引起产业界极大的关注和兴趣，也成为信息技术领域的国家重大战略需求。2021 年据不完全统计，我国大数据及人工智能人才缺口约 150 万人，493 所高校新增信息科学与大数据应用技术专业，345 所高校新增人工智能专业，众多高校的计算机和软件工程专业开设了大数据计算、机器学习算法等课程。超大规模数据的存储与快速处理使用的键值对、列存储、嵌套数据结构、多元组、日志式队列等新型数据结构，对传统数据结构及算法课程内容提出了新的挑战。新工科教育强调基于项目和课程实验培养学生的能力，这对传统数据结构及算法课程教学模式提出了新的要求，也对新形态教材和教学资源库提出了新的需求。

本书正是面对上述需求编写的一本数据结构与算法教材。本书共 15 章。其中第 1 章介绍大数据的相关概念，第 2 章介绍 Python 语言基础，第 3～7 章介绍线性表、栈与队列、数组与字符串、树与二叉树、图等经典数据结构，第 8～10 章介绍键值对、嵌套数据结构、列存储结构等面向大数据计算的新型数据结构，第 11～13 章介绍排序算法、查找算法、分治法、动态规划法、贪心算法、回溯法等基础算法，第 14 章介绍机器学习算法基础，第 15 章介绍大数据分析的朴素贝叶斯、*k*-means、PageRank 等算法。本书既讲解每种数据结构的抽象逻辑结构，也讲解其物理存储形式，使学生对数据结构的设计原理、实现方法、存储机制有较深刻的认识。

本书特色如下。

一、新增面向大数据计算的新型数据结构

本书的数据结构部分在经典数据结构的基础上增加了键值对、列存储、嵌套数据结构、多元组、日志式队列等新型数据结构，满足大数据及人工智能相关课程教学对新型数据结构知识的需求。

二、选取大量编程实例和编程习题，强化训练

本书通过大量 Python 语言编程实例和编程习题对学生进行强化训练，使学生扎实掌握 Python 编程技巧、各类数据结构使用方法及大数据计算处理方法，培养学生开发智能算法的能力。

三、新形态教材，配套立体化教学资源

本书采用了新形态教材模式，除传统的教学资源外，提供微课视频，还将开发微课小程序、在线题库、在线学习效果评价工具等新形态教学资源，能够很好地满足新工科教学与人才培养的需要。

电子科技大学汤羽教授负责本书的总体架构设计及第 1 章的撰写，林迪副教授承担第 2 章、第 12～15 章的撰写，西安工程大学范爱华副教授承担第 3～11 章的撰写，秦耀、梁宇同学也参与了本书的撰写和实验项目的撰写，在此致谢。本书在编写过程中参考了大量资料，书中引用了部分图片和文字，在此向这些资料的作者们一并表示感谢。

大数据与人工智能是高速发展中的新兴技术领域，新的数据结构、存储体系和智能算法仍在不断涌现，本书也只包含了到目前为止主要的、常用的内容，且受作者学识所限，本书会存在一定不足，希望得到读者和学界同行的批评指正。学无止境，勤能作舟，吾辈当共勉。

汤　羽

2022 年 3 月于四川成都

目录

CONTENTS

第1章

大数据概论

数据结构是计算机科学的核心内容之一，也是算法设计和软件开发的基础。本章首先对数据及数据结构的概念进行介绍，然后引入大数据计算的概念，并对大数据计算体系中的存储架构进行简要介绍，帮助读者为学习后续章节中将介绍的大数据计算领域出现的新型数据结构做好准备。

大数据计算概念

1.1 数据

数据（Data）在计算机科学中通指可以以数值形式记录下来的一切信息，它可以是文字、图像、音频、视频、二进制码或计算机科学中使用的其他形式的内容。数据既是计算机系统需要处理的对象，又是与硬件、软件、网络并列的计算资源之一。人类社会已经进入“数据时代”，数据量急剧增长，数据源和数据类型也越来越丰富，常见的数据包括交易数据、金融数据、身份数据、车载信息服务数据、时间数据、位置数据、射频识别数据、遥测数据和社交网络数据等。

数据的分类如下。

（1）按照不同的维度，数据可分为个人数据（个人身份数据、健康数据、个人财务数据、社交网络数据等）、社会数据（政府数据、统计数据、科学数据、商业数据等）、生产数据（制造业数据、金融数据、交通运输数据、商品交易数据等）等。

（2）按照不同的数据格式，数据可分为数值数据、文本数据、图像数据、音频/视频数据、二进制数据等。

（3）按照时间性，数据可分为实时数据、非实时数据、历史数据等。

（4）按照不同的处理程度，数据可分为原始数据与衍生数据，原始数据是指原始记录的、没有经过加工处理的数据；衍生数据是指通过对原始数据进行加工处理后产生的数据，如数据集市、汇总层、宽表、数据分析挖掘结果等中的数据。

（5）按照不同的存储方式，数据可分为结构化数据、非结构化数据、半结构化数据。

- 结构化数据由预先定义的数据类型按照预先设计的数据格式组合而成，易于数据库存储、管理与搜索，有利于后续的数据分析与挖掘工具使用。关系数据库（Relational Database，RDB）的数据表单（Form）就是一种典型的结构化数据存储方式。

- 非结构化数据是指没有预先定义数据类型和标准格式的数据，它也许有自己的内部结构和属性，但难以直接按照标准数据库提供的数据格式进行存储和管理，或不便于使用已有的分析工具进行数据挖掘。文本数据、图像数据就是常见的非结构化数据。

- 在结构化数据与非结构化数据之间还有一种半结构化数据。半结构化数据不具有标准的数据类型和格式，但为了支持快速查询，我们可以针对这类数据构建结构化的检索信息或元数据。标签式的元数据与原数据可以一起构成能较好地支持数据搜索和分析的半结构化数据。目前广泛使用的关系数据库和非关系数据库（NoSQL）都支持非结构化数据。

进入21世纪后，自然界和人类社会每天都会产生海量数据，如社交网站Meta每天产生约80亿条数据；2006年人类基因组产生的DNA碱基数目已超过1300亿，全世界每年生物数据产出量约为2^{50}B（1PB），且以每3年翻一番的速度增长。随着互联网、物联网、移动互联网的广泛应用，人们行为活动的数字化程度越来越高，由此产生的数据量也越来越大。

与数据相关的还有信息（Information）、知识（Knowledge）与价值（Value）这几个词。在信息科学中，它们既互相关联，又具有不同的含义。数据是对自然或人类活动过程或结果的记录，它被数字化（Digitalized）后可以被计算机存储和处理。信息则是包含在数据之中的能够被人脑理解、可通过思维推理的含义，比如，“01001000 01100101 01101100 01101100 01101111 00100000 01110111 01101111 01110010 01101100 01100100 00100001”是二进制数记录，是能被计算机识别、存储和处理的数据，经过计算机程序转换（ASCII 值字符转换），我们知道它代表“Hello world!”这样一个字符串，包含向世界问好的信息。在计算机编程语言世界，“Hello world!”实际上是约定俗成的机器或程序语言启动显示语句，这就是知识。最终，如果有人将这一固有的显示语句方法注册成专利并因此获利，这就产生了价值。

“互联网时代”大数据研究与应用热潮带来的不仅仅是需处理数据的量呈指数级增长，还有新的计算模型、计算方法以及数据结构的使用方式，比如大数据分析中的非关系数据库使用不同于传统数据结构的键值对（Key-Value Pair）数据结构，以及不同于传统关系数据库行存储结构（Row-Based Storage Structure）的列存储结构（Column-Based Storage Structure）。非关系数据库使用新型数据结构和存储结构的主要目的在于支持超大规模数据的快速分析、处理，以及支持大数据计算技术所采用的诸如流计算、图并行计算、内存计算等新计算模型。因此，本书除了讨论传统的数据结构（数组与字符串、栈与队列、链表、树与二叉树），还将对大数据计算分析用到的新型数据结构（键值对、嵌套数据结构、列存储）进行讨论，并会对与大数据挖掘、分析相关的基础算法进行介绍。

1.2　数据结构

数据结构（Data Structure）是数据元素按照一定方式组成的集合，也可看作计算机组织、存储及使用数据的抽象化表达方式。数据结构包括数据的逻辑结构和数据的物理结构以及它们之间的映射关系，还包含定义在这种结构之上的运算规则以及与之相对应的算法。总之，数据结构是相互之间存在一种或多种特定关系的数据元素的集合，这种数据元素之间存在的特定关系，被区分定义为数据逻辑结构和数据物理结构，也称为存储抽象结构与存储物理结构。正确掌握数据逻辑结构和数据物理结构的概念是学习数据结构的重点，这有助于我们理解计算模型和算法中是如何组织和使用数据的（数据逻辑结构），以及在计算架构和算法实现中是如何在物理空间内存储、管理和搜索数据的（数据物理结构）。

数据的逻辑结构和物理结构是数据结构的两个密切相关的方面，同一逻辑结构可以对应不同的物理结构。基于数据结构的算法设计取决于逻辑结构，而算法的实现则依赖于所使用的物理结构。图 1-1 所示为传统数据结构按照逻辑结构和物理结构的分类。逻辑结构包括数组、栈、队列、链表、广义表、树、图、堆等，物理结构主要包括顺序存储（如数组）、链式存储（如链表）、索引存储、散列存储（如散列表）等。

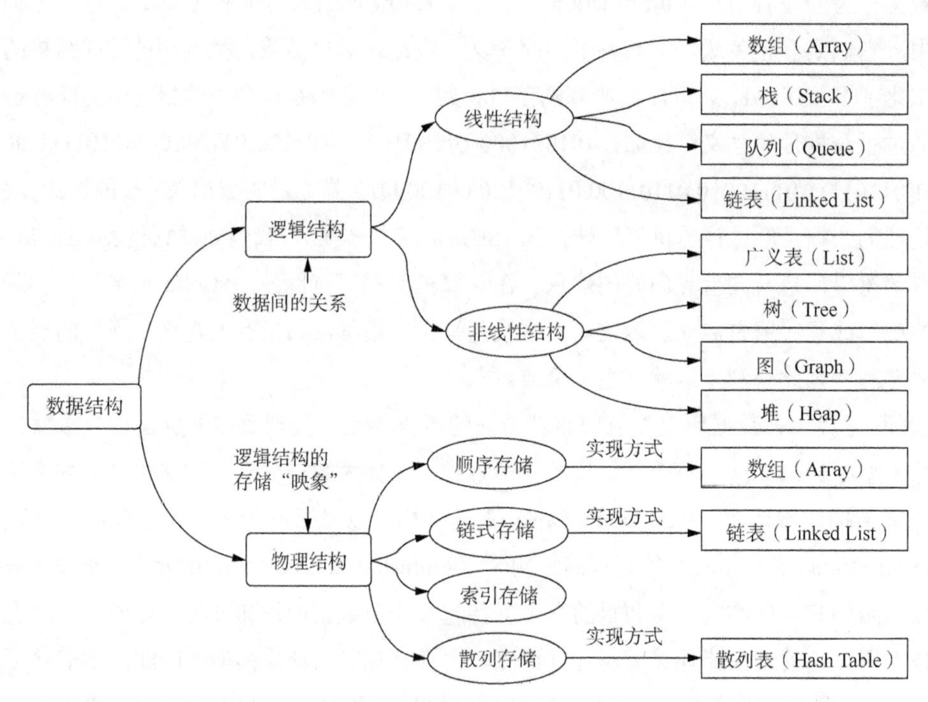

图 1-1　传统数据结构按照逻辑结构和物理结构的分类

1.2.1　数据的逻辑结构

数据的逻辑结构指反映数据元素之间的逻辑关系的数据模型。这里的逻辑关系是指数据元素之间的前后顺序、依赖、数学逻辑等关系，而与其在计算机中的物理存储位置无关。数据的逻辑结构按大类可以分为线性结构和非线性结构两种。

1．线性结构

数据的线性结构就是指结构中各个数据元素具有线性关系，具体包括以下几点特性。

- 线性结构是非空集。
- 线性结构有且仅有一个开始元素和一个终端元素。
- 在排列顺序上线性结构所有元素最多只有一个前节点和一个后节点。

典型的线性结构包括数组、栈、队列、链表等。

（1）数组

数组是一种聚合型线性结构，是将具有相同类型的若干元素顺序排列在一起的集合。数组是基本的数据结构，在各种编程语言中都有对应的变量类型。一个数组包含多个数组元素，按照元素的类型，数组可以分为整型数组、字符型数组、浮点型数组、指针数组和结构数组等。数组还可以有一维、二维及多维等表现形式。

（2）栈

栈是一种特殊的线性表，它只能在一个表的一个固定端进行数据的插入和删除操作。栈按照后进先出的原则来存储数据，也就是说，先插入的数据将被压进栈底，最后插入的数据在栈顶，读取数据时，从栈顶开始逐个读取。栈在汇编程序中，经常用于重要数据的"现场保护"。栈中没有数据时，称其为空栈。

（3）队列

队列和栈类似，也是一种特殊的线性表。和栈不同的是，队列只允许在表的一端进行插入操作，而在另一端进行删除操作。一般来说，插入元素的一端称为队尾，而删除元素的一端称为队头。队列中没有元素时，称其为空队列。

（4）链表

链表是一种数据元素按照链式存储结构进行存储的数据结构，这种数据结构具有物理存储上非连续的特点。链表由一系列数据节点构成，每个数据节点包括数据域和指针域两部分。其中，指针域保存数据结构中下一个节点存放的地址。链表结构中数据元素的逻辑顺序是通过链表中的指针链接次序来实现的。

2．非线性结构

数据的非线性结构就是指各个数据元素之间并非一对一的关系，而是具有多种对应关系。非线性结构具有以下两点特性。

- 非线性结构必须是非空集。
- 非线性结构的一个元素可能有多个前节点和多个后节点。

在实际应用中，广义表、树、图、堆等数据结构都属于非线性结构。

（1）广义表

广义表又称列表，是一种非线性结构，是线性表的一种推广。广义表放松了对表元素的原子性限制，允许元素具有其自身结构。广义表可以表示为 n（$n \geqslant 0$）个元素 $a_1, a_2, \cdots, a_i, \cdots, a_n$ 的有限序列，其中：

① a_i 是原子元素或者是一个广义表；

② 广义表通常记作 $\mathrm{Ls}=(a_1, a_2, \cdots, a_i, \cdots, a_n)$

③ Ls 是广义表的名字，n 为它的长度；

④ 若 a_i 是广义表，则称它为 Ls 的子表。

（2）树

树是典型的非线性结构，它是包括 n（$n \geqslant 1$）个节点的有穷集合。在树结构中，有且仅有一个根节点，该节点没有前节点。树结构中的其他节点都有且仅有一个前节点，而且可以有 m 个后节点，$m \geqslant 0$。

（3）图

图是另一种非线性结构。在图结构中，数据节点一般称为顶点，而边（或弧）是顶点的有序"偶对"。如果两个顶点之间存在一条边，那么表示这两个顶点具有相邻关系。

（4）堆

堆是一种特殊的树形结构，一般讨论的堆都是二叉堆。堆的特点是根节点的值是所有节点中最小的或者最大的，并且根节点的两个子树也是堆结构。

数据结构研究如何按一定的逻辑结构把数据组织起来，并选择适当的物理存储方法把数据存储到计算机存储介质上。另外，在讨论数据结构时常常会讨论基于数据结构的数据运算，即定义在数据逻辑结构上的数据操作方法，以完成对数据的有效存储和管理。一般有以下几种常用的数据运算方式。

- 检索：检索就是在数据结构里查找满足一定条件的节点，一般是给定某字段的值，找具有该字段值的节点。
- 插入：往数据结构中增加新的节点。
- 删除：把指定的节点从数据结构中去掉。
- 更新：改变指定节点的一个或多个字段的值。
- 排序：把节点按某种指定的顺序重新排列，如递增或递减排列。

1.2.2 数据的物理结构

数据的物理结构指数据元素在计算机物理存储介质的存储空间内的实际存放形式，它也可看作数据的逻辑结构在计算机物理存储空间中的“映象”。具体实现的物理结构有顺序存储、链式存储、索引存储、散列存储等多种类型。实际上，一种数据逻辑结构可以以一种或多种物理存储方式来实现存储。

（1）顺序存储：把逻辑结构上相邻的数据元素存储在物理位置相邻的存储单元中，数据元素之间的关系由存储单元的邻接关系来体现。顺序存储结构常常借助数组来实现。其优点是能节省空间，可以实现随机存取；缺点是插入、删除操作需要移动数据元素，效率低。

（2）链式存储：在计算机存储介质上用一组任意的存储单元（这组存储单元可以是连续的，也可以是不连续的）来存储线性表的数据元素。其特点是数据元素在物理位置上可以不相邻，所以每个数据元素包括一个数据域和一个指针域，数据域用来存放数据，而指针域用来存放其后继单元的位置。其优点是插入、删除操作灵活；缺点是不能随机存取，查找速度慢。

（3）索引存储：建立索引表，用存储节点的索引号来确定节点存储地址。其优点是检索速度快；缺点是会增加附加的索引表，会占用较多的存储空间。

（4）散列存储：一种对数据元素的存储位置与关键码建立确定对应关系的存储与查找方法。散列存储的基本思想：由节点的关键码值决定节点的存储地址。

1.3 大数据计算

2001 年 2 月，Meta Group 公司的分析师 Douglas Laney 在一份研究报告中第一次提出了大数据所具有的规模（Volume）、速度（Velocity）和多样化（Variety）这 3 个重要特征。目前在学术界及工业界，多数人接受的大数据定义有如下几种。

维基百科（Wikipedia）对大数据的定义为“数据集规模超过目前常用软件工具在可接受时间范围内进行采集、管理及处理的水平”。美国国家标准与技术研究院（National Institute of Standards and Technology，NIST）对大数据的定义为“具有规模大（Volume）、多样化（Variety）、时效性（Velocity）和多变性（Variability）特性，需要通过具备可扩展性的计算架构来进行有效存储、处理和分析的大规模数据集”。与其他表述有所不同，国际商业机器（International Business Machines，IBM）定义的大数据包括数量（Volume）、多样性（Variety）、速度（Velocity）和真实性（Veracity）“4V”特性，并提出真实性是当前企业亟须考虑的重要维度。知名咨询机构麦肯锡全球研究所（McKinsey Global Institute）给出的大数据定义是：一种规模大到在获取、存储、管理、分析方面大大超出传统数据库软件工具能力的数据集，其具有海量数据规模、快速数据流转、多样数据类型和价值低密度四大特征。

我们需要关注大数据的规模（Volume）、速度（Velocity）、多样性（Variety）、价值低密度（Value）、数据真实性（Veracity）等特征，更需要注意大数据的计算处理是现有常规计算模型和架构难以有效解决的。大数据计算系统包括 3 个基本层：数据存储层、数据应用层、数据处理层。图 1-2 给出了基于上述 3 层的大数据计算体系框架。

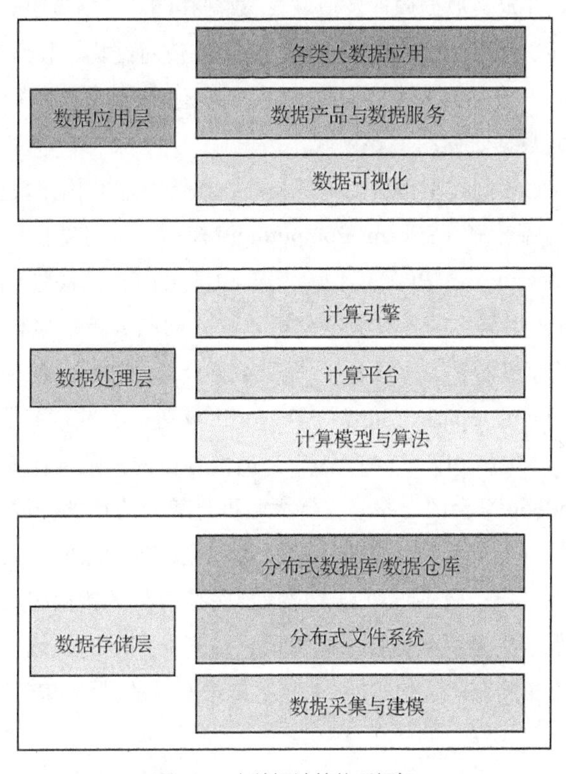

图 1-2　大数据计算体系框架

数据存储层主要提供数据采集、清洗建模、大规模数据存储管理、数据操作（添加、删减、查询、更新、数据同步）等功能。由于大数据处理具有多重数据源、数据异构性、非结构化数据、分布式计算环境等特点，因此大数据存储系统的设计远比传统的关系数据库系统复杂。目前，数据存储层的架构主要由数据采集层、分布式文件系统、非关系数据库及统一数据读取界面组成，如图 1-3 所示。

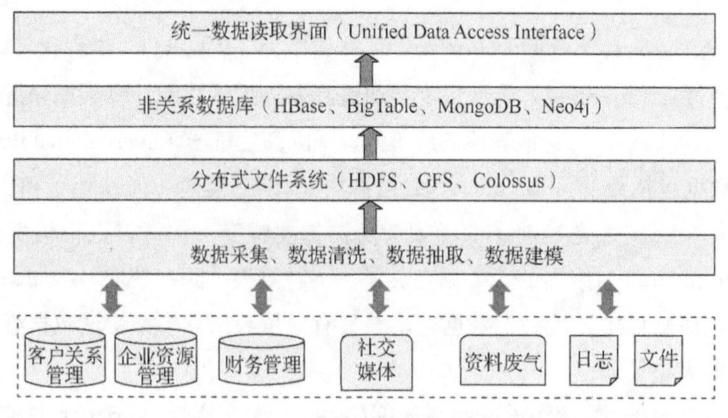

图 1-3　数据存储层的架构

数据存储层的功能包括：数据采集（数据来源于系统日志、网络爬虫、无线传感器网络、物联网，以及其他数据源）；数据清洗、抽取与建模（将各种类型的结构化、非结构化、异构数据转化为标准存储格式数据，并定义数据属性及值域）；数据存储（包括集中式或分布式文件系统、关系数据库或分布式数据库、行存储结构或列存储结构、键值对结构、散列表检索等）。数据存储层架构是大数据计算的基础，上层的各种分析算法、计算模型及计算性能等都依赖于数据存储层，因此，数据存储系统是大数据研究的重要领域。

数据处理层包括：针对不同类型数据的计算模型，如针对非结构化数据的 MapReduce 批处理模型、针对动态数据流的流计算（Stream Computing）模型、针对结构化数据的大规模并行处理（Massively Parallel Processing，MPP）模型、基于物理大内存的高性能内存计算（In-Memory Computing）模型；针对应用需求的各类数据分析算法（回归分析、聚合算法、关联规则算法、决策树算法、贝叶斯分析、机器学习算法等）；提供数据计算、处理的各种开发工具包和运行支持环境的计算平台，如 Hadoop、Spark、Storm、TensorFlow 等。目前，商业公司如 Google、IBM、甲骨文（Oracle）、微软（Microsoft）、SAP 等，都提供各自的大数据计算平台和相关技术，有的开源社区则提供基于 Hadoop 平台的一整套支持大数据计算及应用的开放式架构和技术标准。

数据应用层基于数据存储层和数据处理层提供各行业、各领域的大数据应用技术解决方案。目前，互联网、电子商务、电子政务、金融、电信、医疗等是大数据应用非常广泛的领域，而制造业、教育、能源、环保等则是大数据技术即将或已经开始拓展的领域。在我国，大数据分析与云计算系统、物联网应用相结合，这为我国 21 世纪传统产业的升级和转入“互联网时代”提供了有力的技术支撑。

本章小结

本章主要对数据结构进行讲解，重点介绍了数据的逻辑结构和数据的物理结构。数据的逻辑结构和物理结构是密切相关的，同一逻辑结构可以对应不同的物理结构。基于数据结构的算法设计取决于数据的逻辑结构，而算法的实现则依赖于数据的物理结构。

本章习题

1．数据、信息、知识与价值这 4 个词在信息科学中既互相关联，又具有不同的含义。请举例说明这 4 个词在概念上的联系与区别。

2．阐述大数据的四大特征。

3．阐述大数据计算系统涉及的 3 个层次及其含义。

4．简述数据存储层的架构，并用图解释说明。

5．美国国家标准学会把数据模型定义为 3 个层次，分别为哪 3 个层次？阐述每个层次的含义。

第2章

Python 语言基础

Python 是一种易于学习、功能强大的编程语言。它拥有高效的高级数据结构和面向对象编程的简单而有效的方法。Python 优雅的语法、动态类型及其解释特性，使其成为脚本编写和应用程序快速开发的理想语言。

Python 程序控制

2.1　Python 安装

总体而言，Python 具有如下几个特点。

（1）Python 易于使用，它为大型程序提供了比 Shell 脚本或批处理文件更多的结构和支持。另外，Python 还提供了比 C 更多的错误检查功能，并且作为一种高级语言，它具有内置的“高级”数据类型，如灵活的数组和字典。由于拥有更通用的数据类型，Python 的适用范围比 AWK 甚至 Perl 更大。

（2）Python 是可扩展的。如果你知道如何用 C 编程，那么你就可以很容易地向 Python 解释器添加新的内置函数或模块，或者以最快的速度执行关键操作，或者将 Python 程序链接到以二进制形式表示的库（如图形库）。一旦你喜欢并熟悉了 Python 语言，你就可以非常容易地将 Python 程序链接到用 C 编写的应用程序，并将 Python 用作该应用程序的扩展语言或命令语言。

（3）Python 是一种解释型语言。使用 Python 可以在程序开发过程中节省大量时间，因为 Python 程序无须编译和链接。解释器可以交互使用，这使得在自下而上的程序开发过程中可以轻松地验证程序的功能，编写程序或测试功能。

（4）Python 程序紧凑、可读。这主要体现在 Python 的高级数据类型允许用户在单个语句中表达复杂的操作。此外，Python 的语句分组是通过缩进而不是开头和结尾的括号来完成的，而且 Python 不需要变量或参数声明。因此，用 Python 编写的程序通常比同等的 C、C ++或 Java 程序短得多。

Python 目前有两种比较成熟的版本，分别为 2.x 和 3.x。二者相互独立，即使它们被安装在同一台机器内，互相之间也不会产生较大的影响。为统一起见，考虑到 2.x 版本基本不再维护，本书后续介绍的 Python 版本若未特殊说明，均指 Python 3.x。

Python 支持跨平台运行，它可在包括 Windows、UNIX、Linux 在内的多种操作系统中运行。本节将介绍在 Windows 操作系统下 Python 的安装流程。

搜索 Python 官网，进入下载页面后，选择 Python 3.x 的 Release 版本，如图 2-1 所示。截至本书编写时，最新 Release 版本为 3.8.3 版本。

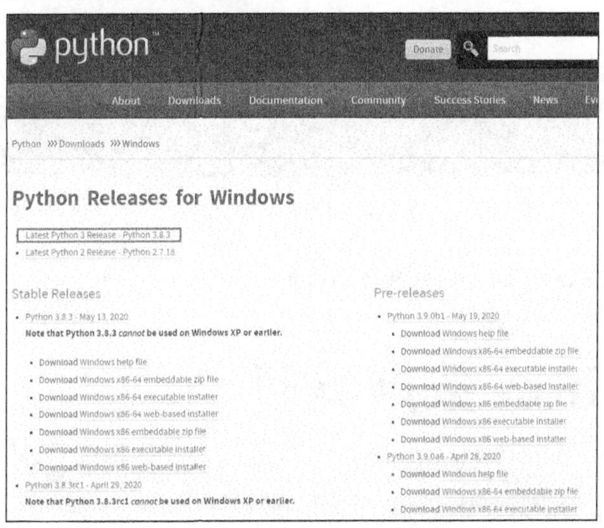

图 2-1　Python 官网针对 Windows 操作系统的 Python 安装包下载页面

随后，根据自己的计算机设备配置情况，选择并下载对应的64位或32位安装包。针对各种操作系统的Python安装包列表如图2-2所示。

Files

Version	Operating System	Description	MD5 Sum	File Size	GPG
Gzipped source tarball	Source release		a7c10a2ac9d62de75a0ca5204e2e7d07	24067487	SIG
XZ compressed source tarball	Source release		3000cf50aaa413052aef82fd2122ca78	17912964	SIG
macOS 64-bit installer	Mac OS X	for OS X 10.9 and later	dd5e7f64e255d21f8d407f39a7a41ba9	30119781	SIG
Windows help file	Windows		4aeeebd7cc8dd90d61e7cfdda9cb9422	8568303	SIG
Windows x86-64 embeddable zip file	Windows	for AMD64/EM64T/x64	c12ffe7f4c1b447241d5d2aedc9b5d01	8175801	SIG
Windows x86-64 executable installer	Windows	for AMD64/EM64T/x64	fd2458fa0e9ead1dd9fbc2370a42853b	27805800	SIG
Windows x86-64 web-based installer	Windows	for AMD64/EM64T/x64	17e989d2fecf7f9f13cf987825b695c4	1364136	SIG
Windows x86 embeddable zip file	Windows		8ee09403ec0cc2e89d43b4a4f6d1521e	7330315	SIG
Windows x86 executable installer	Windows		452373e2c467c14220efeb10f40c231f	26744744	SIG
Windows x86 web-based installer	Windows		fe72582bbca3dbe07451fd05ece1d752	1325800	SIG

图2-2　Python安装包列表

下载完毕之后，以管理员身份打开下载下来的.exe文件，按照个人需求，依照程序提示设置好安装目录，即可完成安装。安装界面如图2-3所示。

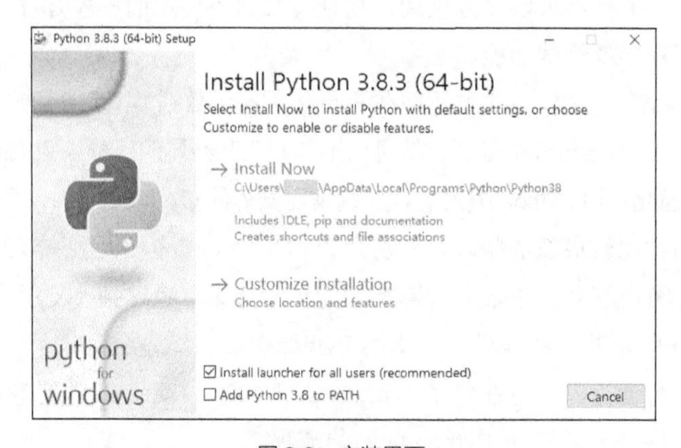

图2-3　安装界面

安装完毕后，进入Python的安装目录，找到目录下的python.exe文件，以管理员身份打开它，即可在新出现的控制台窗口中执行Python语句，如图2-4所示。

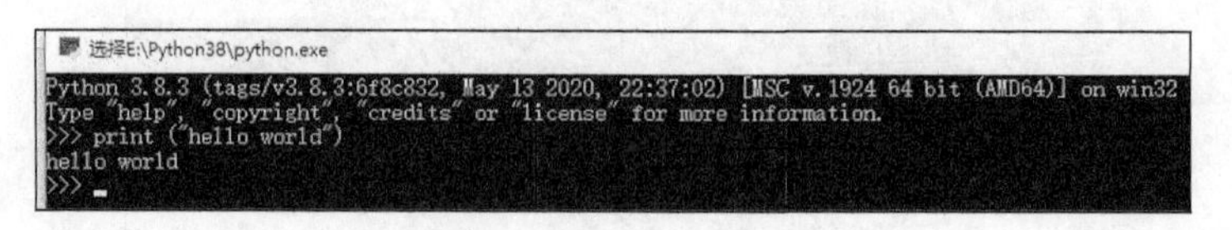

图2-4　执行Python语句

输入“exit()”后按Enter键，即可退出Python。

2.2 Python数据类型

一般而言，Python的数据类型可以分为以下两类。

（1）数值类型（Numeric Type）：int、float、long、complex。数值类型的创建方式一般有3种：通

过赋初值创建，通过内置方法创建，通过含运算符的表达式的运算结果创建。与 C 和 Java 语言相似，Python 数值类型支持混合运算，当不同类型的数值之间进行运算时，占用内存空间较少的数值类型会被隐式转换为占用内存空间较多的数值类型。占用内存空间从小到大依次为 int<long<float<complex。需要注意的是，Python 的各个数值类型占用的内存空间与其他语言相比有很大不同，如在 Python 中，int 类型占用内存空间 12bit，long 类型占用内存空间 14bit，float 类型占用内存空间 16bit。

（2）序列类型（Sequence Type）：字符串（str）、统一码（unicode）、列表（list）、元组（tuple）、字节数组（bytearray）、缓冲器（buffer）、生成器（xrange）。序列类型支持一些通用的操作，如表 2-1 所示。

表 2-1　序列类型支持的通用操作

操作示例	作用	说明
x in s	如果 s 的某一个元素等于 x，则返回 True；否则返回 False	当 s 是字符串或 Unicode 字符串对象时，in 和 not in 操作可以理解为寻找 s 是否有子串 x。在 Python 2.3 之前的版本中，x 必须是长度为 1 的字符串。在 Python 2.3 及更高版本中，x 可以是任意长度的字符串
x not in s	如果 s 的某一个元素等于 x，则返回 False；否则返回 True	
s + t	返回 s 和 t 的连接结果	若要考虑性能因素的话，建议使用 Python 的库函数来代替此类操作
s * n、n * s	返回 s 自身 n 次	当 n 小于 0 时，操作结果为 0（会产生与 s 相同类型的空序列）。请注意，返回的新的序列对象中的每个元素不是对序列 s 中元素的复制，而是简单的引用，因此，对新的序列中任何一个元素的修改都会修改其他元素
s[i]	返回 s 的第 i 个元素（从 0 开始计数）	如果 i、j 为负值，则表示从序列尾开始计数，即取第 len(s) + i 个元素
s[i:j]	返回 s 从第 i 个元素到第 j 个元素的部分	
s[i:j:k]	从 s 的第 i 个元素到第 j 个元素，依照步长为 k 筛选元素，返回由筛选出的元素组成的序列	
len(s)	返回 s 的长度	—
min(s)	返回 s 的最小元素	—
max(s)	返回 s 的最大元素	—
s.index(x)	返回 s 中第一次出现 x 的位置	—
s.count(x)	返回 s 中出现 x 的总次数	—

需要注意的是，Python 与 C 和 Java 不同，其变量赋值时不需要类型声明，但是变量在被使用前都必须赋值，之后才会被创建并被赋予标识、名称和数据等相关信息。

下面将着重对 int 类型、float 类型、字符串和序列数据进行介绍。

2.2.1　int 类型

正如前文所述，int 类型（整型）有 3 种创建方式，即通过赋初值创建、通过内置方法创建、通过含运算符的表达式的运算结果创建。

（1）通过赋初值创建，如 a=10。

（2）通过内置方法创建，如 b=int(3)。

（3）通过含运算符的表达式的运算结果创建，如 c=2+3。

此外，int 类型也支持位运算，基本操作如表 2-2 所示。

表 2-2　int 类型的位运算基本操作

操作	说明
x | y	对 x 和 y 进行按位或运算
x ^ y	对 x 和 y 进行按位异或运算
x & y	对 x 和 y 进行按位与运算
x << n	x 向左移动 n 位
x >> n	x 向右移动 n 位
~x	将 x 按位取反

另外，int 类型还支持一个方法，即 int.bit_length()，该方法返回 int 对象对应的二进制位数（不包括符号位和前导占位 0）。

2.2.2　float 类型

和 int 类似，float 类型（浮点型）也有 3 种创建方式，此处不赘述。

除此之外，float 类型也具有独特的方法，如下所述。

1．float. as_integer_ratio ()

该方法返回一对整数，其比值与原始浮点数完全相等，分母为正。

2．float. is_integer ()

该方法会在传入的浮点数的小数部分为 0（如 2.0、43.0000 等）时返回 True，否则（如 2.1、43.0001 等）返回 False。

以上两种方法支持十六进制字符串的转换。由于 Python 的浮点数会存储为二进制数，因此将浮点数转换为十进制字符串或将十进制字符串转换为浮点数通常会导致舍入错误。而十六进制字符串允许精确表示和指定浮点数，这在调试和数值计算中非常有用。

3．float. hex ()

该方法将浮点数返回为十六进制字符串。对于有限浮点数，此方法的返回值将始终包括前导 0x 和尾随的 p 指数。

2.2.3　字符串

1．字符串前缀

字符串（str）可以包含在 1 对匹配的单引号（'）或双引号（"）中。它们也可以包含在 3 对匹配的单引号或 3 对匹配的双引号中，这样的字符串通常称为三引号字符串。反斜线（\）字符用于对具有特殊含义的字符进行转义，如换行符、反斜线本身或引号等字符。字符串可以以字母 r 或 R 为前缀，这些字符串称为原始字符串。可使用不同的规则来解释反斜线转义序列。加上前缀 u 或 U 将会使字符串成为 Unicode 字符串。Unicode 字符串使用统一码联盟（The Unicode Consortium）和 ISO 10646 定义的 Unicode 字符集。下面列举一些常用转义序列。需要特别指出的是，在 Python 3 中，前缀 b 或 B 将被忽略；它表示文字应该成为 Python 3 中的字节文字。一个 u 或 b 前缀后面可以跟一个 r 前缀。

在三引号字符串中，允许（并保留）使用未转义的换行符和引号，但是连续 3 个未转义的引号将终止字符串。除非存在 r 或 R 前缀，否则字符串中的转义序列将根据与标准 C 所使用的规则类似的规则进行解释。常用转义序列及其作用如表 2-3 所示。

表 2-3　常用转义序列及其作用

前缀	作用	说明
\newline	忽略现有行内容	—
\\	反斜线（\）	—
\'	单引号（'）	—
\"	双引号（"）	—
\a	ASCII 响铃（BEL）	—
\b	ASCII 退格符（BS）	—
\f	ASCII 换页符（FF）	—
\n	ASCII 换行符（LF）	—
\N{name}	Unicode 数据库中名为 name 的字符（仅限 Unicode）	—
\r	ASCII 回车符（CR）	—
\t	ASCII 制表符（TAB）	—
\uxxxx	具有 16 位十六进制数值 xxxx 的字符	—
\Uxxxxxxxx	具有 32 位十六进制数值 xxxxxxxx 的字符	—
\v	ASCII 垂直标签（Vertical Tab）	—
\ooo	带有八进制数值 ooo 的字符	与标准 C 一样，最多可接受 3 个八进制数字
\xhh	带有十六进制数值 hh 的字符	与标准 C 不同，只需要两个十六进制数字

2．字符串方法

Python 为字符串提供了详尽的方法支持，其中一部分的说明如表 2-4 所示。

表 2-4　Python 字符串方法

方法	作用
str.capitalize()	返回字符串的副本，其首字符大写，其余字符小写
str.center(width [, fillchar])	返回指定宽度的字符串，居中显示，使用指定的 fillchar 完成填充（默认为空格）
str.count(sub [, start [, end]])	返回[start,end] 范围内子字符串 sub 的非重叠出现次数
str.endswith(suffix[,start[,end]])	检测字符串是否以 suffix 参数作为后缀，当给出 start、end 参数时，检测范围即为给定的范围
str.find(sub [,start [,end]])	返回在切片中找到子字符串 sub 在原字符串中的[start:end]范围内第一次出现时的索引位置
str.format(*args,**kwargs)	执行字符串格式化操作。调用此方法的字符串可以包含由花括号{}分隔的文字文本或替换字段。每个替换字段都包含位置参数的数字索引或键参数的名称。返回字符串的副本，其中每个替换字段都会替换为相应参数的字符串值
str.isalnum()	如果字符串中的所有字符都是字母或数字，且至少有一个字符，则返回 True；否则返回 False
str.isalpha()	如果字符串中的所有字符都是字母并且至少有一个字符，则返回 True；否则返回 False
str.isdigit()	如果字符串中的所有字符都是数字并且至少有一个字符，则返回 True；否则返回 False
str.islower()	如果字符串中包含至少一个区分大小写的字符，并且所有这些区分大小写的字符都是小写，则返回 True；否则返回 False
str.isspace()	如果字符串中只有空格字符并且至少有一个字符，则返回 True；否则返回 False
str.isupper()	如果字符串中包含至少一个区分大小写的字符，并且所有这些区分大小写的字符都是大写，则返回 True；否则返回 False

2.2.4 序列数据

几乎所有的 Python 数据类型都可以视作对象，而对象一般分为可变与不可变两种类型，可变对象允许在创建并初始化之后修改对象中的值，而不可变对象被创建后即不能进行修改。序列数据也一样，列表和 bytearray 属于可变序列类型，而 tuple 属于不可变序列类型。可变序列类型一般而言支持表 2-5 所示的通用操作。

表 2-5 可变序列类型支持的通用操作

操作示例	作用	说明
s[i] = x	s 中的第 i 个元素被替换为 x	—
s[i:j] = t	从 i 到 j 的 s 的子部分被可迭代的 t 的内容所替换	—
del s[i:j]	可以视为 s[i:j]=[]	—
s[i:j:k] = t	元素 s[i:j:k] 被 t 的元素替换	t 必须与它所替换的切片具有相同的长度
del s[i:j:k]	从列表中删除元素 s[i:j:k]	—
s.append(x)	可以视为 s[len(s):len(s)] = [x]	—
s.extend(t) 和 s += t	可以视为 s[len(s):len(s)] = t	t 可以是任何可迭代的对象
s *= n	更新 s，其内容重复 n 次	—
s.count(x)	返回 s 中满足 s[i] == x 的 i 的个数	—
s.index(x[,i[,j]])	返回满足 s[k] == x and i <= k <j 的最小的 k	—
s.insert(i, x)	可以视为 s[i:i] = [x]	当 i 为负数时，将取第 len(s)+i 个元素，若 len(s)+i 仍为负数，则直接将 i 视为 0
s.pop([i])	可以视为 x = s[i]; del s[i]; return x	i 为可选参数，默认值为-1，即若不输入参数，则默认取最后一个元素进行操作
s.remove(x)	可以视为 del s[s.index(x)]	—
s.reverse()	反转 s 中的所有元素	该函数会直接修改原序列 s，并不会返回一个新的序列对象
s.sort([cmp[,key[,reverse]]])	对 s 中的元素进行排序	

对于表 2-5 中的 sort()函数，说明如下。

sort()函数中的所有参数均为可选参数。其中，cmp 为比较函数，参数为 s 中的两个元素对象，当前一个元素大于后一个元素时返回正数，小于则返回负数，等于则返回 0；reverse 为一个布尔值，如果为 True，则将原本的序列对象反转输出。

2.3 Python 程序控制

Python 流程控制包括条件判断、循环判断、异常处理 3 个部分。

2.3.1 条件判断

条件判断语句的一般格式如下。

```
if expression1:
```

```
    statement1
elif expression2:
    statement2
else:
    statement3
```

其中，elif 和 else 均为可选的，elif 可以有多个，但 else 在一组条件判断语句中仅可以有一个。每个 if 和 elif 后均跟随一个 expression 语句和一段 statement 的可执行代码（statement 语句），其中 expression 为具有 True 或 False 这样的返回值的语句。例如，下面的代码将根据 x 与 3 比较的结果，输出 greater、eq 或 small。

```
if x > 3:
print("greater")
elif x == 3:
print("eq")
else:
print("small")
```

系统将逐个对 expression 进行判断，当 expression 的返回值为 True 时，执行其对应的 if 或 elif 的 statement 语句，并在执行完毕后直接跳出整段条件判断语句（即直接跳至最后一个 statement 之后）。若所有 expression 均返回 False，则执行 else 对应的 statement 语句。

2.3.2　循环控制

循环控制语句分为两种：while 和 for 循环语句。

while 循环语句的一般格式如下。

```
while expression:
    statement1
else:
    statement2
```

系统将循环检测 expression 语句，若结果为 True，则执行 statement1 并继续循环检测 expression 语句；若结果为 False，则执行一次 statement2 并结束 while 循环语句。此外，在 statement1 中，还应当注意两个特殊的关键字 break 和 continue。当程序逐行执行 statement1 中的语句直至遇到 break 时，会直接跳出并结束 while 循环语句，并且不会执行 else 语句；当遇到 continue 时，则会直接跳转回 expression 语句并继续执行。

例如，在下面这段代码中，只要 x 的值不等于-1，就会重复执行。相对于 C/C++/Java 来讲，比较特殊的是 else 语句。在这里，else 是一个可选的语句。当条件表达式为假时，跳出 while 循环后，会执行 else 语句下的程序块。

```
x = int(input("enter a integer:"))
while x != -1:
print(x)
x = int(input("next number:"))
else:
print("end")
print('over')
```

for 循环语句是 Python 中的另外一种循环语句，主要目的是迭代访问对象序列。例如，下面这段代码会对数字 1～5 逐个进行输出。

```
for x in range(1,5):
print(x)
print('over')
```

for 循环语句的一般格式如下。

```
for target_list in expression_list:
    statement1
else:
    statement2
```

该语句中的主要操作对象为 2.2 节中所提到的序列数据对象，此处为 expression_list，系统会在内部生成一个 expression_list 的迭代器，用以以索引的升序顺序获取 expression_list 中的一个元素并赋给 target_list，然后执行 statement1，执行完后继续通过迭代器获取下一个元素并赋给 target_list，如此反复，直到 expression_list 中的元素被迭代至最后一个为止。最后如果有 else 语句，则执行 else 对应的 statement2 语句。同 while 循环语句一样，for 循环语句也支持 break 和 continue 语句。

对于 for 循环语句，需要注意以下两点。

（1）如果要直接通过序列索引而非序列元素来进行迭代循环，可以采用以下方式。

```
for target_index in range(len(expression_list)):
    statement1
```

如此一来，target_index 即 expression_list 当前迭代元素的索引值，可以通过 expression_list [target_index]来访问该元素。

（2）在可变序列中，内部计数器用于跟踪下一个使用的元素，并在每次迭代时递增。当该计数器的值达到序列的长度值时，循环终止。这意味着如果 statement 从 expression_list 中删除当前（或前一个）元素，则下次循环时将跳过下一个元素。同样，如果 statement 在当前元素之前的序列中插入元素，则下次循环时将再次处理当前元素。

2.3.3 异常处理

异常处理语句用于捕获并处理 Python 中的异常。常见语法格式如下。

```
try:
    statement1
except exception_name1,exception_name2,…:
    statement2
else:
    statement3
finally:
    statement4
try:
    statement5
finally:
    statement6
```

该异常处理语句可指定一个或多个异常处理程序。当 try 子句中没有异常发生时，不执行异常处理程序。当 try 子句中发生异常时，将启动对异常处理程序的搜索。此搜索依次检查 except 子句，直到找到与该异常匹配的子句。无表达式的 except 子句（如果存在）必须在最后，它匹配任何异常。对于带有表达式的 except 子句，将运算该表达式，如果结果对象与异常“兼容”，则子句匹配该异常。如果结果对象是异常对象的类或基类，或者包含与异常兼容的项的元组，则该对象与异常兼容。

如果没有 except 子句匹配异常，则在周围代码和调用堆栈中继续搜索异常处理程序。

如果在对 except 子句标头中的表达式求值时引发异常，则取消对异常处理程序的原始搜索，并在周围代码和调用堆栈中搜索新异常（它被视为整个 try 声明提出的异常）处理程序。

找到匹配的 except 子句时，系统会将异常分配给该 except 子句中指定的目标（如果存在），并执行 except 子句的套件。所有 except 子句必须具有可执行块。执行到此块的末尾时，在整个 try 语句之后继续执行。这意味着如果同一个异常存在两个嵌套处理程序，并且内部处理程序的 try 子句中发生异常，则外部处理程序将不处理异常。

在执行 except 子句之前，系统会将有关异常的详细信息分配给 sys 模块中的 3 个变量：sys.exc_type（接收标识异常的对象）；sys.exc_value（接收异常的参数）；sys.exc_traceback（接收回溯对象，标识发生异常的程序中的点）。这些细节内容也可以通过 sys.exc_info() 函数获得，它返回一个元组。不推荐使用相应的变量来支持此函数，因为它们在线程程序中的使用是不安全的。从 Python 1.5 开始，当从处理异常的函数返回时，变量将恢复为之前的值（调用之前的值）。

可选的 else 语句执行的条件是，控制流离开执行 try 套件，没有出现异常，没有 return、continue 或者 break 语句。

如果 finally 存在，它的作用主要是用来完成一些“清理”处理。如果任意子句中发生异常但未处理，则会临时保存该异常。如果存在已保存的异常，则在该 finally 子句的末尾重新引发异常。如果该 finally 子句引发另一个异常或执行 return/break 语句，则丢弃保存的异常。

在 finally 语句中执行 continue 语句是非法的。函数的返回值由 return 的最后一个语句确定。由于 finally 子句总是被执行，因此在子句执行的 return 语句中，finally 将始终是最后执行的。

2.4 Python 函数

Python 中有两种函数对象：内置函数和用户自定义函数。二者都支持相同的操作（调用函数），但实现方式不同，因此可以将它们视作不同的对象类型。

函数定义语句是可执行语句。它的执行将当前本地命名空间中的函数名称绑定到函数对象（该函数的可执行代码的包装器）。此函数对象包含对当前全局命名空间的引用，其作为调用函数时要使用全局命名空间。

函数定义不执行函数体。只有在调用函数时才会执行函数体。

函数定义可以由一个或多个装饰器表达式包装。在包含函数定义的作用域中定义函数时，将评估装饰器表达式。结果必须是可调用的，以函数对象作为唯一参数调用。返回的值会绑定到函数名称而不是函数对象。多个装饰器以嵌套方式应用。例如，代码

```
@f1(arg)
@f2
```

```
def func(): pass
```

相当于

```
def func(): pass
func = f1(arg)(f2(func))
```

当函数的参数具有类似 def func(a1 = 123)这样的“参数 = 值”的形式时，称该函数具有“默认参数值”。对于具有默认值的参数，可以在调用中省略相应的参数，这种情况下参数被默认值取代。如果参数具有默认值，则所有后续参数也必须具有默认值。

函数调用始终将值分配给参数列表中提到的所有参数，可以是位置参数、关键字参数或默认值。如果存在形式“*identifier”，则将其初始化为接收任何多余位置参数的元组，默认为空元组。如果“**identifier”存在，则将其初始化为接收任何多余键参数的新字典，默认为新的空字典。

也可以使用 lambda 表达式，创建匿名函数（未绑定名称的函数），以方便在表达式中直接使用它。请注意，lambda 表达式只是简化了函数定义。在“def”语句中定义的函数可以传递或分配给另一个函数，就像 lambda 表达式定义的函数一样。“def”形式实际上功能更强大，因为它允许执行多个语句。

本章小结

本章针对 Python 进行了基本的讲解。首先描述了 Python 的特点，包括：易于使用，可拓展，属于解释型语言，用 Python 编写的程序紧凑、可读等。随后讲解了 Python 在 Windows 操作系统上的安装方法。之后主要从以下两个方面对 Python 进行了讲解。

（1）Python 数据类型：一般而言，Python 的数据类型可以分为以下两类。

- 数值类型：int、float、long、complex。
- 序列类型：str、unicode、list、tuple、bytearray、buffer、xrange。

（2）Python 程序控制：主要介绍了以下 3 种常用的 Python 流程控制语句。

- 条件控制语句：if…elif…else。
- 循环控制语句：while、for。
- 异常处理语句：try…except…finally。

本章习题

1．Python 的可拓展性表现在哪些方面？请举例说明。

2．Python 的数据类型有哪些？分别有哪些用法？

3．尝试写一个函数，同时用上 if…elif…else、while、for 和 try…except…finally 语句。

课程实验

用一个 $n \times n$ 的二维数组表示一个图像。请将图像顺时针旋转 90°。

提示　你必须在原地旋转图像，这意味着你需要直接修改输入的二维数组。请不要使用另一个数组来旋转图像。

示例 1：给定

```
matrix =
[
  [1,2,3],
  [4,5,6],
  [7,8,9]
]
```

原地旋转输入的数组，使其变为

```
[
  [7,4,1],
  [8,5,2],
  [9,6,3]
]
```

示例 2：给定

```
matrix =
[
  [ 5,1,9,11],
  [ 2,4,8,10],
  [13,3,6,7],
  [15,14,12,16]
]
```

原地旋转输入的数组，使其变为

```
[
  [15,13,2,5],
  [14,3,4,1],
  [12,6,8,9],
  [16,7,10,11]
]
```

第3章

线性表

逻辑结构对于程序的设计和编写有重要的意义。按大类可以将数据的逻辑结构分为集合、线性结构、树形结构和图形结构这 4 基本结构。树形结构和图形结构属于非线性结构。集合中的数据元素除了同属于一种类型，满足集合的基本特性外，无其他关系。线性结构中元素之间存在一对一关系，树形结构中元素之间存在一对多关系，图形结构中元素之间存在多对多关系。下面介绍比较简单的线性结构中的线性表。

链表

3.1 线性表简介

线性表是常用的一种数据结构。英文字母表$(A,B,\cdots,Z)$是一个线性表，表中每个英文字母是一个数据元素。线性表是由具有相同特性的数据元素组成的一个有限序列。线性表一般表示为

$$L=\left(A[1],A[2],\cdots,A[i],A[i+1],\cdots,A[n]\right)$$

线性表是一种线性结构，在一个非空线性表里，存在唯一的“首元素”和唯一的“尾元素”；除了首元素外，表中每个元素都有且只有一个前驱元素；除尾元素外，表中每个元素都有且只有一个后继元素。线性表中的元素在位置上是有序的，这种位置上的有序性就是一种线性关系，用二元组表示，形式为

$$L=<D,R>$$

$$D=\{A[i]\mid 1\leqslant i\leqslant n\}$$

$$R=\{r\},r=\{<A[i],A[i+1]>\mid 1\leqslant i\leqslant n-1\}$$

将线性表数据结构抽象成一种数据类型，这种数据类型中包含数据元素、元素之间的关系、操作元素的基本算法。对于基本数据类型，很多高级语言已经帮我们实现了用于操作它们的基本运算。我们利用这些基本运算，为我们封装的自定义数据类型设计操作它们的算法。比如数组就是一种被抽象出来的线性表数据类型，数组自带很多基本方法用于操作数据元素，如图3-1（a）所示。同样，链表也满足线性表的性质，只不过它在存储空间上是动态分配的，如图3-1（b）所示。在Python中，列表和元组可看作线性表的实现。

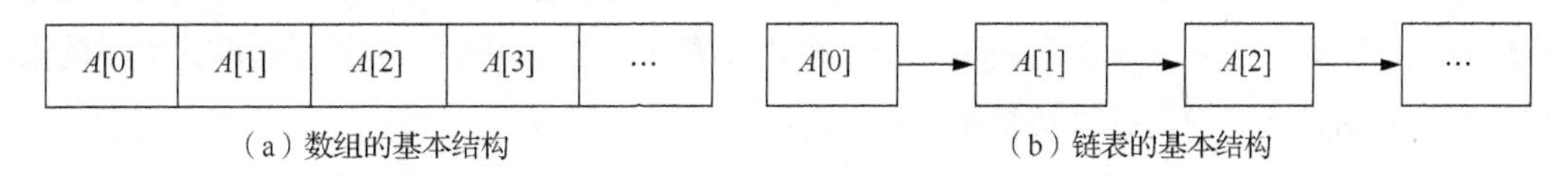

（a）数组的基本结构　　（b）链表的基本结构

图3-1　数据结构对比

线性表可实现创建空表、返回长度信息、插入、更新和删除等基本操作。元素顺序存储在一块足够大的连续存储空间里的表称为顺序表，元素在存储空间内的物理顺序就是该表的元素的逻辑顺序。通过链接的形式保持顺序，元素存储在一系列存储空间内的表称为链表。

3.2 顺序表

把线性表中的所有元素按照其逻辑顺序依次存储在计算机存储器的指定开始存储位置的连续存储空间中，就构成了顺序表。该存储空间的起始位置就是由数组名表示的地址常量。顺序表的顺序存储结构是利用数组来实现的。因此，对于数组中元素的定位只需要$O(1)$的时间复杂度即可完成，但是删除某一元素需要$O(n)$的时间复杂度。顺序表有两种存储结构，分别是动态存储结构和静态存储结构。

3.2.1 顺序表动态存储

顺序表的动态存储结构主要的特点就是可以动态分配内存，即可以很方便地扩容，如当存储空间达到设定的阈值时，可以通过内置的算法重新扩大空间，然后将之前的元素复制过去，比如Java 中的 ArrayList 数据结构。通过动态存储这种机制，用户可以很方便地将主要精力放在具体需要操作的内容上，但是频繁扩容会造成程序性能下降，并且扩容后的空间不能被完全使用会造成存储空间浪费，因此，一般在使用的时候需要预估数据占用的空间，从而减少扩容的开销。

3.2.2 顺序表静态存储

顺序表的静态存储结构一旦分配了存储空间，在使用的过程中将不能再次分配存储空间，如果访问的索引越界将会发生内存溢出等错误。其优点是能够节省扩容的额外开销，如果分配的存储空间大小比较合理，将会节省存储空间。和动态存储相比，静态存储的缺点是显而易见的，当元素存储空间超出预估大小的时候，需要我们自己在程序中判断和处理，这会增加代码的复杂性。

3.2.3 顺序表的实现

顺序表的基本实现方式十分简单，顺序表的表长度是可以变化的，增、删操作均会引起表长度的变化，解决办法是预先分配一块区域，在表的开始位置记录这个表的容量和现有元素个数，表中除了构造时的元素外，其他空间留出空位供新元素使用。

顺序表中元素类型通常相同，即每个元素所需的存储空间大小相同，因此等距安排同等大小的存储单元，顺序存储元素数据即可。表中任何元素的内存位置的计算都很简单，只要知道第一个元素的内存位置，再将其值加上逻辑地址（表内元素索引）与单个元素的存储单元大小的乘积即可得到，故元素访问操作的时间复杂度是 $O(1)$。

当元素长度不一样的时候，可以按照前面介绍的方式，在顺序表中存储元素的存储地址，元素另行存储，这个顺序表就称为这组数据的索引顺序表。索引顺序表的每个元素为地址，占用空间一样，可直接访问索引再依据索引中存储的地址找到实际元素，时间复杂度依然为 $O(1)$，如图 3-2 所示。

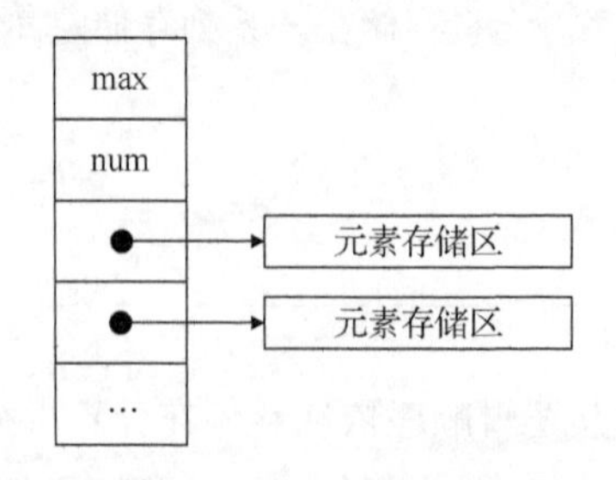

图 3-2　元素长度不一样的顺序表的存储结构

序列是 Python 中基本的数据结构。序列中的每个元素都分配一个索引，第一个索引是 0，第二个索引是 1，以此类推。Python 包含 6 种内建的序列，即列表、元组、字符串、Unicode 字符串、缓冲器对象和生成器对象。序列通用的操作包括索引、确定长度、组合（序列相加）、乘法、切片、检查成员、遍历、确定最小元素和最大元素。常见的序列是 Python 的列表和元组，均采用顺序表的结构。此外，Python 已经内置了确定序列的长度以及确定最大和最小元素的方法。下面我们介绍 Python 中列表和元组的实现方式。

1. Python 中的列表

Python 中列表的实现（见代码 3-1），采用的是数据结构中的顺序表的动态存储结构。在 Python 中，列表被实现为长度可变的数组。从细节上看，Python 中的列表是由对其他对象的引用组成的连续数组。指向这个数组的指针及其长度值被保存在列表头结构中。这意味着每次添加或删除元素时，可能需要对引用所指向的数组重新分配。Python 在创建这些数组时采用了“跳跃式增长”的内存分配方式，并不是每次操作都需要改变数组的大小。Python 中的列表实现类似于 C 语言中的结构体。ob_item 是指向列表对象的数组指针。allocated 是申请内存的槽数。

代码 3-1　Python 中列表的实现

```
Typedef struct{
    PyObject_VAR_HEAD
    PyObject **ob_item;
    Py_ssize_t allocated;
}PyListObject
```

在 Python 中，列表是常用的数据类型。列表的数据项不需要具有相同的类型。关于列表的常用方法如表 3-1 所示。

表 3-1　关于列表的常用方法

方法	说明
list.append(x)	将 x 作为一个元素添加到列表末尾
list.extend(iterable)	通过附加 iterable 中的所有项来扩展列表
list.insert(i,x)	在位置 i 处插入元素 x
list.remove(x)	从列表中删除值等于 x 的第一项
list.pop([i])	删除列表中给定位置的元素
list.clear()	删除列表中的所有元素
list.index(x[,start[,end]])	返回值等于 x 的第一项的位置
list.count(x)	返回 x 出现在列表中的次数
list.sort(key=None,reverse=False)	对列表中的元素按照某种规则排序
list.reverse()	将列表元素反转
list.copy()	“浅复制”一个原来的列表

这里简单解释一下 append()方法和 extend()方法的区别，可以看到 extend()是将一个列表中的元素识别出来并将其加入另一个列表，而 append()是将整个列表作为一个元素添加到另一个列表之后。

Python 中 extend()和 append()的实现如代码 3-2 所示。

代码 3-2 Python 中 extend()和 append()的实现

```
list1 = [1,2,3]
list2 = [[4,5],6]
list1.extend (list2)
print (list1)

list1 = [1,2,3]
list2 = [[4,5],6]
list1.append (list2)
print (list1)

#输出结果分别为：
#[1,2,3,[4,5],6]
#[1,2,3,[[4,5],6]]
```

2．Python 中的元组

元组可理解为不可变的列表，元组一旦创建，就不能以任何方式改变。元组内可以存储任意数据类型。元组的定义方式与列表的基本相同，除了整个元素集是用小括号标识的而不是用花括号标识。元组的元素与列表一样按定义的次序进行排序。元组的索引与列表一样从 0 开始，所以一个非空元组的第一个元素总是 t[0]；负数索引与列表一样从尾部开始计数。另外，元组与列表一样可以使用切片。注意，当分割一个列表时，会得到一个新的列表；当分割一个元组时，会得到一个新的元组。但是我们不能向元组中增加、删除元素。

这里需要对元组的不可变特性进行更深层次的讲解，首先来看一个例子，如代码 3-3 所示。

代码 3-3 Python 中元组的实现

```
tuple = ('a','b',['A','B'])
tuple[2][0] = 'X'
tuple[2][1] = 'Y'
print(tuple)
#输出结果：('a','b',['X','Y'])
```

这个例子的内存变化如图 3-3 所示。可以看出元组不可变指的是元组中索引所指向的地址的数值不可变，而不是索引指向的地址对应空间的内容不可变。如果要使列表中的元素不可变，则应该将列表中的元素也定义为元组类型。

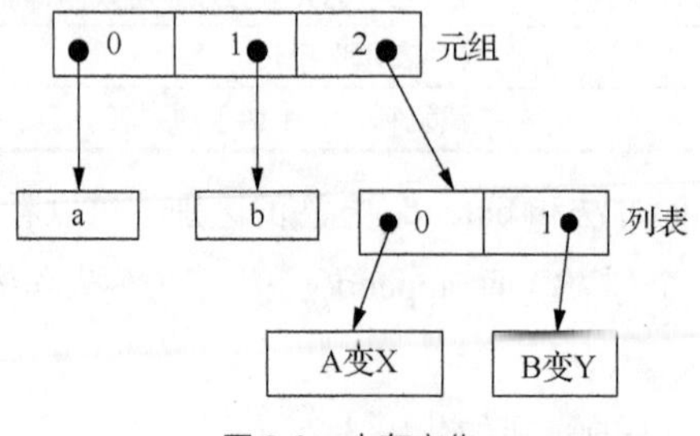

图 3-3　内存变化

元组比列表操作速度快，如果定义一个值的常量集，并且唯一要做的是不断遍历它，则可以使用元组代替列表。如果要对不需要修改的数据进行“写保护”，使用元组可以使代码更安全。如果必须改变这些值，则需要进行元组到列表的转换。函数 tuple()可以把所有可迭代的序列转换成元组，元素不变，排序也不变；函数 list()可以把所有的序列和可迭代对象转换成 List，元素不变，排序也不变。从效果上看，元组会“冻结”列表，而列表会“解冻”元组。

3.3 链表

前面介绍了线性表中顺序表的知识，相比而言，链表分配的存储空间不连续，这样分配的优点是可方便列表的删除和插入操作，缺点是查找某一个元素的时间复杂度增高，并且内存空间不能连续分配，容易产生内存碎片，内存利用率不高。链表可以具体实现为单链表、双链表、单向循环链表和双向循环链表等。链表中每一个元素都由当前节点的数据和其他节点的地址两部分组成。通过这样的方式可以方便地找到空间上不连续的节点。

3.3.1 单链表

单链表的数据结构如图 3-4 所示。每一个节点有两个元素，第一个元素代表该节点的数值，第二个元素存储指向下一个节点的内存地址。首节点（head）是链表的头部指针，链表的增查改删（Create、Retrieve、Update、Delete，简称 CRUD）等操作都是从这个指针节点开始遍历的，最后一个节点（rear）的地址为 NULL，表示链表的结束。

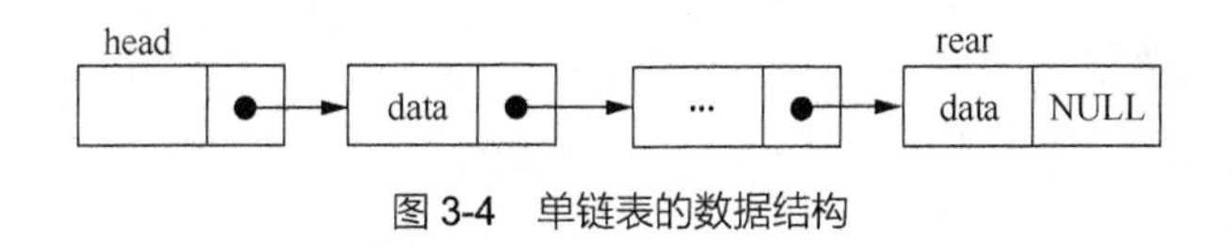

图 3-4　单链表的数据结构

单链表的节点可以按代码 3-4 的方式定义。

代码 3-4　单链表的节点定义

```
class LNode:
    def _init_(self,elm,nxt):
        self. elem=elm
        self.next=nxt
```

单链表的基本操作如代码 3-5 所示。首先定义单链表的构造函数，初始化头节点。然后定义一些常用操作，比如判断链表是否为空、使用头插法插入节点、删除第一个元素、在链表尾部添加元素、删除最后一个元素、查找元素、输出所有元素等。

代码 3-5 单链表的基本操作

```
from LNode import LNode
class LList:
    def _init_(self):
        self.head = None

    def isEmpty(self):
        return self.head is None

    def prepend(self,elem):
        self.head = LNode(elem,self.head)

    def pop(self):
        if self.head is None:
            raise ValueError
        e = self.head.elem
        self.head = self.head.next
        return e

    def append(self,elem):
        if self.head is None:
            self.head = LNode(elem,None)
            return
        p = self.head
        while p.next is not None:
            p = p.next
        p.next = LNode(elem,None)

    def poplast(self):
        if self.head is None:              #空列表
            raise ValueError
        p = self.head
        if p.next is None:                 #仅有 1 个元素的列表
            e = p.elem; self.head = None
            return e
        while p.next.next is not None:     #当 p.next 是最后 1 个节点时
            p = p.next
        e = p.next.elem; p.next = None
        return e

    def find(self,pred):
        p = self.head
        while p is not None:
            if pred(p.elem):
                return p.elem
            p = p.next
        return None

    def printall(self):
        p = self.head
        while p is not None:
            print(p.elem)
```

```
            p = p.next

if _name_ == '_main_':
    mlist1 = LList()
    for i in range(10):
        mlist1.prepend(i)
    for i in range(11,20):
        mlist1.append(i)
    mlist1.printall()
```

另外，我们还可以为单链表增加尾节点引用域，如图 3-5 所示。这样做的好处是在尾部插入元素的时候不用从头节点遍历到尾节点，可提升尾插法的效率。单链表增加尾节点引用域如代码 3-6 所示。

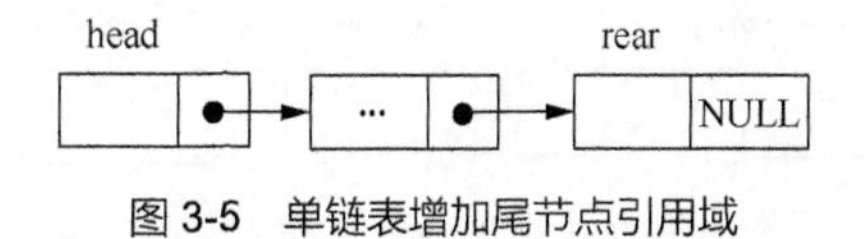

图 3-5 单链表增加尾节点引用域

代码 3-6 单链表增加尾节点引用域

```
from LNode import LNode
from LList import LList
class LList1(LList):
    def _init_(self):
        LList._init_(self)
        self.rear = None                #尾节点引用域

    def prepend(self,elem):
        self.head = LNode(elem,self.head)
        if self.rear is None:           #空列表
            self.rear = self.head

    def append(self,elem):
        if self.rear is None:           #空列表
            self.prepend(elem)
        else:
            self.rear.next = LNode(elem,None)
            self.rear = self.rear.next

    def pop(self):
        if self.head is None:
            raise ValueError
        e = self.head.elem
        if self.rear is self.head:      #只有 1 个节点的列表
            self.rear = None
        self.head = self.head.next
        return e

if _name_ == '_main_':
    mlist1 = LList1()
```

```
for i in range(10):
    mlist1.prepend(i)        #前加
for i in range(11,20):
    mlist1.append(i)         #后加
mlist1.printall()
```

3.3.2 双链表

双链表的单个节点由两部分组成，第 1 部分是当前节点元素；第 2 部分是指向其他节点的指针。指针有两个，第 1 个指针指向前一个元素，第 2 个指针指向后一个元素，同时双链表可以从首节点和尾节点开始遍历，如图 3-6 所示。

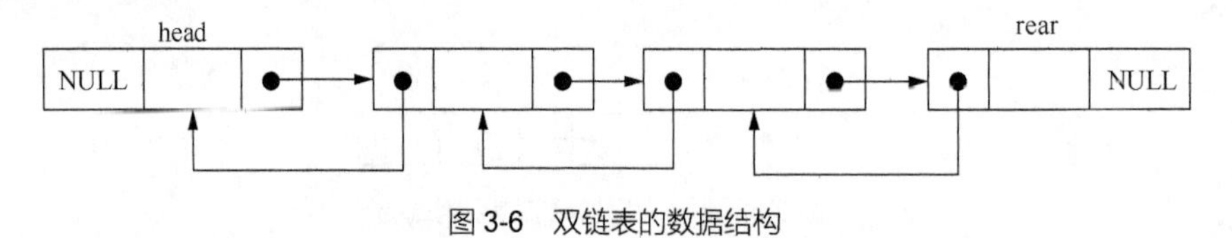

图 3-6　双链表的数据结构

双链表的节点定义如代码 3-7 所示。

代码 3-7　双链表的节点定义

```
class LDNode(LNode):
    def _init_(self,prev,elem,nxt):
        LNode._init_(self,elem,nxt)
        self.prev=prev
```

双链表的基本操作如代码 3-8 所示。

代码 3-8　双链表的基本操作

```
class LDList(LList1):              #双链表的类
    #基于带尾节点引用域的单链表派生一个双链表类
    def _init_(self):
        LList1._init_(self)

    def prepend(self,elem):
        p = LDNode(None,elem,self.head)
        self.head = p
        if self.rear is None:    #插入空列表
            self.rear = p
        else:  #否则，创建 prev 引用
            p.next.prev = p

    def append(self,elem):       #与 prepend() "对称"
        p = LDNode(self.rear,elem,None)
        self.rear = p
```

```
        if self.head is None:           #插入空列表
            self.head = p
        else:   #否则，创建 next 引用
            p.prev.next = p

    def pop(self):
        if self.head is None:
            raise ValueError
        e = self.head.elem
        self.head = self.head.next      #删除当前首节点
        if self.head is None:
            self.rear = None            #如果删除后表为空，则把 rear 置空
        else:
            self.head.prev = None       #将首节点的 prev 链接置空
        return e

    def poplast(self):
        if self.head is None:
            raise ValueError
        e = self.rear.elem
        self.rear = self.rear.prev
        if self.rear is None:
            self.head = None            #如果删除后表为空，则把 head 置空
        else:
            self.rear.next = None
        return e

if _name_ == '_main_':
    mlist = LDList()
    for i in range(10):
        mlist.prepend(i)
    for i in range(11, 20):
        mlist.append(i)
    mlist1.printall()
    while not mlist.isEmpty():
        print(mlist.pop())
        if not mlist.isEmpty():
            print(mlist.poplast())
```

3.3.3 单向循环链表

单向循环链表的数据结构如图 3-7 所示。单向循环链表在单链表的基础上，将尾指针指向了头节点。这样做的好处是会构成环状结构，可以循环地进行遍历，对一些需要环形数据结构的算法问题来说非常有用，典型的如约瑟夫问题（详见 3.4 节）。

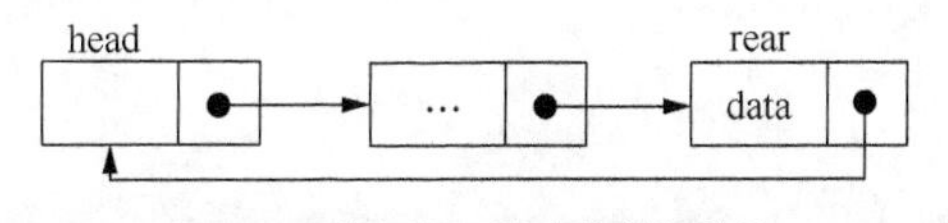

图 3-7 单向循环链表的数据结构

单向循环链表的实现及基本操作如代码 3-9 所示。

代码 3-9　单向循环链表的实现及基本操作

```
class LCList:                    #单环形链表类
    def _init_(self):
        self.rear = None

    def isEmpty(self):
        return self.rear is None

    def prepend(self,elem):      #在前端添加元素
        p = LNode(elem,None)
        if self.rear is None:
            p.next = p           #开始循环
            self.rear = p
        else:
            p.next = self.rear.next
            self.rear.next = p

    def append(self,elem):       #在尾端添加元素
        self.prepend(elem)
        self.rear = self.rear.next

    def pop(self):               #移除头部元素
        if self.rear is None:
            raise ValueError
        p = self.rear.next
        if self.rear is p:
            self.rear = None
        else:
            self.rear.next = p.next
        return p.elem

    def printall(self):
        p = self.rear.next
        while True:
            print(p.elem)
            if p is self.rear:
                break
            p = p.next

if _name_ == '_main_':
    mlist = LCList()
    for i in range(10):
        mlist.prepend(i)
    for i in range(11,20):
        mlist.append(i)
    #mlist1.printall()
    while not mlist.isEmpty():
        print(mlist.pop())
```

3.3.4　双向循环链表

双向循环链表将头节点的前驱指针指向尾节点，同时将尾节点的后继指针指向头节点，这样

就能循环遍历双链表。双向循环链表通过“空间换时间”的方式提高了 CRUD 操作的性能。双向循环链表的数据结构如图 3-8 所示。

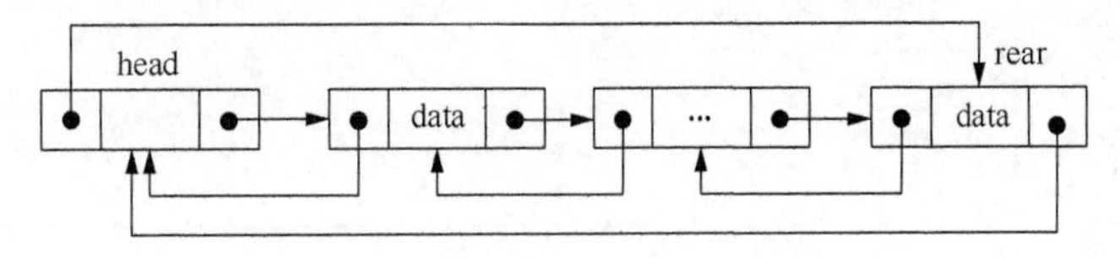

图 3-8　双向循环链表的数据结构

3.4　链表的应用

链表具有重要的实用意义，比如在操作系统中处理文件系统、内存分配、线程和进程结构等构造信息时常会使用链表。链表在算法中也有典型的应用，比如约瑟夫问题就可以用链表来求解。

约瑟夫问题描述如下：N 个人围成一圈，从第一个人开始报数，报到数字 m 的人出圈；剩下的人继续从 1 开始报数，报到数字 m 的人出圈；如此往复，直到最后剩下一个人，其余人都出圈。这个问题可以使用链表来解决，通过循环链表可以模拟不断计数、剔除的操作，最终剩下一个元素的时候结束。约瑟夫问题的实现如代码 3-10 所示。

代码 3-10　约瑟夫问题的实现

```
class List(object):
    def _init_(self):
        self.list = []
    def Empty(self):
        return self.list == []
    def Join(self,item):
        self.list.insert(0,item)
    def Pop(self):
        return self.list.pop()
    def Length(self):
        return len(self.list)
def Josephus (k,namelist):
    s = List()
    for i in range(len(namelist)):
        s.Join(namelist[i])
    print(namelist)
    i = 1
    while s.Length() != 1:
        temp = s.Pop()
        if (i != k):
            s.Join(temp)
        else:
            i=0
        i=i+1
    return s.Pop()
if _name_ == '_main_':
```

```
nameList = ['A','B','C','D']
print(Josephus (2,nameList))
```

本章小结

通过本章的学习，读者可以对线性表有一定的认知。线性表可以分为顺序表和链表，这两种线性结构具有不同的逻辑标识、内存存储及存储特性，还具有不同的优缺点。在实际应用中可以选择合适的数据结构。本章还介绍了如何通过 Python 代码实现基本的数据结构，并讨论了链表的实际应用。

本章习题

1．什么是线性表？线性表有哪些性质？线性表常用的操作有哪些？

2．翻转单链表、双链表、单向循环链表、双向循环链表，使链表序列$<1,2,\cdots,N>$变为$<N,N-1,\cdots,1>$。如果是按k个节点为一组进行翻转，应该如何设计程序？如果保持其他节点顺序不变，将第m个到第n（$m \leqslant n$）个节点翻转，又该如何设计程序实现？

3．将两个已经排完序的单链表合并，使新的链表有序，应该如何合并？如果要合并的链表有多个，又该如何合并呢？

4．如何通过一次遍历找出含n个元素的单链表的中间元素？如果要找出第$n/3$个元素、第$n/4$个元素，又该怎么做呢？

5．判断链表是否有环，如果有环，求环的起点。

6．如何不遍历整个单链表就删除非尾节点的元素？

课程实验

存在一个序列<1,2,3,…,10>，分别使用头插法和尾插法将其构建成单链表，写出具体的程序代码，并且画出每个步骤相应的内存存储结构。

第4章

栈与队列

类似于弹夹的后进先出（Last In First Out，LIFO）的数据结构称为栈。队列是一种先进先出（First In First Out，FIFO）的线性表。

队列

4.1 栈

栈又名堆栈，它是一种运算受限的线性表。其限制是仅允许在表的一端进行插入和删除运算。这一端被称为栈顶，相对地，把另一端称为栈底。向一个栈插入新元素又称进栈、入栈或压栈，即把新元素放到栈顶元素的上面，使之成为新的栈顶元素；从一个栈删除元素又称出栈或退栈，即把栈顶元素删除，使其相邻的元素成为新的栈顶元素。不含任何数据元素的栈称为空栈。

4.1.1 顺序栈

分配一块连续的存储区域存储栈中元素，并用一个变量指向当前的栈顶，这样的栈称为顺序栈。基于 Python 实现顺序栈的代码如代码 4-1 所示。

代码 4-1 基于 Python 实现顺序栈

```
class SqStack(object):
    """
    栈的线性结构
    """

    def _init_(self,size):
        self.data = list(None for _ in range(size))
        self.max_size = size
        self.top = -1

    def get_length(self):
        #返回栈的长度
        return self.top + 1

    def push(self,elem):
        #进栈
        if self.top + 1 == self.max_size:
            raise IndexError("Stack is full")
        else:
            self.top += 1
            self.data[self.top] = elem

    def pop(self):
        #出栈
        if self.top == -1:
            raise IndexError("Stack is empty")
        else:
            self.top -= 1
            return self.data[self.top + 1]
```

```
    def get_top(self):
        #取栈顶元素
        if self.top == -1:
            raise IndexError("Stack is empty")
        else:
            return self.data[self.top]

    def show_stack(self):
        #从栈顶开始显示栈里的元素
        j = self.top
        while j >= 0:
            print self.data[j]
            j -= 1

    def is_empty_stack(self):
        return self.top == -1

if _name_ == '_main_':
    sqs = SqStack(5)
    sqs.push(1)
    sqs.push(2)
    sqs.push(3)
    sqs.show_stack()
```

4.1.2　链式栈

链式栈：采用链式存储结构存储栈，栈的所有操作都在单链表的表头进行，这样的栈称为链式栈。基于 Python 实现链式栈的代码如代码 4-2 所示。

代码 4-2　基于 Python 实现链式栈

```
# -*- coding: utf-8 -*-
class Node(object):
    #节点
    def _init_(self,data=None):
        self.data = data
        self.next = None


class LKStack(object):

    def _init_(self):
        self.top = Node(None)
        self.count = 0

    def get_length(self):
        return self.count

    def get_top(self):
        #返回栈顶元素
```

```
        return self.top.data

    def is_empty(self):
        return self.count == 0

    def push(self,elem):
        #进栈
        tmp = Node(elem)
        if self.is_empty():
            self.top = tmp
        else:
            tmp.next = self.top
            self.top = tmp
        self.count += 1

    def pop(self):
        #出栈
        if self.is_empty():
            raise IndexError("Stack is empty!")
        else:
            self.count -= 1
            elem = self.top.data
            self.top = self.top.next
            return elem

    def show_stack(self):
        #从栈顶开始显示各节点值
        if self.is_empty():
            raise IndexError("Stack is empty!")
        else:
            j = self.count
            tmp = self.top
            while j > 0 and tmp:
                print tmp.data
                tmp = tmp.next
                j -= 1

if _name_ == '_main_':
    lks = LKStack()
    for i in range(1,5):
        lks.push(i)
    lks.show_stack()
    lks.pop()
    lks.show_stack()
```

4.1.3 栈的应用

栈是一种重要的数据结构，其特性简而言之就是后进先出，这种特性使其在计算机中有广泛的应用。其实可以说程序员无时无刻不在使用栈，函数调用是间接使用栈的主要例子，但是栈在实际中的应用远不只这些，比较经典的应用还包括进制转换、括号匹配、逆波兰表达式的求值等，下面就进制转换进行介绍。

使用栈实现进制转换（十进制数转换为二进制数）：把十进制数转换为二进制数，一直分解至商为 0。基于栈实现的进制转换示例如图 4-1 所示，从右下边的数字开始读，从下往上读，最后读上边的数字。

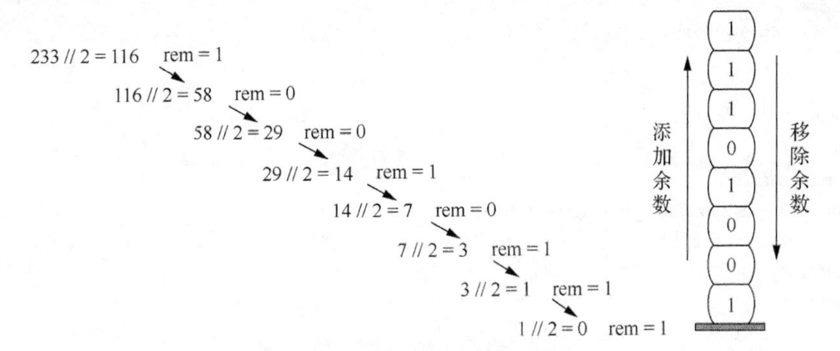

图 4-1　基于栈实现的进制转换示例

基于 Python 实现进制转换的代码如代码 4-3 所示。

代码 4-3　基于 Python 实现进制转换

```
import Stack

def divide_by_2(dec_number):
    rem_stack = Stack.Stack()

    while dec_number > 0:
        rem = dec_number % 2;
        rem = stack.push(rem)
        dec_number = dec_number // 2
    bin_string = ""
    while not rem_stack.is_empty():
        bin_string = bin_string + str (rem_stack.pop())
    return bin_string
```

4.2　队列

队列也是一种线性表，是一种先进先出的线性结构。队列只允许在表的一端进行插入（入队）、删除（出队）操作。允许插入的一端称为队尾，允许删除的一端称为队头。向队中插入元素称为入队，新元素入队后成为新的队尾元素；从队中删除元素称为出队，元素出队后，其后继元素就成为新的队头元素。

4.2.1　顺序队列

采用顺序存储的队列称为顺序队列。顺序队列采用数组存储队列中的元素，使用两个指针即尾指针和头指针分别指向队列的队头和队尾。由于顺序队列在操作时可能会出现“假溢出现象”，因此可以使用顺序循环队列，从而合理地利用队列空间。基于 Python 实现顺序队列的代码如代码 4-4 所示。

代码 4-4　基于 Python 实现顺序队列

```
class SqQueue():

    def _init_(self,size):
        self.data = list(None for _ in range(size + 1))
        self.maxsize = size + 1
        self.front = 0
        self.rear = 0
        self.length = 0

    def get_length(self):
        return self.length

    def is_full(self):
        full = (self.rear + 1) % self.maxsize == self.front and True or False
        return full

    def is_empty(self):
        empty = self.rear == self.front and True or False
        return empty

    def enQueue(self,elem):
        #入队，从队尾插入
        if self.is_full():
            raise IndexError("Queue is full!")
        else:
            self.data[self.rear] = elem
            self.rear = (self.rear + 1) % self.maxsize
            self.length += 1

    def deQueue(self):
        #出队，从队头删除
        if self.is_empty():
            raise ValueError("SqQueue is empty!")
        else:
            del_elem = self.data[self.front]
            self.data[self.front] = None
            self.front = (self.front + 1) % self.maxsize
            self.length -= 1
            return del_elem

    def show_queue(self):
        #显示队列元素，从队头开始显示
        if self.is_empty():
            raise ValueError("SqQueue is empty!")
        else:
            j = self.front
```

```
            while j != self.rear:
                print self.data[j],
                j = (j + 1) % self.maxsize
            print ''

if _name_ == '_main_':
    sqq = SqQueue(5)
    for i in range(5):
        sqq.enQueue(i)
    sqq.show_queue()
    print "……"
    sqq.deQueue()
    sqq.show_queue()
```

4.2.2　链式队列

采用链式存储的队列称为链式队列。链式队列使用链表来实现，链表中的数据域用来存储队列中的元素，指针域用来存储队列中下一个元素的地址，同时使用队头和队尾指针指向队列的第一个元素和最后一个元素。基于 Python 实现链式队列的代码如代码 4-5 所示。

代码 4-5　基于 Python 实现链式队列

```
class Node(object):
    #节点
    def _init_(self,data=None):
        self.data = data
        self.next = None

class LkQueue():

    def _init_(self):
        self.front = Node()
        self.rear = Node()
        self.length = 0

    def get_length(self):
        return self.length

    def is_empty(self):
        empty = self.length == 0 and True or False
        return empty

    def enQueue(self,elem):
        #入队
        tmp = Node(elem)
        if self.is_empty():
            self.front = tmp
            self.rear = tmp
        else:
            self.rear.next = tmp
            self.rear = tmp
```

```
            self.length += 1

    def deQueue(self):
        #出队
        if self.is_empty():
            raise ValueError("LKQueue is empty!")
        else:
            del_elem = self.front.data
            self.front = self.front.next
            self.length -= 1
            return del_elem

    def showQueue(self):
        #从队头出队
        if self.is_empty():
            raise ValueError("LKQueue is empty!")

        j = self.length
        tmp = self.front
        while j > 0:
            print tmp.data,
            tmp = tmp.next
            j -= 1
        print ''


if _name_ == '_main_':
    lkq = LkQueue()
    for i in range(5):
        lkq.enQueue(i)
    lkq.showQueue()
    print ";;;;;;;;;"
    lkq.deQueue()
    lkq.showQueue()
```

4.2.3 循环队列

为充分利用向量空间（这里指有方向的存储空间），克服假溢出现象的方法是：将向量空间想象成一个首尾相接的圆环，并称这种向量空间为循环向量，存储在其中的队列称为循环队列（Circular Queue）。循环队列可以以单链表的方式在实际编程应用中实现。基于 Python 实现循环队列的代码如代码 4-6 所示。

代码 4-6 基于 Python 实现循环队列

```
# 定义队列类
class MyQueue(object):
    def _init_(self,size):
        self.size = size   #定义队列长度
        self.queue = []  #存储队列列表
```

```
    def _str_(self):
        #返回对象的字符串表达式，以方便查看
        return str(self.queue)

    def inQueue(self,n):
        #入队
        if self.isFull():
            return -1
        self.queue.append(n)   #在队尾添加新的元素

    def outQueue(self):
        #出队
        if self.isEmpty():
            return -1
        firstelement = self.queue[0]
        self.queue.remove(firstelement)   #删除队头元素
        return firstelement

    def delete(self,n):
        #删除某元素
        element = self.queue[n]
        self.queue.remove(element)

    def inPut(self,n,m):
        #插入某元素，n 代表列表当前的第 n 位元素，m 代表传入的值
        self.queue[n] = m

    def getSize(self):
        #获取当前长度
        return len(self.queue)

    def getnumber(self,n):
        #获取某个元素
        element = self.queue[n]
        return element

    def isEmpty(self):
        #判断队列是否为空
        if len(self.queue) == 0:
            return True
        return False

    def isFull(self):
        #判断队列是否为满
        if len(self.queue) == self.size:
            return True
        return False
```

本章小结

栈又名堆栈，它是一种运算受限的线性表。向一个栈插入新元素又称进栈、入栈或压栈，它

是把新元素放到栈顶元素的上面，使之成为新的栈顶元素；从一个栈删除元素又称出栈或退栈，它是把栈顶元素删除，使其相邻的元素成为新的栈顶元素。栈从实现角度来讲，可以分为顺序栈和链式栈。

队列也是一种线性表，是一种先进先出的线性结构。队列只允许在表的一端进行插入（入队）、删除（出队）操作。允许插入的一端称为队尾，允许删除的一端称为队头。队列可以分为顺序队列、链式队列和循环队列。

本章习题

1．仅使用栈数据结构实现队列的操作，即该数据结构可以通过 get()方法获取最后一个存入的元素。

2．仅使用队列数据结构实现栈的操作，即该数据结构可以通过 get()方法获取最开始存入的元素。

课程实验

给定一个编码过的字符串，要求返回对它解码后的字符串。

编码规则为 *k*[s]，表示方括号内部的 s 正好重复 *k* 次。*k* 为正整数。

要求输入字符串总是有效的，输入字符串中没有额外的空格，且输入的方括号总是符合格式要求的。

此外，你可以认为原始数据不包含数字，所有的数字只表示重复的次数 *k*，如不会出现像 3a 或 2[4]的输入。

示例如下。

s = "3[a]2[bc]"，返回“aaabcbc”。

s = "3[a2[c]]"，返回“accaccacc”。

s = "2[abc]3[cd]ef"，返回“abcabccdcdcdef”。

第5章

数组与字符串

数组与字符串是两种重要的线性存储结构。本章介绍数组与字符串的结构、表示及操作，并通过这两种数据结构在矩阵运算及字符串处理中的应用，介绍其使用方法。

字符串

5.1 数组

所谓数组，即有序的元素序列。若对有限个类型相同的变量的集合命名，那么这个名称为数组名。组成数组的各个变量称为数组的分量，也称为数组的元素，有时也称为索引变量。用于区分数组的各个元素的数字编号称为索引。在程序设计中，为了处理方便，把具有相同类型的若干元素按无序的形式组织起来，这些无序排列的同类型数据元素的集合称为数组。

5.1.1 数组的定义

高级程序设计语言中的数组是我们熟悉的数据类型，较简单的是一维数组，前面我们介绍了使用一维数组存放顺序表的数据元素。数组是一种数据结构，它包含数据元素的逻辑结构、存储结构及其相应的操作；高级程序设计语言中的数组可以看作本章讨论的数组的一种实现方式，其通常是顺序存储的。

一维数组的逻辑结构是线性的，数组中的数据元素之间存在唯一的前驱和后继关系。一维数组的存储结构既可以采用顺序存储结构，也可以采用链式存储结构。由于数组涉及的操作通常是查询，很少涉及插入或删除，所以在高级程序设计语言中通常采用顺序存储结构对数组进行存储。

二维或者二维以上数组的逻辑结构一般认为是非线性的，其数据元素可能存在两个或者两个以上的直接前驱或直接后继。例如，在二维数组中，每个数据元素可以认为分属两个一维数组，因而除边界元素外，每个数据元素都有两个直接前驱和两个直接后继。边界点可能没有直接前驱，也可能有一个或者两个直接前驱；可能没有直接后继，也可能有一个或者两个直接后继。

二维数组可以看作线性表在维度上的扩展。如果将行向量

$$\boldsymbol{a}_i = \left(a_{i1}, a_{i2}, \cdots, a_{in}\right)(1 \leqslant i \leqslant m)$$

看作一个数据元素，则

$$A = \left(a_1, a_2, \cdots, a_m\right)$$

是一个线性表。若将列向量看作一个数据元素，结论类似。但需要注意的是，此处的数据元素已经不再是二维数组中的数据元素。

同样，三维数组中的每个数据元素都属于 3 个一维数组，每个数据元素最多可以有 3 个直接前驱和 3 个直接后继。

以此类推，m 维数组中的每个数据元素都属于 m 个一维数组，每个数据元素最多可以有 m 个直接前驱和 m 个直接后继。

对于 m 维数组，若将其数据元素看成 m-1 维的数组，则整个数组就简化成线性表。

由于数组元素的索引一般具有固定的上界和下界，因此除了初始化和“销毁”外，数组只有存取元素和修改元素的操作，在数组中不能插入、删除元素。

5.1.2 数组的表示和实现

一维数组的存储结构既可以采用顺序存储结构，也可以采用链式存储结构。

高级程序设计语言中通常采用顺序存储结构来实现对数组的存储，这刚好对应存储器的线性结构。如果采用链式存储结构，其操作和链表的完全一样。

由于二维或者二维以上的数组是多维的，而内存的地址空间是一维的，因此需要选择恰当的函数，使对于某个给定的数组元素可以依据其索引得到它的存储地址。

数组一般有两种映射方式：一是以行为主序（先行后列）的顺序存放，如 Basic、Pascal、COBOL、C 等程序设计语言中用的是以行为主序的存放顺序，即一行分配完了接着分配下一行；二是以列为主序（先列后行）的顺序存放，如 Fortran 语言中就是采用以列为主序的存放顺序，即一列一列地存放。

对多维数组来说，以行为主序的分配规律是：最右边的索引先变化，即最右边的索引从小到大循环一遍后，从右边数第二个索引再按相同的规律变化，从右向左依次变化，最后是最左边的索引。以列为主序分配的规律恰好相反：最左边的索引先变化，即最左边的索引从小到大循环一遍后，从左边数第二个索引再按相同的规律变化，从左向右依次变化，最后是最右边的索引。

例如，一个 2×3 的二维数组的逻辑结构可以用图 5-1（a）表示；以行为主序的内存“映象”如图 5-1(b)所示，存储的顺序为 $a_{11},a_{12},a_{13},a_{21},a_{22},a_{23}$；以列为主序的存储顺序为 $a_{11},a_{21},a_{12},a_{22},a_{13},a_{23}$，它的内存“映象”如图 5-1（c）所示。

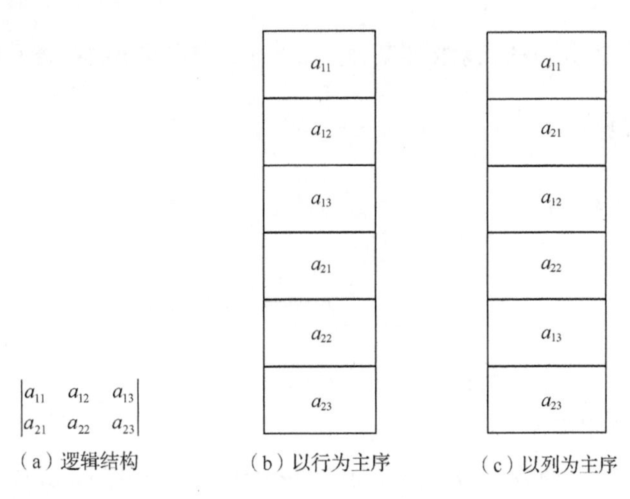

图 5-1　2×3 的二维数组

按上述两种方式存储的数组，只要知道开始节点存放的地址（基址）、数组的维数和每维的上下界，以及每个数据元素占用的单元数，就可以将任意数据元素的存储地址用线性函数表示出来。而计算线性函数的时间是相同的，所以顺序存储的数组是随机存储结构。

例如，对于 $m\times n$ 的二维数组，设其起始地址为 $\mathrm{Loc}(a_{11})$，每个数据元素占 d 个存储单元。如果以行为主序进行存储分配，则有

$$\mathrm{Loc}(a_{ij})=\mathrm{Loc}(a_{11})+[(i-1)\cdot n+(j-1)]\cdot d。$$

这是因为数组元素 a_{ij} 的前面有第 1～i-1 行，共 i-1 行，每一行的元素个数为 n，在第 i 行中它的

前面还有 $a_{i1},a_{i2},\cdots,a_{i},a_{j-1}$ 共 $j-1$ 个数组元素，所以总共有 $[(i-1)\cdot n+(j-1)]$ 个数据元素，而每个数据元素占 d 个存储单元。

类似地，对于 $m\times n\times p$ 的三维数组，设其基址为 $\mathrm{Loc}(a_{111})$，每个数据元素占 d 个存储单元。如果以行为主序进行存储分配，则有

$$\mathrm{Loc}(a_{ijk})=\mathrm{Loc}(a_{111})+[(i-1)\cdot n\cdot p+(j-1)\cdot p+(k-1)]\cdot d。$$

上述讨论均假设数组各维的下界是 1，更一般的二维数组是 $A[c_1\cdots d_1][c_2\cdots d_2]$，其中 c_1 和 d_1 分别是第一维的下界和上界，c_2 和 d_2 分别是第二维的下界和上界。数组元素 a_{ij} 的前面有 $i-c_1$ 行，每一行的元素个数为 d_2-c_2+1，在第 i 行中它的前面还有 $j-c_2$ 个数组元素，因此，总共有 $[(i-c_1)\cdot(d_2-c_2+1)+(j-c_2)]$ 个数据元素。而每个数据元素占 d 个存储单元，这样，a_{ij} 的物理地址计算函数为

$$\mathrm{Loc}(a_{ij})=\mathrm{Loc}(a_{c1,c2})+[(i-c_1)\cdot(d_2-c_2+1)+(j-c_2)]\cdot d。$$

例如，数组中每一维的下界定义为 0，则

$$\mathrm{Loc}(a_{ij})=\mathrm{Loc}(a_{11})+[i\cdot(d_2+1)+j]\cdot d。$$

推广到一般的三维数组 $A[c_1\cdots d_1][c_2\cdots d_2][c_3\cdots d_3]$，则 a_{ijk} 的物理地址为

$$\mathrm{Loc}(a_{ijk})=\mathrm{Loc}(a_{c1,c2,c3})+[(i-c_1)\cdot(d_2-c_2+1)\cdot(d_3-c_3+1)+(j-c_2)\cdot(d_3-c_3+1)+(k-c_3)]\cdot d。$$

5.2 矩阵的压缩存储

矩阵的压缩存储：将矩阵的元素按照某种分布规律存储在较小的存储单元中。

5.2.1 特殊矩阵

特殊矩阵的主要形式：

- 对称矩阵；
- 上/下三角矩阵；
- 对角矩阵。

它们都是方阵，即行数和列数相同。

（1）对称矩阵的压缩存储

若一个 n 阶方阵 $\boldsymbol{A}$ 中的元素满足 $a_{ij}=a_{ji}$（$0\leqslant i,j\leqslant n-1$），则称其为 n 阶对称矩阵。

由于对称矩阵（见图 5-2）中的元素关于主对角线对称，因此在存储时可只存储对称矩阵中上三角或下三角中的元素，使对称的元素共享存储空间。

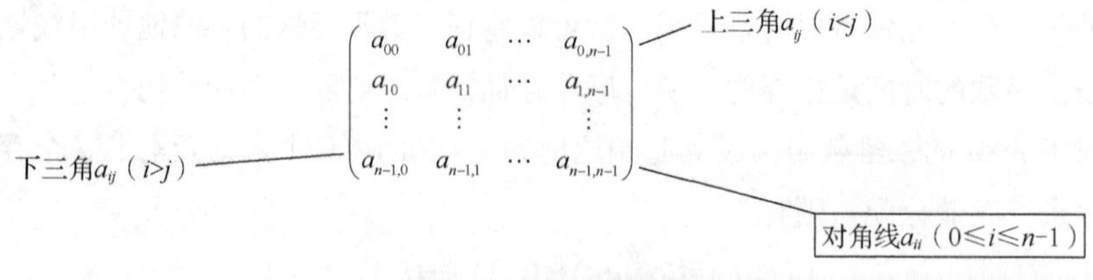

图 5-2 对称矩阵示意

这样，就可以将 n^2 个元素压缩存储到 $n(n+1)/2$ 个元素的空间中，以行为主序存储其上三角（或下三角）和对角线的元素。

表示 n^2 个元素压缩存储到 $n(n+1)/2$ 个元素空间中：

$$n^2\text{ 个元素}\longleftrightarrow n(n+1)/2\text{ 个元素 } a_{ij}\,(i<j)。$$

表示 $n{\cdot}n$ 个元素的空间 A 变为 $n(n+1)/2$ 个元素的空间 B：

$$A[0\cdots n-1, 0\cdots n-1]\ \longleftrightarrow\ B[0\cdots n(n+1)/2-1]。$$

表示空间 A 中的任意一个元素 $A[i][j]$，其中 i 为行标、j 为列标，对应空间 B 中的元素 $B[k]$：

$$A[i][j]\longleftrightarrow B[k],$$

$$k=\begin{cases}\dfrac{i(i+1)}{2}+j, & i\geqslant j,\\[2ex] \dfrac{j(j+1)}{2}+i, & i<j。\end{cases}$$

（2）上/下三角矩阵的压缩存储

- 上三角矩阵

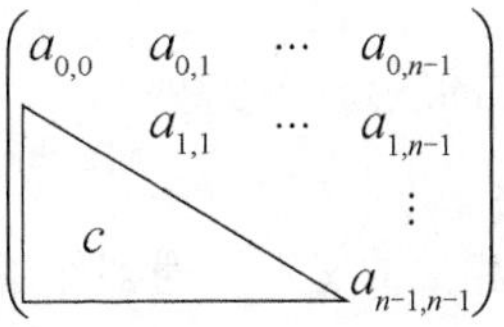

$$\begin{pmatrix} a_{0,0} & a_{0,1} & \cdots & a_{0,n-1}\\ & a_{1,1} & \cdots & a_{1,n-1}\\ & c & & \vdots\\ & & & a_{n-1,n-1}\end{pmatrix}$$

$$k=\begin{cases}\dfrac{i(2n-i+1)}{2}+j-i, & i\leqslant j,\\[2ex] \dfrac{n(n+1)}{2}, & i>j。\end{cases}$$

存放常量c

- 下三角矩阵

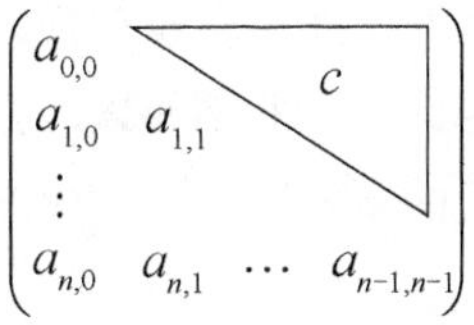

$$\begin{pmatrix} a_{0,0} & & c & \\ a_{1,0} & a_{1,1} & & \\ \vdots & & & \\ a_{n,0} & a_{n,1} & \cdots & a_{n-1,n-1}\end{pmatrix}$$

$$k=\begin{cases}\dfrac{i(i+1)}{2}+j, & i\geqslant j,\\[2ex] \dfrac{n(n+1)}{2}, & i<j。\end{cases}$$

存放常量c

（3）对角矩阵的压缩存储

若一个 n 阶方阵 $\boldsymbol{A}$ 满足所有非零元素都集中在以主对角线为中心的带状区域中，则称其为 n 阶对角矩阵。

其主对角线上下方各有 b 条次对角线，则称 b 为矩阵的半带宽，称 $2b+1$ 为矩阵的带宽。

对于半带宽为 $b[0\leqslant b\leqslant(n-1)/2]$的对角矩阵，其$|i-j|\leqslant b$ 的元素 a_{ij} 不为零，其余元素为零。图 5-3 所示为半带宽为 b 的对角矩阵示意。

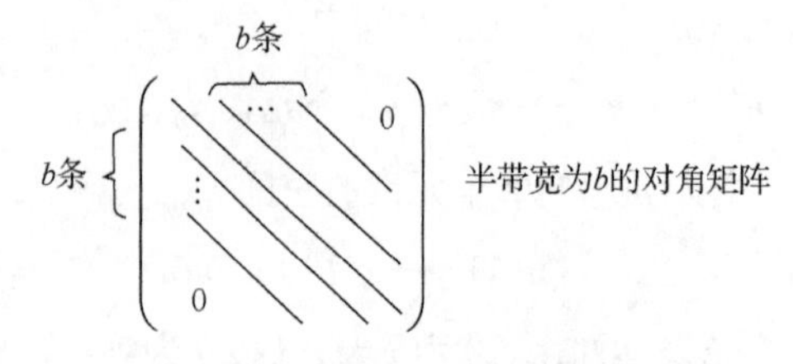

图 5-3　半带宽为 b 的对角矩阵示意

当 b=1 时，称其为三对角矩阵。对角矩阵的压缩地址计算公式：$A[i][j]\longleftrightarrow B[k]$，$k=2i+j$。

5.2.2　稀疏矩阵

稀疏矩阵：非零元素多，其在矩阵中随机出现。

假设 m 行 n 列的矩阵含 t 个非零元素，则称 $\delta=t/(m\cdot n)$为稀疏因子。通常认为 $\delta\leqslant 0.05$ 的矩阵为稀疏矩阵。

对稀疏矩阵运用常规存储方法的缺点：

- 零值元素占很大空间；
- 计算中会进行很多和零值相关的运算，遇到除法运算时，还需判断除数是否为零。

稀疏矩阵的压缩存储方法：①三元组顺序表；②行逻辑连接的顺序表；③十字链表。

三元组顺序表说明如下：

- 采用一维数组以行为主序存放每一个非零元素；
- 每一个非零元素只存储行号、列号、非零元素的值。

5.2.3　稀疏矩阵的转置

根据三元组顺序表的特点，首先扫描一遍三元组，将扫描到的列号为 1 的非零元素行列值交换存放于转置后的新矩阵中，生成新矩阵第一行的非零元素；再扫描一遍三元组，将扫描到的列号为 2 的非零元素行列值交换存放于转置后的新矩阵中，生成新矩阵第二行的非零元素。

求转置矩阵的方法如下。

方法 1：将矩阵 $\boldsymbol{M}$ 转置成矩阵 $\boldsymbol{T}$。

方法 2：减少原矩阵的扫描次数，提高效率。

num[col]：存放矩阵 $\boldsymbol{T}$ 中每一行非零元素的个数。

cpot[col]：存放矩阵 $\boldsymbol{T}$ 中每一行非零元素的当前存放位置。所谓“位置”，即在三元组中存放的数组元素的索引。相关代码如下。

```
cpot[1] = 1;
for (col = 2;col<=M.nu;++col)
      cpot[col] = cpot[col-1] + num[col-1];
```

5.3 字符串

计算机的产生，主要是为满足人们对数值计算的需求。早期的计算机除了体格大一些，计算速度快一些，与计算器没有太大的区别。但是随着人们的需求不断增多，计算机的数值计算已然不能满足人们的需求了。所以，计算机开始引入字符的计算，这就有了字符串的概念。

字符串：由零个或多个字符组成的有限序列。

字符串中的字符个数可以为 0，此时字符串称为空串（Null String），长度为 0。大家要注意，空串与空格串是不一样的两种概念。空串是由 0 个字符组成的，字符长度为 0。空格串是由 n 个空格字符组成的，字符长度为 n。

5.3.1 字符串存储结构

字符串的静态存储结构即字符串的顺序存储结构。在大多数计算机系统中，一个汉字占用多个字节，而一个字符只占用一个字节，为了节省空间，就采用紧缩格式存储。

字符串的存储结构跟线性表的很相似。字符串也有两种存储结构：顺序存储、链式存储。

顺序存储：用一组地址连续的存储单元来存储字符串中的字符序列。我们一般使用数组来定义这种结构，我们习惯于在数组索引为零的位置存入字符串的长度。

链式存储：字符串的链式存储与线性表的链式存储很相似，但是由于字符串结构的特殊性，结构中的每个元素为字符。如果字符串也按照线性表的链式存储方式，每个节点存放一个字符，就会造成大量的空间浪费。一个节点可以存放一个字符，也可以存放多个字符。

5.3.2 字符串的顺序存储

字符串的顺序存储结构是用一组地址连续的存储单元来存储字符串中的字符序列。按照预定义的大小，为每个定义的字符串变量分配一个固定长度的存储区。一般用定长数组来定义这种结构。

规定在字符串值后面加一个不计入字符串长度的结束标志字符，比如“\0”，来表示字符串值结束。字符串的顺序存储方式其实可能会有问题，因为字符串的操作，比如两个字符串的连接、新字符串的插入等操作，都有可能使字符串序列的长度超过数组长度 MaxSize。于是人们对字符串的顺序存储做了一些改变，字符串值的存储空间可在程序执行过程中通过动态分配得到。比如在计算机中存在一个自由存储区，叫作堆。

字符串也是一类特殊的线性表，其存储结构与线性表的存储结构类似，只不过组成字符串的节点是单个字符。

定长顺序存储字符串也称为静态存储分配的顺序字符串，即用一组地址连续的存储单元依次存放字符串中的字符序列。“定长”“静态”的意思可简单地理解为一个确定的存储空间，它的长度是不变的。

字符串长度的表示方法如下。

（1）在字符串的存储区首地址显式记录字符串的长度。这种方法使用方便，长度值一目了然，如 Pascal 语言中用的就是这种方法。

（2）在字符串之后加结束标志，隐式记录字符串的长度。使用这种方法表示的长度不直观，如 C/C++中使用“\0”作为结束标志。

定长顺序存储字符串的缺点：需事先预定义字符串的最大长度，这在实际的程序运行前是很难估计的；由于定义了字符串的最大长度，使字符串的某些操作受限（截尾），如字符串的连接、插入、置换等操作。

克服办法：不限定最大长度——动态分配字符串值的存储空间。

5.3.3 字符串的链式存储

字符串的链式存储结构除了在连接字符串与字符串时比较方便，总的来说，不如顺序存储结构灵活，性能也不如顺序存储结构好。

为了提高空间利用率，可使每个节点存放多个字符（这是顺序字符串和链式字符串的综合），这称为块链结构。实际应用时，可以根据问题所需来设置节点的大小。例如，在编辑系统中，整个文本编辑区可以看成一个字符串，每一行是一个子串并构成一个节点，即同一行的字符串用定长（80 个字符）结构，行和行之间用指针相连接。

为了便于进行字符串操作（如连接等），当以块链结构存储字符串值时，除头指针外，还可附设一个尾指针指示链表中的最后一个节点，并给出当前字符串的长度。

5.3.4 字符串匹配算法

字符串匹配问题的形式定义：文本（Text，记作 T）是一个长度为 n 的数组 $T[1 \cdots n]$。模式（Pattern，记作 P）是一个长度为 m 且 $m \leqslant n$ 的数组 $P[1 \cdots m]$。T 和 P 中的元素都属于有限的字母表（即 Σ 表）。如果 $0 \leqslant s \leqslant n-m$，并且 $T[s+1 \cdots s+m] = P[1 \cdots m]$，即对于任意位置（$1 \leqslant j \leqslant m$），有 $T[s+j] = P[j]$，则称模式 P 在文本 T 中出现且位移为 s，且称 s 是一个有效位移（Valid Shift）。

比如要根据上述内容找出在文本 T = abcabaabcabac 中模式 P = abaa 出现的次数。该模式在此文本中仅出现一次，即在位移 $s = 3$ 处，位移 $s = 3$ 是有效位移。

可解决字符串匹配问题的算法包括：朴素的字符串匹配算法（Naive String Matching Algorithm）、有限自动机算法（Finite Automaton Algorithm）、Rabin-Karp 算法（Rabin-Karp Algorithm）、KMP 算法（Knuth-Morris-Pratt Algorithm）、Boyer-Moore 算法（Boyer-Moore Algorithm）、Simon 算法（Simon Algorithm）、Colussi 算法（Colussi Algorithm）、Galil-Giancarlo 算法（Galil-Giancarlo Algorithm）、Apostolico-Crochemore 算法（Apostolico-Crochemore Algorithm）、Horspool 算法（Horspool Algorithm）和 Sunday 算法（Sunday Algorithm）等。

字符串匹配算法通常分为两个步骤：预处理（Preprocessing）和匹配（Matching）。所以算法的总运行时间为预处理和匹配时间的总和。

下面着重介绍朴素的字符串匹配算法和 KMP 算法。

1. 朴素的字符串匹配算法

朴素的字符串匹配算法又称为暴力匹配算法，它的主要特点是：没有预处理阶段；滑动窗口总是后移 1 位；对模式中的字符的比较顺序不限定，可以从前到后，也可以从后到前；匹配阶段需要 $O[(n-m+1)m]$的时间复杂度；需要 $2n$ 次的字符比较。很显然，朴素的字符串匹配算法是原始的算法，它通过循环来检查是否存在满足条件 $P[1 \cdots m] = T[(s+1) \cdots (s+m)]$的有效位移 s。代码示例如下。

```
1 NAIVE-STRING-MATCHER(T,P)
2  n ← length[T]
3  m ← length[P]
4  for s ← 0 to n - m
5     do if P[1 … m] = T[s + 1 … s + m]
6        then print "Pattern occurs with shift" s
```

按照上面的算法，对于模式 P = aab 和文本 T = acaabc，将模式 P 沿着 T 从左向右滑动，逐个比较字符以判断模式 P 在文本 T 中是否存在。

可以看出，朴素的字符串匹配算法没有对模式 P 进行预处理，所以预处理的时间为 0。而匹配的时间复杂度在最坏情况下为 $O[(n-m+1)m]$，如果 $m = [n/2]$，则为 $O(n^2)$。

我们来观察一下朴素的字符串匹配算法的操作过程。如图 5-4（a）所示，在模式 P = ababaca 和文本 T 的匹配过程中，s 和 q 均为正整数，模式的有效位移为 s，字符串匹配个数 $q = 5$ 已经匹配成功，但模式 P 的第 6 个字符不能与文本 T 相应的字符匹配。

此时，q 个字符已经匹配成功的信息确定了相应的文本字符，而知道这 q 个文本字符，我们就能够立即确定某些位移是非法的。如在图 5-4（a）中，我们可以判断位移 s+1 是非法的，因为模式 P 的第一个字符 a 将与文本 T 的字符 b 进行匹配，它们显然是不匹配的。而由图 5-4（b）可知，在位移 $s' = s+2$ 处，模式 P 的前 3 个字符和文本 T 相应的 3 个字符对齐后必定匹配。

2．KMP 算法

KMP 算法的基本思路就是设法利用已知信息，不是把“搜索位置”移回已经比较过的位置，而是继续把它向后面移，这样就可提高匹配效率。

已知模式 $P[1 \cdots q]$与文本 $T[s+1 \cdots s+q]$匹配，字符串匹配 k 个，那么满足 $P[1 \cdots k] = T[s'+1 \cdots s'+k]$（其中 $s'+k = s+q$）的最小位移 s'（$> s$）是多少？这样的位移 s'是大于 s 但未必非法的第一个位移，因为已知 $T[s+1 \cdots s+q]$。在最好的情况下有 $s' = s+q$，因此立刻能排除位移 $s+1, s+2, \cdots, s+q-1$。在任何情况下，对于新的位移 s'，无须把 P 的前 k 个字符与 T 中相应的字符进行比较，因为它们肯定匹配。

可以用模式 P 与其自身进行比较，以预先得出这些必要的信息。如图 5-4（c）所示，由于 $T[s'+1 \cdots s'+k]$是文本中已经知道的部分，所以它是字符串 P_q 的一个后缀。

此处我们引入模式的前缀函数 π，π 包含模式与其自身的位移进行匹配的信息。这些信息可用于避免在朴素的字符串匹配算法中对无用位移进行测试。

$$\pi[q] = \max\{k : k < q \text{ and } P_k \in P_q\}$$

$\pi[q]$代表当前字符之前的字符串中，最长的共同前缀、后缀的长度，P 指整个字符串，P_q 指当 q 确定后的字符串 P_q。

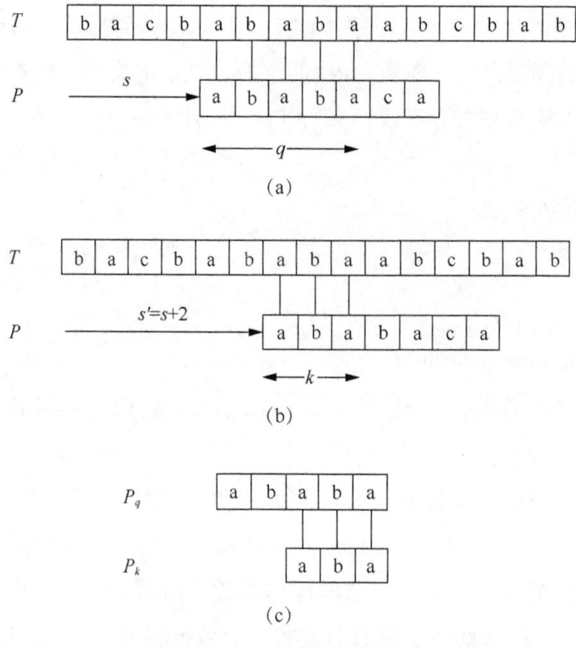

图 5-4 字符串匹配算法

关于模式 P = ababababca 的完整前缀函数 π，可称为部分匹配表（Partial Match Table），计算过程如下：

$\pi[1]=0$，a 仅有一个字符，前缀和后缀为空集，共有元素最大长度为 0；

$\pi[2]=0$，ab 的前缀为 a，后缀为 b，不匹配，共有元素最大长度为 0；

$\pi[3]=1$，aba 的前缀为 a ab，后缀为 ba a，共有元素最大长度为 1；

$\pi[4]=2$，abab 的前缀为 a ab aba，后缀为 bab ab b，共有元素最大长度为 2；

$\pi[5]=3$，ababa 的前缀为 a ab aba abab，后缀为 baba aba ba a，共有元素最大长度为 3；

$\pi[6]=4$，ababab 的前缀为 a ab aba abab ababa，后缀为 babab abab bab ab b，共有元素最大长度为 4；

$\pi[7]=5$，abababa 的前缀为 a ab aba abab ababa ababab，后缀为 bababa ababa baba aba ba a，共有元素最大长度为 5；

$\pi[8]=6$，abababab 的前缀为… ababab …，后缀为… ababab …，共有元素最大长度为 6；

$\pi[9]=0$，ababababc 的前缀和后缀不匹配，共有元素最大长度为 0；

$\pi[10]=1$，ababababca 的前缀为… a …，后缀为… a …，共有元素最大长度为 1。

KMP 算法通过调用 COMPUTE-PREFIX-FUNCTION()函数来计算部分匹配表。

综上可知，KMP 算法的主要特点是：

- 需要对模式字符串做预处理；
- 预处理阶段需要额外的 $O(m)$时间复杂度；
- 匹配阶段与字符集的大小无关；
- 匹配阶段至多执行 $2n-1$ 次字符比较；
- 模式中字符的比较顺序是从左到右。

本章小结

本章对数组进行了一定的介绍，介绍了数组的基本概念、表示和实现。在程序设计中，为了处理方便，把具有相同类型的若干元素按无序的形式组织起来，这些无序排列的同类型数据元素的集合称为数组。另外，本章还介绍了矩阵的压缩存储方式，能帮助读者掌握字符串存储结构和字符串匹配算法。

本章习题

1．定义一个初始值是 2 的一维整型数组（该数组是按照从小到大的顺序进行排序的），实现用户输入一个值后将该值插入数组恰当的位置。

2．定义一个整型数组 arr=[1,3,4,2,6,2,6,2,8,2,6]，里面含有重复项，使该数组中重复出现的整数只保留一个，其余的删除。

3．实现一维数组的冒泡排序。

4．请编写函数 fun()，它的功能是求出 1～100 中能被 7 或 11 整除，但不能同时被 7 和 11 整除的所有整数，并将它们放在数组 a 中，通过 n 返回这些数的个数。

5．试描述头指针、头节点、开始节点的区别，并说明头指针和头节点的作用。

6．若需要频繁地对线性表进行插入和删除操作，则该线性表应该采用何种存储结构？为什么？

7．简述如何将一个上三角矩阵以列为主序压缩存储在一个一维数组中。

8．字符串 abcdab 有多少个不同的子串？请列出所有前缀和后缀（子串）。

9．找出模式字符串 acba 在目标字符串 abccacbacbacabcabbacbbbacbacbacb 中出现的次数。

课程实验

1．设顺序表 L 是一个非递减有序表，试编写算法，将元素 x 插入 L，并使 L 仍是一个有序表。

2．已知一个稀疏矩阵 ***A***，用三元组表示，写出 ***A*** 的转置算法。

3．针对 Python 的字符串对象，实现一个 replace()操作函数。

4．定义生成器函数 tokens(string,seps)，其中 string 参数是被处理的字符串，seps 是描述分隔字符的字符串，它们都是字符串类型的对象。要求该生成器函数给出 string 里不包含 seps 中分隔字符的最大子串。

5．实际中经常需要在一个长字符串里查找与某几个字符串之一匹配的子串。请考虑这一问题并设计一个合理算法，实现这个算法并分析其复杂性。

6．考虑一种字符串匹配方法：如果当前字符匹配成功则继续考虑下一个字符，如果失败就将模式字符串右移一个位置继续匹配。经过连续的成功匹配后，到达模式字符串右端，便重新从模式字符串左端开始补足必要的字符来匹配，直至确定一次完整的模式字符串匹配。在这种匹配中任何时候出现失败，都按上面的方式继续用匹配失败的那个模式字符串字符与目标字符串的下一个字符比较。请根据这种思路，实现一个字符串匹配函数。

第6章

树与二叉树

本章介绍树与二叉树的概念、特性及相关操作方法，并针对树特定的数据结构介绍树存储及遍历的方法。读者在学习过程中应注意各种不同树结构的特点，以及支持不同应用场景的数据查询等操作。

二叉树操作与存储结构

6.1 树的基本概念

1．树的定义

树是 n（n>0）个节点的有限集，这个集合满足下面的条件。

（1）有且仅有一个节点没有前驱（父节点），该节点称为树的根节点。

（2）除根节点外，其余的每一个节点都有且仅有一个前驱。

（3）除根节点外，其余的每个节点都通过唯一的路径连到根节点上（否则有环）。这条路径由根节点开始，而末端就在该节点上，且除根节点外，路径上的每个节点都是前一个节点的后继（儿子节点）。

由上述定义可知，树结构没有封闭的回路。

2．节点的分类

节点一般分成以下 3 类。

（1）根节点：没有父节点的节点。树中有且仅有一个根节点，如节点 r。

（2）分支节点：除根节点外，有孩子节点的节点称为分支节点，如 a、b、c、x、t、d、i。

（3）叶子节点：没有孩子节点的节点称为叶子节点，如 w、h、e、f、s、m、o、n、j、u。

从根节点到每个分支节点或叶子节点的路径是唯一的。

3．树的度

（1）节点的度：一个节点的子树数目称为该节点的度。

（2）树的度：全部节点中最大的度称为该树的度（宽度）。

假设采用数组存储子节点地址，则应依据树的度定义数组大小。

4．树的深度

树是分层次的。节点所在的层次是从根节点算起的。根节点在第一层，根节点的儿子节点在第二层，其余各层依次类推。即某个节点在第 k 层，则该节点的后继均在第 k+1 层。在树中，父节点在同一层的全部节点构成兄弟关系。树中最大的层次值称为树的深度，亦称树的高度。

5．森林

所谓森林，是指若干棵互不相交的树的集合。去掉根节点，其原来的 3 棵子树 T_a、T_b、T_c 的集合$\{T_a,T_b,T_c\}$就为森林。

6．有序树和无序树

依照树中同层节点是否保持有序性，可将树分为有序树和无序树。假设树中同层节点从左向右排列，其次序不容互换，这种树称为有序树；假设同层节点的次序随意，这种树称为无序树。

7．树的表示方法

（1）自然界的树形表示法。

用节点和边表示树。树形表示法一般用于分析问题。优点：直观、形象。缺点：保存困难。

（2）括号表示法。

先将根节点放入一对圆括号里，然后把它的子树按从左向右的顺序放入括号里。对子树也采用相同的方法处理：同层子树与它的根节点用圆括号标识，同层子树之间用逗号隔开。优点：易于保存。缺点：不直观。

8．树的遍历规则

所谓树的遍历，是指依照一定的规律不反复访问（或取出节点中的信息，或对节点做其他处理）树中的每个节点，其遍历过程实质上是将树这样的非线性结构按一定规律转化为线性结构。

（1）先根次序遍历。

先根次序遍历的规则为：若树为空，则退出；否则先根访问树的根节点，然后先根遍历根的每棵子树。

（2）后根次序遍历。

后根次序遍历的规则为：若树为空，则退出；否则后根访问每棵子树，然后访问根节点。

6.2　二叉树

6.2.1　二叉树的定义

把满足以下两个条件的树形结构叫作二叉树：

（1）每个节点的度都不大于2；

（2）每个节点的孩子节点次序不能任意颠倒。

可见，一个二叉树的每个节点只能含有0个、1个或者2个孩子节点，而且孩子节点有左右之分，位于左边的叫左孩子节点，位于右边的叫右孩子节点。

6.2.2　二叉树的分类

1．满二叉树

满二叉树（见图6-1）除最后一层无任何子节点外，每一层上的所有节点都有两个子节点，最后一层都是叶子节点。其满足下列性质：

（1）一棵树深度为 h，最大层数为 k，深度与最大层数相同，k=h；

（2）叶子节点（最后一层）数为 $2k-1$；

（3）第 i 层的节点数是 $2i-1$；

（4）节点数是 $2k-1$，且总节点数一定是奇数。

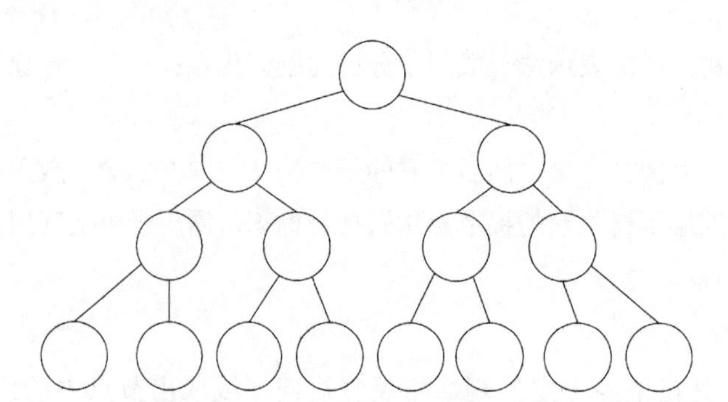

图 6-1　满二叉树示意

2．完全二叉树

若设二叉树的深度为 h，除第 h 层外，其他各层（$1\sim h-1$ 层）的节点数都达到最大个数，第 h 层所有的节点都连续集中在最左边，这就是完全二叉树（见图 6-2）。其满足下列性质：

（1）只允许最后一层空缺节点且空缺在右边，即叶子节点只能在层次最大的两层上出现；

（2）对任一节点，如果其右子树的深度为 j，则其左子树的深度必为 j 或 $j+1$，即度为 1 的节点只有 1 个或 0 个；

（3）除最后一层，第 i 层的节点数是 $2i-1$；

（4）有 n 个节点的完全二叉树，其深度为 $\log_2 n+1$ 或 $\log_2(n+1)$；

（5）满二叉树一定是完全二叉树，完全二叉树不一定是满二叉树。

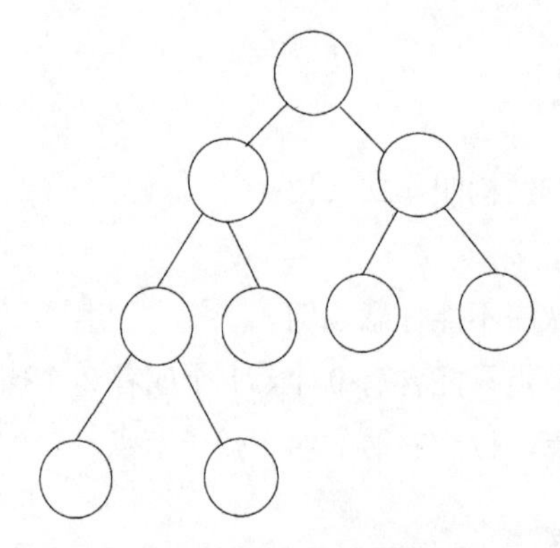

图 6-2　完全二叉树示意

3．平衡二叉树

平衡二叉树又称 AVL 树，它是一棵空树，或左右两个子树的高度差的绝对值不超过 1，并且左右两个子树都是平衡二叉树。

4．二叉查找树

二叉查找树（Binary Search Tree，BST）又称二叉搜索树、二叉排序树。它是一棵空树，或是满足下列性质的二叉树：

（1）若左子树不为空，则左子树上所有节点的值均小于或等于它的根节点的值；

（2）若右子树不为空，则右子树上所有节点的值均大于或等于它的根节点的值；

（3）左右子树都为二叉查找树。

5．红黑树

红黑树是每个节点都带有颜色（颜色为红色或黑色）属性的自平衡二叉查找树，其满足下列性质：

（1）节点是红色或黑色；

（2）根节点是黑色；

（3）所有叶子节点都是黑色；

（4）每个红色节点必须有两个黑色的子节点（从每个叶子节点到根节点的所有路径上不能有两个连续的红色节点）；

（5）从任一节点到其每个叶子节点的所有简单路径都包含相同数目的黑色节点。

6.2.3　二叉树的性质

二叉树具有以下 5 个性质。

（1）在二叉树的第 i（$i \geqslant 1$）层最多有 2^{i-1} 个节点。

（2）深度为 k（$k \geqslant 0$）的二叉树最少有 k 个节点，最多有 2^k-1 个节点。

（3）对于任一棵非空二叉树，若其叶子节点数为 n_0，度为 2 的非叶子节点数为 n_2，则 $n_0 = n_2+1$。

（4）具有 n 个节点的完全二叉树的深度为$[\log_2 n]$（下取整）+1。

（5）对于一棵有 n 个节点的完全二叉树，自顶向下、同一层自左向右，将节点依次编号为 $1,2,3,\cdots,n$，然后按节点编号将树中各节点顺序存放于一个一维数组中，并简称编号为 i 的节点为节点 i（$i \geqslant 1$ 且 $i \leqslant n$），则有以下关系。

若 i=1，则节点 i 为根，无父节点；若 i>1，则节点 i 的父节点为节点 int_DOWN(i/2)。

若 $2i \leqslant n$，则节点 i 的左子节点为节点 $2i$。

若节点编号 i 为奇数，且 i!＝1，它处于右兄弟节点位置，则它的左兄弟节点为节点 i–1。

若节点编号 i 为偶数，且 i!=n，它处于左兄弟节点位置，则它的右兄弟节点为节点 i+1。

节点 i 所在的层次为 int_DOWN(log(2,i))+1。

部分性质的证明说明如下。

性质（1）可以通过数学归纳法证明。

性质（2）证明如下。

由性质（1）可知，k 层的最大节点总数可表示为 $2^0+2^1+\cdots+2^{k-1}=2^k-1$。

性质（3）证明如下。

首先，从节点的角度看 $n_1+n_2+n_0=n$，设此为①式。

再从边的角度看，n_2 下接两条边，n_1 下接一条边，n 个节点两两相连一共需要 $n-1$ 条边，可得 $2n^2+n_1=n-1$，此为②式。

由①式–②式，可得 $n_0-n_2=1$。

性质（5）的拓展说明如下。

如果节点编号从 0 开始，则有以下结论。

（1）节点 i（$1 \leqslant i \leqslant n-1$）的父节点为节点 int_DOWN(($i-1$)/2)，节点 0 无父节点。

（2）分支节点中编号最大的是节点 int_DOWN(($n-2$)/2)或节点 int_DOWN(n/2)−1。

（3）若 $i \leqslant$ int_DOWN(($n-2$)/2)，则节点 i 的左子节点为 $2i+1$；若 $i \leqslant$ int_DOWN(($n-3$)/2)，则节点 i 的右子节点为 $2i+2$。

（4）若 i 为偶数且大于 0，则节点 i 有左兄弟节点 $i-1$；若 i 为奇数且 $i \leqslant n-2$，则节点 i 有右兄弟节点 $i+1$。

（5）节点 i（$0 \leqslant i \leqslant n-1$）在第 int_DOWN(log(2,$i$+1))+1 位置。

6.3 二叉树的存储结构

6.3.1 二叉树的顺序存储

若把二叉树存储到一维数组中，则该编号就是索引值加 1。注意，C/C++语言中数组的起始索引为 0。树中各节点的编号与等高度的完全二叉树中对应位置上节点的编号相同。

顺序存储一棵二叉树时，首先对该树中的每个节点进行编号，然后以各节点的编号为索引，把各节点的值对应存储到一个一维数组中。每个节点的编号与等深度的满二叉树中对应节点的编号相等，即树根节点的编号为 1，接着按照从上到下和从左到右的顺序编号，若一个节点的编号为 i，则其左、右孩子节点的编号分别为 $2i$ 和 $2i+1$。如图 6-3 和图 6-4 所示，各节点上方的数字就是该节点的编号。

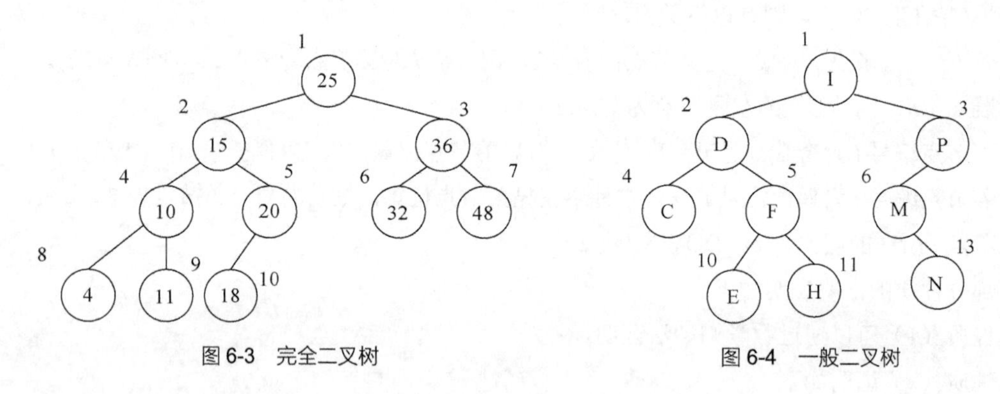

图 6-3 完全二叉树

图 6-4 一般二叉树

假设分别采用一维数组 data1 和 data2 来顺序存储图 6-3 和图 6-4 所示的两棵二叉树，则两数组中各元素的值如图 6-5 所示。

	0	1	2	3	4	5	6	7	8	9	10
data 1		25	15	36	10	20	32	48	4	11	18

	0	1	2	3	4	5	6	7	8	9	10	11	12	13
data 2		I	D	P	C	F	M				E	H		N

图 6-5 数组中各元素的值

在二叉树的顺序存储结构中，各节点之间的关系与索引有关，因此访问每一个节点的双亲和左、右孩子节点都非常方便。如对于编号为 i 的节点，其双亲节点的索引为 $[i/2]$；若存在左孩子节点，则左孩子节点的索引为 $2i$；若存在右孩子节点，则右孩子节点的索引为 $2i+1$。

二叉树的顺序存储结构对存储完全二叉树来说是合适的，使用该结构能够充分利用存储空间，但对于一般二叉树，特别是对于那些单支节点较多的二叉树，是很不合适的，因为可能只有少数存储位置被利用，而多数或绝大多数的存储位置会空闲着。

6.3.2　二叉树的链式存储

在二叉树的链式存储中，通常采用的方法是，在每个节点中设置 3 个域：值域、左指针域和右指针域。

链式存储的另一种方法是在上面的节点结构中再增加一个 parent 指针域，用来指向其双亲节点。这种存储结构既便于查找孩子节点，又便于查找双亲节点，当然也能使存储空间相应增加。

6.4　二叉树操作

6.4.1　二叉树的遍历

二叉树遍历的方法：前序遍历、中序遍历、后序遍历和按层遍历。

若将根节点、左子树和右子树分别用 D、L 和 R 表示，则前序遍历顺序为 DLR，中序遍历顺序为 LDR，后序遍历顺序为 LRD。

对于图 6-6 中的二叉树，前序遍历顺序为 ABCDEFG；中序遍历顺序为 CBDAEGF；后序遍历顺序为 CDBGFEA；按层遍历顺序为 ABECDFG。

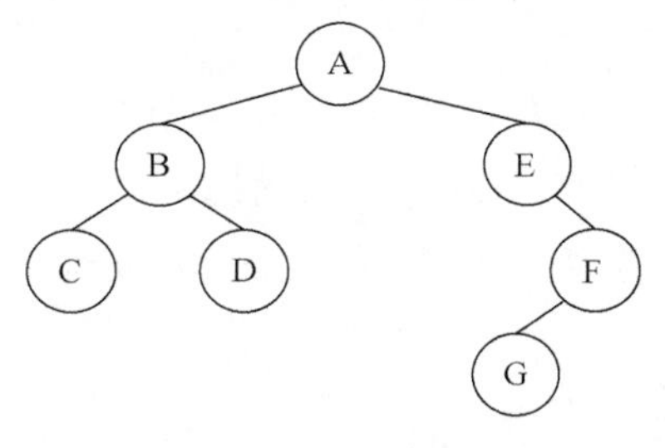

图 6-6　二叉树

6.4.2　二叉树遍历的递归实现

二叉树的 3 个部分如图 6-7 所示。

（1）先序遍历——按照“根节点-左孩子节点-右孩子节点”（DLR）的顺序进行访问。

（2）中序遍历——按照“左孩子节点-根节点-右孩子节点”（LDR）的顺序进行访问。

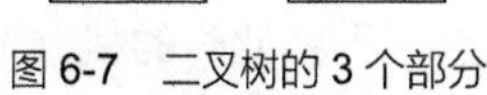

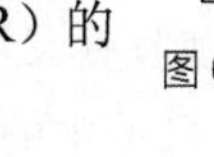

图 6-7　二叉树的 3 个部分

（3）后序遍历——按照“左孩子节点-右孩子节点-根节点”（LRD）的顺序进行访问。

6.4.3 二叉树遍历的非递归实现

为了便于理解，这里以图 6-8 所示的二叉树为例，分析二叉树的 3 种遍历方式的实现过程。

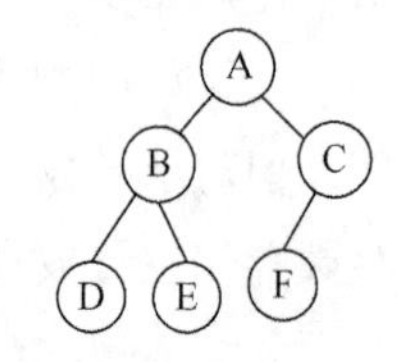

图 6-8 二叉树示例

1．前序遍历的非递归实现

根据前序遍历的顺序，先访问根节点，再访问左子树，最后访问右子树，而对每个子树来说，又按照同样的访问顺序进行遍历，图 6-8 的前序遍历顺序为 ABDECF。非递归的实现思路如下。

（1）对于任一节点 P，输出节点 P，然后使其进栈，再看 P 的左孩子节点是否为空。

（2）若 P 的左孩子节点不为空，则设置 P 的左孩子节点为当前节点，重复（1）的操作。

（3）若 P 的左孩子节点为空，则使栈顶节点出栈，但不输出，并将出栈节点的右孩子节点设置为当前节点，看其是否为空。

（4）若右孩子节点不为空，则循环至（1）的操作。

（5）若右孩子节点为空，则继续出栈，但不输出，同时将出栈节点的右孩子节点设置为当前节点，看其是否为空，重复（4）和（5）的操作；直到当前节点 P 为 NULL 并且栈为空，遍历结束。

2．中序遍历的非递归实现

根据中序遍历的顺序，先访问左子树，再访问根节点，最后访问右子树，而对每个子树来说，又按照同样的访问顺序进行遍历，图 6-8 的中序遍历顺序为 DBEAFC。非递归的实现思路如下。

（1）对于任一节点 P，若 P 的左孩子节点不为空，则使 P 进栈并将 P 的左孩子节点设置为当前节点，然后对当前节点进行相同的处理。

（2）若 P 的左孩子节点为空，则输出 P 节点，而后将 P 的右孩子节点设置为当前节点，看其是否为空。

（3）若右孩子节点不为空，则重复（1）和（2）的操作。

（4）若右孩子节点为空，则执行出栈操作，输出栈顶节点，并将出栈的节点的右孩子节点设置为当前节点，看其是否为空，重复（3）和（4）的操作；直到当前节点 P 为 NULL 并且栈为空，遍历结束。

3．后序遍历的非递归实现

根据后序遍历的顺序，先访问左子树，再访问右子树，最后访问根节点，而对每个子树来说，又按照同样的访问顺序进行遍历，图 6-8 的后序遍历顺序为 DEBFCA。后序遍历的非递归实现相对来说要难一些，要保证根节点在左子树和右子树被访问后才能访问，思路如下。

（1）对于任一节点 P，先使节点 P 进栈。

（2）若 P 不存在左孩子节点和右孩子节点，或者 P 存在左孩子节点或右孩子节点，但左右孩子节点已经被输出，则可以直接输出节点 P，并使其出栈，将出栈节点 P 标记为上一个输出的节点，再将此时的栈顶节点设为当前节点。

（3）若不满足（2）中的条件，则使 P 的右孩子节点和左孩子节点依次进栈，当前节点重新设置为栈顶节点，之后重复操作（2）；直到栈为空，遍历结束。

4．层序遍历的非递归实现

根据层序遍历的顺序，按层序访问节点。图6-8的层序遍历顺序为ABCDEF。非递归的实现思路如下。

（1）对于任一节点P，先使节点P存入队列。

（2）将与P在同一层的节点按从左到右的顺序存入队列。

（3）求P节点所在层队列的长度，P在头节点时，将该节点出列。

（4）判断P是否有左孩子或右孩子，如果有，则加入队列尾，为访问下一层做准备。

（5）当队列为空时，遍历结束。

6.4.4　二叉树的创建

1．先序创建二叉树

（1）利用递归思想，先创建根节点，再创建左子树，最后创建右子树。

（2）创建根节点的步骤：输入一个元素，若元素是终止元素则创建根节点。

（3）递归创建左子树和右子树。

2．后序创建二叉树

后序和先序（根节点-左子树-右子树）的输入顺序刚好是相反的，所以我们可以用一个数组来存储后序输入的节点元素，然后通过先序创建的方式从数组末尾往前依次用节点元素来创建二叉树。也就是说，后序创建本质上还是先序创建，只不过我们通过先序创建加上倒置赋值顺序来实现后序创建。

6.5　树的存储结构

对于存储结构，读者可能会联想到前面介绍的顺序存储和链式存储结构。但是对于树这种可能会有很多孩子节点的特殊数据结构，只用顺序存储结构或者链式存储结构很难实现，那么可以将这二者结合，相应地有4种主要的存储结构表示法：双亲表示法、孩子表示法、双亲孩子表示法、孩子兄弟表示法。

6.5.1　双亲表示法

1．定义

双亲表示法定义：假设以一块连续空间存储树的节点，同时在每个节点中，附设一个指示器，指示其双亲节点在链表中的位置。

2．节点结构

双亲表示法的节点结构如下。

data（值域）	**parent**（指针域）
存储节点的数据信息	存储该节点的双亲节点在数组中的索引

3．代码实现

双亲表示法的代码实现如下。

```
/* 树的双亲表示法节点结构定义 */
#define MAX_TREE_SIZE 100typedef int ElemeType;
typedef struct PTNode{      #节点结构
    ElemeType data;         #节点数据
    int parent;             #双亲节点位置
}PTNode;
typedef struct{             #树结构
    PTNode nodes[MAX_TREE_SIZE];    #节点数组
    int r;                  #根的位置
    int n;                  #节点数
}PTree;
```

双亲表示法表示的二叉树如图 6-9 所示。当该二叉树存入数组时，数组索引、数据值、双亲节点值各项的对应关系如表 6-1 所示。

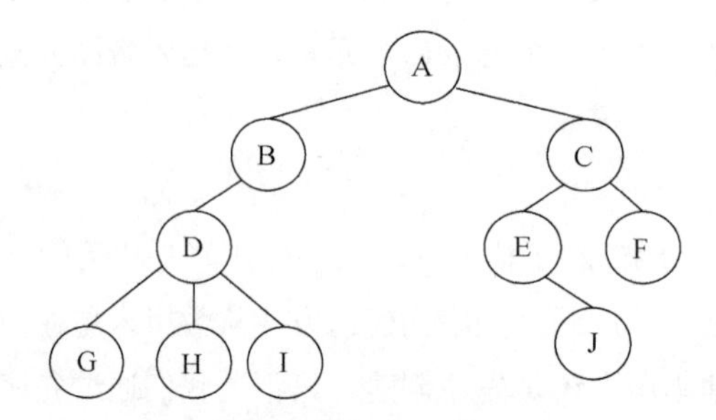

图 6-9　双亲表示法表示的二叉树

表 6-1　二叉树存入数组时各项的对应关系

数组索引	数据值	双亲节点值
0	A	−1
1	B	0
2	C	0
3	D	1
4	E	2
5	F	2
6	G	3
7	H	3
8	I	3
9	J	4

4．特点

双亲表示法的特点如下。

由于根节点是没有双亲节点的，约定根节点的位置域为−1。

根据节点的 parent 指针很容易找到它的双亲节点。所用时间复杂度为 $O(1)$，直到 parent 为−1 时，表示找到了节点的根节点。

缺点：如果要找到孩子节点，需要遍历整个结构。

6.5.2　孩子表示法

1．定义

孩子表示法（见图 6-10）定义：把每个节点的孩子节点排列起来，以单链表作为存储结构，*n* 个节点有 *n* 个孩子链表，如果是叶子节点则单链表为空（用符号 Ã 表示）；然后将 *n* 个头指针组成一个线性表，采用顺序存储结构，存放进一个一维数组中。

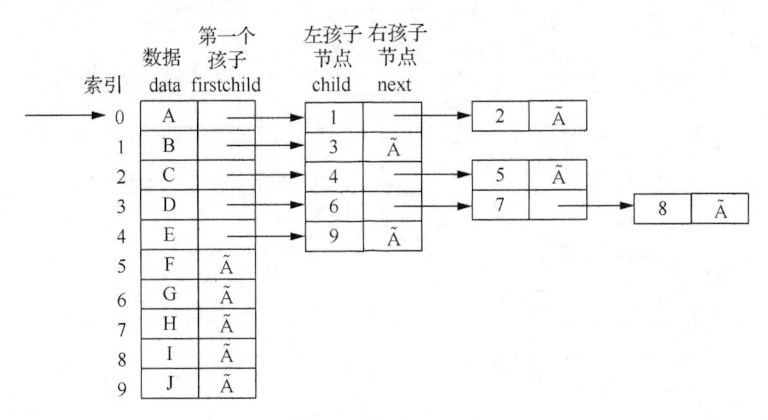

图 6-10　孩子表示法

2．节点结构

孩子表示法有两种节点结构：孩子链表的孩子节点和表头数组的表头节点。

（1）孩子链表的孩子节点结构如下。

child（数据域）	**next（指针域）**
存储某个节点在表头数组中的索引	存储指向某节点的下一个孩子节点的指针

（2）表头数组的表头节点结构如下。

data（数据域）	**firstchild（头指针域）**
存储某个节点的数据信息	存储该节点的孩子链表的头指针

3．代码实现

孩子表示法的代码实现如下。

```
/* 树的孩子表示法结构定义 */
#define MAX_TREE_SIZE 100typedef int ElemeType;
typedef struct CTNode{                  #孩子节点
    int child;                          #孩子节点的索引
    struct CTNode *next;                #指向下一节点的指针
}*ChildPtr;
typedef struct{                         #表头结构
    ElemeType data;                     #存放在树中的节点数据
    ChildPtr firstchild;                #指向第一个孩子节点的指针
}CTBox;
typedef struct{                         #树结构
    CTBox nodes[MAX_TREE_SIZE];         #节点数组
    int r;                              #根的位置
    int n;                              #节点树
}CTree;
```

6.5.3 双亲孩子表示法

对于孩子表示法，查找某个节点的某个孩子节点，或者查找某个节点的兄弟节点，只需要查找这个节点的孩子单链表即可。但是当要寻找某个节点的双亲节点时，就不是那么方便了。所以可以将双亲表示法和孩子表示法结合，形成双亲孩子表示法（见图 6-11）。

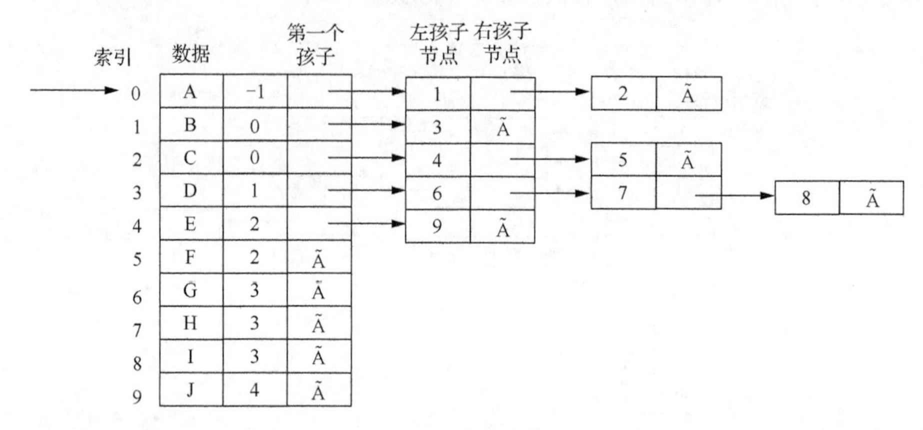

图 6-11 双亲孩子表示法

双亲孩子表示法的代码实现如下。

```
/* 树的双亲孩子表示法结构定义 */
#define MAX_TREE_SIZE 100typedef int ElemeType;
typedef struct CTNode{                    #孩子节点
    int child;                            #孩子节点的索引
    struct CTNode *next;                  #指向下一节点的指针
}*ChildPtr;
typedef struct{                           #表头结构
    ElemeType data;                       #存放在树中的节点数据
    int parent;                           #存放双亲节点的索引
    ChildPtr firstchild;                  #指向第一个孩子节点的指针
}CTBox;
typedef struct{                           #树结构
    CTBox nodes[MAX_TREE_SIZE];           #节点数组
    int r;                                #根的位置
    int n;                                #节点树
}CTree;
```

6.5.4 孩子兄弟表示法

1．定义

孩子兄弟表示法定义：任意一棵树，它的节点的第一个孩子节点如果存在就是唯一的，它的右兄弟节点如果存在也是唯一的。因此，设置两个指针，分别指向该节点的第一个孩子节点和此节点的右兄弟节点。

2．节点结构

孩子兄弟表示法的节点结构如下。

data（数据域）	firstchild（头指针域）	rightsib（指针域）
存储节点的数据信息	存储该节点的第一个孩子节点的存储地址	存储该节点的右兄弟节点的存储地址

3．代码实现

孩子兄弟表示法的代码实现如下。

```
/* 树的孩子兄弟表示法结构定义 */
#define MAX_TREE_SIZE 100typedef int ElemeType;
typedef struct CSNode{
    ElemeType data;
    struct CSNode *firstchild;
    struct CSNode *rightsib;
}CSNode, *CSTree;
```

6.6　树与森林

6.6.1　二叉树与树的转换

1．二叉树转换成树

（1）加线：若某节点的左孩子节点存在，则将这个左孩子节点的右孩子节点、右孩子节点的右孩子节点、右孩子节点的右孩子节点的右孩子节点等都作为节点的孩子节点。将节点与这些右孩子节点用线连接起来。

（2）去线：删除原二叉树中所有节点与其右孩子节点的连线。

（3）层次调整。

2．树转换成二叉树

图 6-12 所示的一棵树，将其转换成二叉树的思路如下。

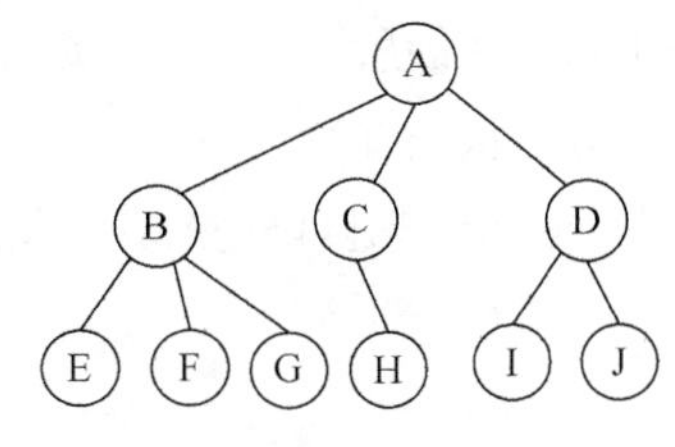

图 6-12　树

（1）连接具有相同双亲节点的兄弟节点，如图 6-13 所示。

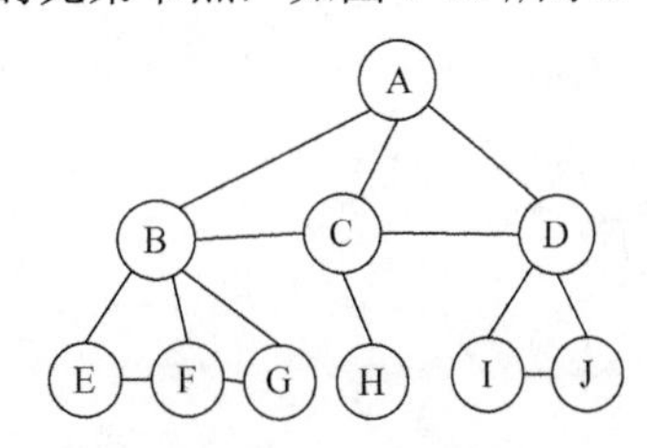

图 6-13　给兄弟节点加线

（2）除第一个孩子节点外，删除剩余兄弟节点与双亲节点的连线，如图 6-14 所示。

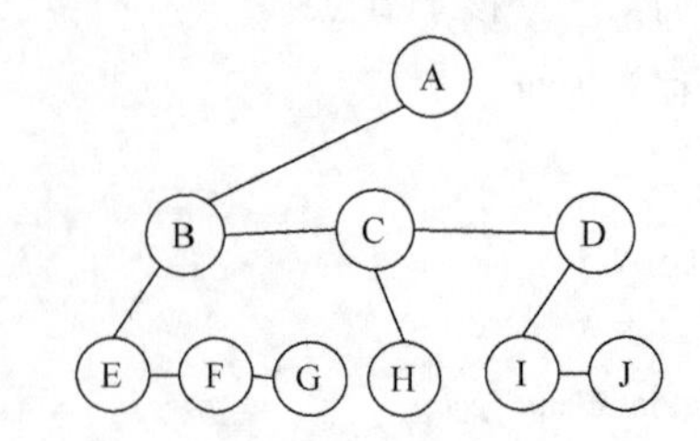

图 6-14　给除第一个孩子节点外的孩子节点去线

（3）剩余部分即生成的二叉树，如图 6-15 所示。

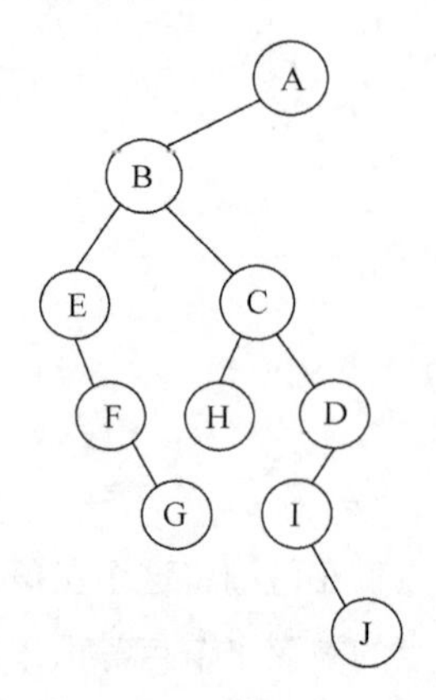

图 6-15　生成的二叉树

6.6.2　二叉树与森林的转换

1. 二叉树转换成森林

二叉树转换成森林如下。

（1）断开从根节点开始沿着右下角路径的所有连线，生成多棵二叉子树。

（2）将每棵二叉子树转换成树，即可构成森林。

断开连线前的二叉树如图 6-16 所示，断开连线转换成森林后如图 6-17 所示。

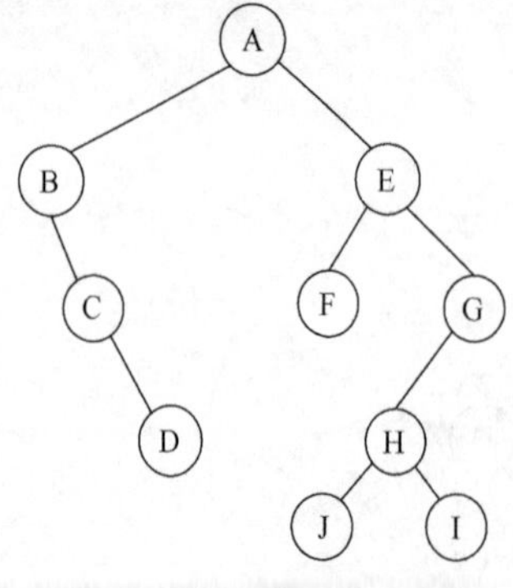

图 6-16　断开连线前的二叉树

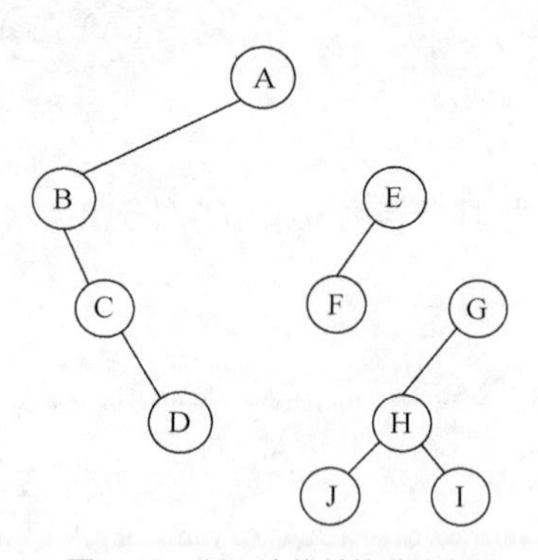

图 6-17　断开连线转换成森林

2．树、二叉树、森林转换的总结

（1）树转换成二叉树：连接所有的兄弟节点，去除除了第一个节点之外的其他兄弟节点与双亲节点的连线，以根节点为轴心顺时针旋转 45°。（二叉树转换成树与之相反。）

（2）森林转换成二叉树：将森林中的每一棵树转换成二叉树。

连接新生成二叉树的每一个根节点（第一棵树的根节点为生成二叉树的树根，由指针域指向第二棵子树，以此类推）；以根为轴心顺时针旋转 45°。

（3）二叉树转换成森林：断开从根节点开始沿着右下角路径的所有连线，生成多棵二叉子树，将每棵二叉子树转换成树，即可构成森林。

6.7　二叉查找树

6.7.1　二叉查找树的创建

二叉查找树的创建无非就是不断查找和插入的过程，当我们查找某个值没有找到时，我们可以将该值插入二叉查找树。因为在查找的过程中可以确定该节点要插入的合适位置，所以插入就显得比较简单。下面是二叉查找树插入与删除的主要步骤。

6.7.2　二叉查找树的插入

插入过程比较简单，首先判断当前要插入的值是否已经存在于二叉查找树中，如果已经存在，则直接返回；如果不存在，则应找到适当的位置将其插入。注意，插入的新节点一定是叶子节点。

6.7.3　二叉查找树的删除

和插入相似，要删除一个给定值的节点，首先要判断这个节点是否存在，如果不存在，则直接返回；如果已经存在，则获取给定值节点的位置，根据不同情况进行删除、调整；如果待删节点只有左子树（只有右子树），则直接将待删节点的左子树（右子树）放在待删节点的位置，并释放待删节点的内存。

二叉查找树的删除操作相对复杂，不能因为删除了节点而让二叉查找树变得不满足二叉查找树的性质，所以对于二叉查找树的删除存在 3 种情况。

- 叶子节点：很容易实现删除操作，直接删除节点即可。
- 仅有左子树或者右子树的节点：容易实现删除操作，删除节点后，将它的左子树或者右子树整个移动到删除节点的位置。
- 左右子树都有的节点：实现删除操作很复杂。

对于要删除的节点同时存在左右子树的情况，其解决办法的核心思想是将它的直接前驱或者直接后继作为删除节点的数据。

6.8 平衡二叉树

6.8.1 平衡二叉树的概念

平衡二叉树是二叉查找树的“进化体”，也是首先引入平衡概念的一种二叉树。1962 年，阿杰尔松·韦利斯基（Adelson Velsky）和兰迪斯（Landis）发明了这种树，所以它又叫 AVL 树。对平衡二叉树中的每一个节点来说，它的左右子树的高度差的绝对值不能超过 1，如果插入或者删除一个节点使高度差的绝对值大于 1，就要进行节点之间的旋转，使二叉树重新维持在平衡状态。这个方案很好地解决了二叉查找树“退化”成链表的问题，使插入、查找、删除在最好情况和最坏情况下的时间复杂度都为 $O(\log N)$。但是频繁旋转会使插入和删除花费约 $O(\log N)$的时间，不过相对二叉查找树来说，时间上稳定了很多。

平衡二叉树是一种特殊的二叉查找树。平衡二叉树或者是一棵空树，或者是具有以下性质的二叉树：

（1）左子树和右子树都是平衡二叉树；

（2）左子树和右子树的高度差的绝对值不超过 1。

如果定义节点的平衡度为其右子树的深度减去其左子树的深度，则对于平衡二叉树，它的每个节点的平衡度为-1、0、1 这 3 个值之一。

平衡性，是指每个节点的左子树高度和右子树高度之差的绝对值不超过 1，即 Math.abs(Height(node.left) - Height(node.right))<1。对图 6-18 中的平衡二叉树而言，其每个节点都满足这个性质。图 6-19 中的非平衡二叉树之所以不是平衡二叉树，是因为在根节点处平衡性遭到了破坏，其左子树高度和右子树高度之差为 2。

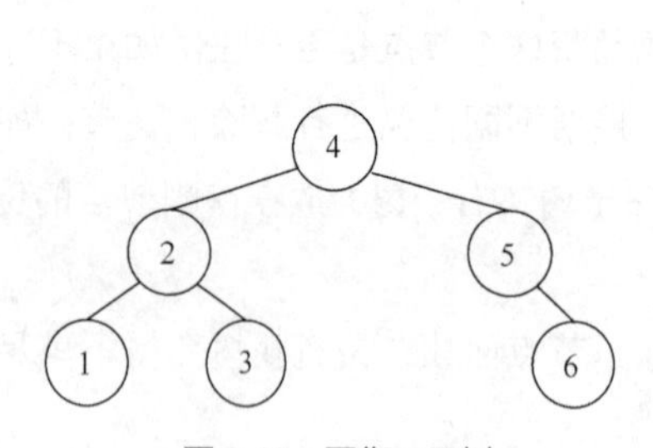

图 6-18 平衡二叉树

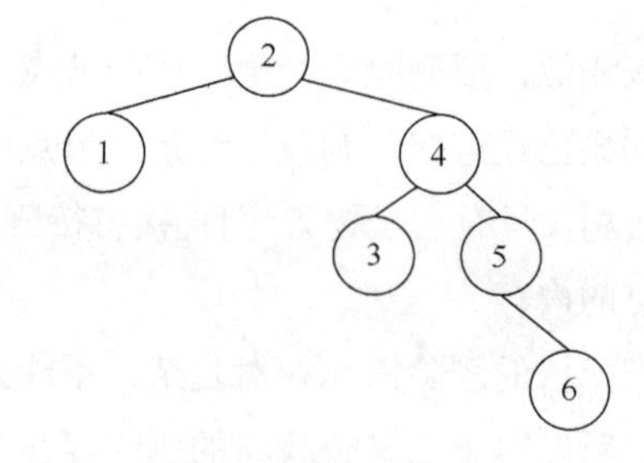

图 6-19 非平衡二叉树

6.8.2 平衡二叉树的插入

插入过程也是一个二叉树查找的过程，如图 6-20 所示，在插入节点 2 之前，该树还是一棵平衡树，当插入节点 2 之后，节点 3 就成为不平衡点，需要对节点 3 进行左平衡处理。

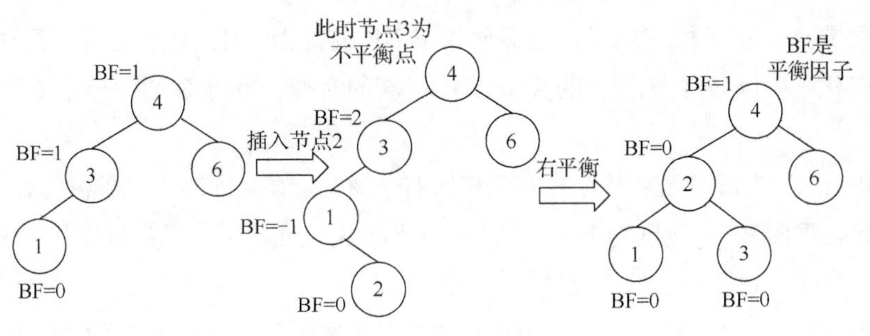

图 6-20　节点插入过程

下面详细分析一下。

首先从根节点 4 开始搜索，发现 2<4，于是搜索 4 的左节点 3，发现 2<3，就搜索 1，发现 2>1，就搜索 1 的右节点。此时发现 1 的右节点为空，执行插入操作，将节点 2 插入 1 的右节点处，那么怎么发现此时这棵树不平衡呢？我们要通过递归寻找插入点，当找到插入点在 1 的右节点处之后，开始往父节点回溯，回溯过程中会告诉父节点孩子节点有没有“长高”，如果长高了，父节点就要判断左右子树高度差的绝对值是否大于 1，也就是判断树是否处于不平衡状态，每个节点都有一个平衡因子，EH=0（等高），LH=1（左边高 1），RH=−1（右边高 1）。例如，插入节点 2 之前，节点 1 的 BF=0，节点 3 的 BF=1，节点 4 的 BF=1，插入节点 2 之后，往父节点 1 回溯，告诉它孩子节点长高了。节点 1 的 BF=0，现在右节点长高了，所以此时节点 1 的 BF=−1。再往父节点 3 回溯，告诉父节点 3 孩子节点长高了，而父节点 3 的 BF=1，现在左孩子节点长高了，那么 BF=2，此时节点 3 称为不平衡点，需要对节点 3 做左平衡处理。处理完成后，节点 2 变成了节点 1、3 的父节点，此时节点 2 的高度和没插入节点 2 之前节点 3 的高度一样，于是告诉父节点 4，孩子节点没有长高，此时递归结束。

6.8.3　平衡二叉树的删除

平衡二叉树的删除操作和二叉查找树的删除一样，分为以下 3 种情况。

（1）删除节点没有左子树，这种情况可以直接将删除节点的父节点指向删除节点的右子树。

（2）删除节点没有右子树，这种情况可以直接将删除节点的父节点指向删除节点的左子树。

（3）删除节点左右子树都存在，这种情况可以采用以下两种方式。

- 让删除节点左子树的最右侧节点代替当前节点。
- 让删除节点右子树的最左侧节点代替当前节点。

假设节点 A 是节点 6 的父节点，节点 B 是节点 A 的父节点，节点 C 是节点 B 的父节点，删除操作如图 6-21 所示。

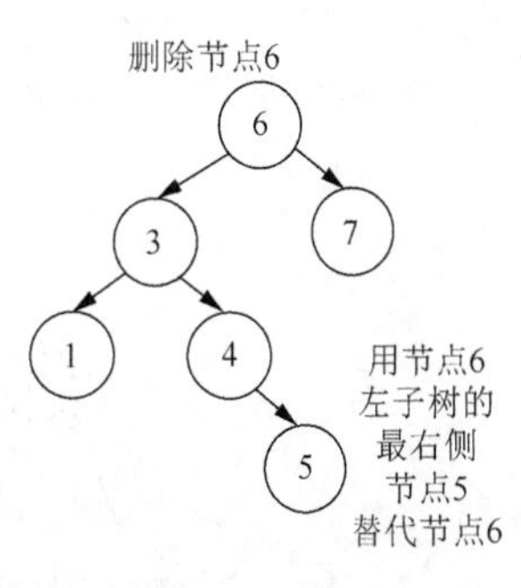

图 6-21　删除操作

和插入操作一样，删除操作也是递归查找，然后删除，删除之后，该节点 A 要向父节点回溯，告诉父节点 B 它“变矮”（因为删除了节点）了，父节点 B 此时要判断自己是否也变矮了，如果删除的节点是自己的左子树（右子树同理，这里只讨论左子树的情况）中的节点，就要分 3 种情况讨论。

（1）B.BF=EH，也就是原来节点 B 左右子树高度一致，而现在左子树告诉父节点，左子树变矮了，则需要将 B.BF 设置为 RH，即右边高，同时可知节点 B 的高度并没变化，所以再往节点 B 的父节点 C 回溯的时候，节点 B 的父节点 C 就会当作什么都没发生。

（2）B.BF=LH，也就是原来节点 B 左子树比右子树高一层，而现在左子树告诉父节点，左子树变矮了，则需要将 B.BF 设置为 EH，同时可知节点 B 也变矮了，于是再往节点 B 的父节点 C 回溯的时候，节点 C 也要分 3 种情况讨论。

（3）B.BF=RH，也就是原来节点 B 右子树比左子树高一层，而现在左子树告诉父节点，左子树变矮了，则需要对节点 B 进行右平衡处理。而这里又要分两种情况讨论，右平衡处理完成后，需要判断节点 B 的父节点 C 的左子树是否变矮了。

- B.rchild.BF=EH，也就是节点 B（右平衡处理之前）的右子树的左右子树等高。对于这种情况，节点 B 的父节点 C 的左子树不会变矮。
- 除了上面这种情况，节点 B 的父节点 C 的左子树会变矮。

6.9 赫夫曼树

赫夫曼（Huffman）树又称最优二叉树。它是 n 个带权叶子节点构成的二叉树中，带权路径长度（Weighted Path Length，WPL）最小的二叉树。因为构造这种树的算法是最早由赫夫曼提出的，所以其被称为赫夫曼树。

6.9.1 赫夫曼树的性质

1．路径和路径长度

在一棵树中，从一个节点往下可以达到的孩子或孙子节点之间的通路，称为路径。通路中分支的数目称为路径长度。若规定根节点的层数为 1，则从根节点到第 L 层节点的路径长度为 L-1。

图 6-22 所示的二叉树节点 A 到节点 D 的路径长度为 2，节点 A 到节点 C 的路径长度为 1。

2．节点的权及带权路径长度

若给树中节点赋予一个有某种含义的数值，则这个数值称为该节点的权。节点的带权路径长度为：从根节点到该节点之间的路径长度与该节点的权的乘积。

图 6-23 展示了一棵带权二叉树。

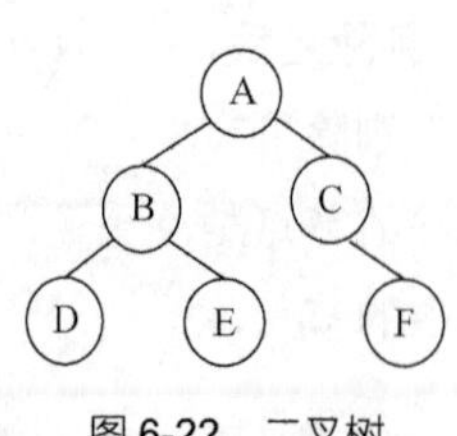

图 6-22　二叉树

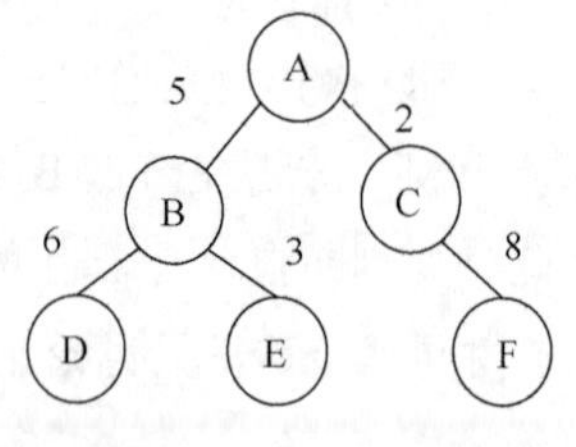

图 6-23　带权二叉树

6.9.2　赫夫曼树的构造

根据赫夫曼树的定义，要使一棵二叉树 WPL 值最小，必须使权值越大的叶子节点越靠近根节点，而权值越小的叶子节点越远离根节点。

赫夫曼依据这一特点提出了一种构造赫夫曼树的方法，即赫夫曼算法，其基本思想如下。

（1）根据给定的 n 个权值$\{w_1,w_2,\cdots,w_n\}$，构造 n 棵只有根节点的二叉树，令其权值为 w_j。

（2）在森林中选取两棵根节点权值最小的树作为左右子树，构造一棵新的二叉树，设置新二叉树根节点权值为其左右子树根节点权值之和。

（3）在森林中删除这两棵树，同时将新得到的二叉树加入森林。

（4）重复上述步骤（2）和（3），直到只包含一棵树为止，这棵树即赫夫曼树。

图 6-24 演示了用赫夫曼算法构造一棵赫夫曼树的过程。

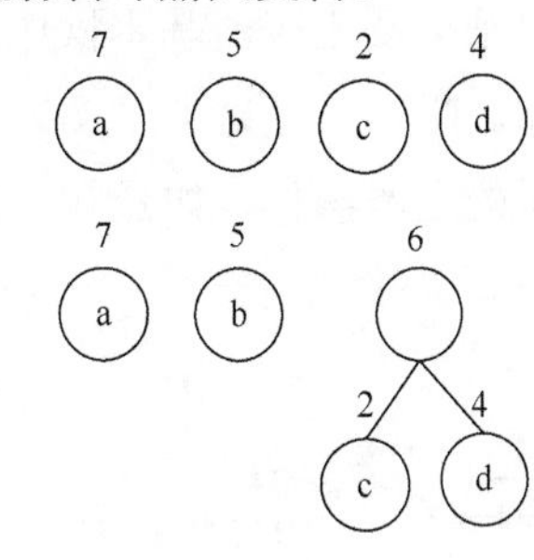

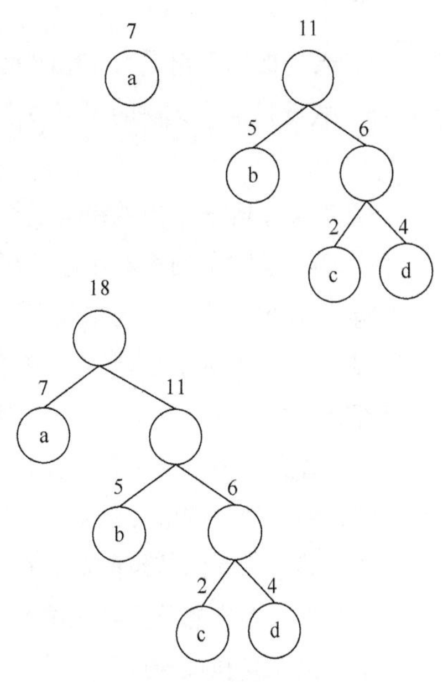

图 6-24　构造赫夫曼树的过程

6.9.3　赫夫曼编码

在电文传输中，需要将电文中出现的每个字符进行二进制编码。在设计编码时需要遵守两个原则：

- 发送方传输的二进制编码直到接收方译码后必须具有唯一性，即译码结果与发送方发送的电文完全一样；
- 发送的二进制编码要尽可能短。

下面我们介绍两种编码方式。

1．等长编码

这种编码方式的特点是每个字符的编码长度（编码长度就是每个编码所含的二进制位数）相同。假设字符集只含有 4 个字符 A、B、C、D，用两位二进制数表示的编码分别为 00、01、10、11。若现在有一段电文为 ABACCDA，则应发送二进制序列 00010010101100，总长度为 14 位。接收方接收到这段电文后，将按两位一段进行译码。这种编码方式的特点是译码简单且编码具有唯一性，但编码长度并不是最短的。

2．不等长编码

在传输电文时，为了使其二进制位数尽可能少，可以将每个字符的编码设计为不等长的，使用频度较高的字符分配相对比较短的编码，使用频度较低的字符分配比较长的编码。例如，可以为 A、B、C、D 这 4 个字符分别分配 0、00、1、01，并可将上述电文用二进制序列 000011010 发送，其长度只有 9 个二进制位，但随之会带来一个问题，即接收方接收到这段电文后无法进行译码，因为无法断定前面 4 个 0 是 4 个 A、2 个 A，还是 2 个 B，即译码不唯一，所以这种编码方式不可使用。

为了设计长短不等的编码，减少电文的总长，还必须考虑编码的唯一性，即在建立不等长编码时必须使任何一个字符的编码都不是另一个字符的前缀，这种编码称为前缀编码（Prefix Code）。

（1）利用字符集中每个字符的使用频率作为权值构造一棵赫夫曼树。

（2）从根节点开始，为到每个叶子节点路径上的左分支赋予 0，为右分支赋予 1，并从根节点到叶子节点方向形成该叶子节点的编码。

本章小结

本章主要讲述树、二叉树及其相应变形，讨论了二叉树的基本性质，二叉树、树和森林的存储结构及相应的基本操作，二叉树与树和森林的相互转换，二叉树、树的遍历，二叉树的存储。此外还讨论了二叉树及树的变形，如二叉查找树、平衡二叉树，并讨论了有关这些变形树的基本操作，如查找、插入、删除。最后介绍了二叉树及树的一些经典应用——赫夫曼树等。

本章习题

1．若一棵二叉树具有 10 个度为 2 的节点和 5 个度为 1 的节点，则该树有多少个叶子节点？

2．假设完全二叉树的树根节点为第 1 层，树中第 10 层有 5 个叶子节点，此完全二叉树最多有多少个节点？

3．有 n 个叶子节点的赫夫曼树的节点总数为多少？

4．若二叉树的前序和中序遍历序列相同，则此二叉树是什么样的？

5．一棵树采用孩子兄弟表示法的存储方式，那么树的节点 P 是叶子节点的条件是什么？

6．一个深度为 L 的满 K 叉树有以下性质：第 L 层上的节点都是叶子节点，其余各层上每个节点都有 K 棵非空子树。如果按层次顺序从 1 开始对全部节点进行编号，试回答以下问题。

（1）各层的节点数目是多少？

（2）编号为 n 的节点的双亲节点（若存在）的编号是多少？

（3）编号为 n 的节点的第 i 个孩子节点（若存在）的编号是多少？

（4）编号为 n 的节点有兄弟节点的条件是什么？如果有，其右兄弟节点的编号是多少？

请给出计算和推导过程。

7．若一棵树中度数为 1～m 的节点数分别为 $n_1,n_2,\cdots,n_m$（n_m 表示度数为 m 的节点个数），请推导该树中叶子节点数目 n_0 的计算公式。

8．请利用序列{35,51,30,63,72,15,8,58,46,24}构建二叉查找树。

9．请编写将森林转化为二叉树的算法，森林采用孩子兄弟表示法的存储结构。

10．已知二叉树 T 以二叉链表形式作为存储结构。试设计算法按先序遍历输出各节点的值及相应的层次数，并以二元组的形式给出。例如，(A,3)表示节点的值为 A，在第三层。

11．如果知道一棵二叉树的先根序列和后根序列，能够确定原来的二叉树吗？如果能，请证明；如果不能，请举出反例。

12．什么是前缀编码？说明如何利用二叉树设计二进制的前缀编码。其实前缀编码并不限于二进制编码，请考虑如何推广这个概念。

13．假设用于通信的电文都由 8 个字母组成，这些字母在电文中出现的频率分别为 7、19、4、6、32、3、21、12。请设计出 8 个字母的赫夫曼编码。另外，采用 0～7 的二进制表示形式是另一种编码方案。请比较这两种编码方案的优缺点。

课程实验

1．请定义一个二元表达式类，在其中实现一些重要的表达式计算。

2．请修改海关检查站模拟系统，改用每个检查通道一个等待队列的管理策略。对这种新策略进行一些模拟，并将模拟结果与共用等待队列的策略比较。

3．假定一个银行网点有 4 个服务柜台，每个柜台前可能有一个等待队列。顾客到达时如果有空闲柜台就直接去办理业务，没有空闲柜台就选择当时最短的队列排队等待。此外，如果某柜台业务员空闲且其等待队列已空，该业务员将从当时有人的某个队列叫一个顾客过去。请设计一个系统模拟该网点的运转：先选择一组可以根据情况设定的模拟参数，而后开发这个系统，最后选择几组不同的参数进行一些模拟。

4．请设法定义非递归的先根次序遍历函数，使栈空间的使用量达到最少。请论证所定义的函数确实具有这种性质。

5．设二叉树不同节点的标识唯一。假定有一棵二叉树的前序遍历序列和中序遍历序列，分别用表来表示，请定义一个函数生成该二叉树的嵌套表形式。

6．请将 Python 的列表或元组作为内部表示，定义一个类实现二叉树数据类型。请对比这种实现与本章中定义的节点类和二叉树类的实现。

7．定义一个函数，对任何给定的字符集及其出现概率生成对应的赫夫曼编码。

第7章

图

本章介绍非线性存储图结构，重点介绍图数据结构、图遍历及基于图数据结构的几种经典算法等。本章介绍的图数据结构为大数据计算的图计算模型的实现及其应用提供了基础。

图数据结构与
遍历算法

7.1 图的基本概念

定义：图（Graph）是由顶点（Vertex）的有穷非空集合和顶点之间边的集合组成的，通常表示为G(V,E)，其中G表示是一个图，V是图G中顶点的集合，E是图G中边的集合。

关于图，我们需要注意以下内容。

（1）我们把线性表中的数据元素叫作元素，树中的数据元素叫作节点，图中的数据元素叫作顶点。

（2）线性表可以没有元素，称为空表；树中可以没有节点，称为空树；但是在图中不允许没有顶点（有穷非空性）。

线性表中的各元素是线性关系，树中的各元素是层次关系，而图中各顶点的关系用边（边集合可以为空）来表示。具体说明如下。

（1）无向图。

如果图中任意两个顶点之间的边都是无向边（就是没有方向的边），则称该图为无向图（Undirected Graph），如图7-1所示。

（2）有向图。

如果图中任意两个顶点之间的边都是有向边（就是有方向的边），则称该图为有向图（Directed Graph），如图7-2所示。

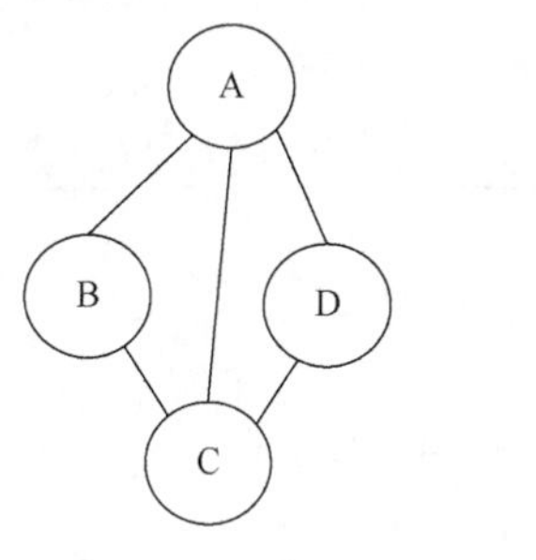

图7-1 无向图

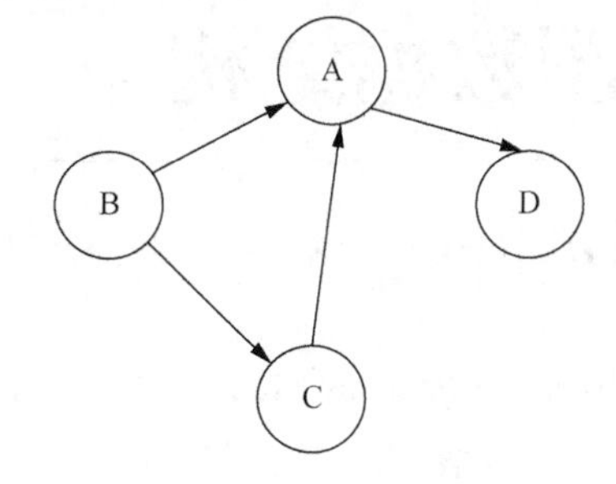

图7-2 有向图

（3）无向完全图。

在无向图中，如果任意两个顶点之间都存在边，则称该图为无向完全图，含有n个顶点的无向完全图有$[n\cdot(n-1)]/2$条边，如图7-3所示。

（4）有向完全图。

在有向图中，如果任意两个顶点之间都存在方向相反的两条边，则称该图为有向完全图，含有n个顶点的有向完全图有$n\cdot(n-1)$条边，如图7-4所示。

（5）顶点的度。

顶点Vi的度（Degree）是指在图中与Vi相关联的边的条数。对有向图来说，有入度（In-Degree）和出度（Out-Degree）之分，有向图顶点的度等于该顶点的入度和出度之和。

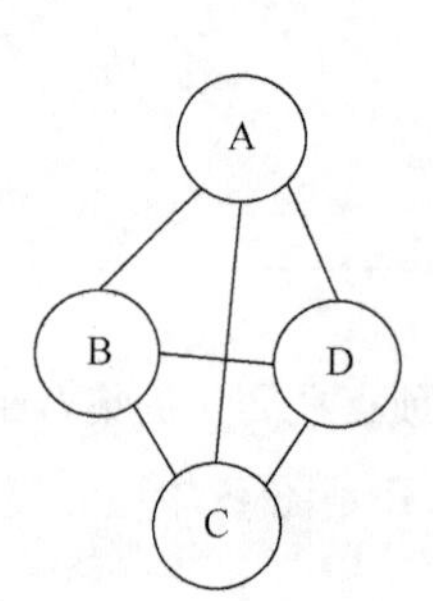

图 7-3　无向完全图

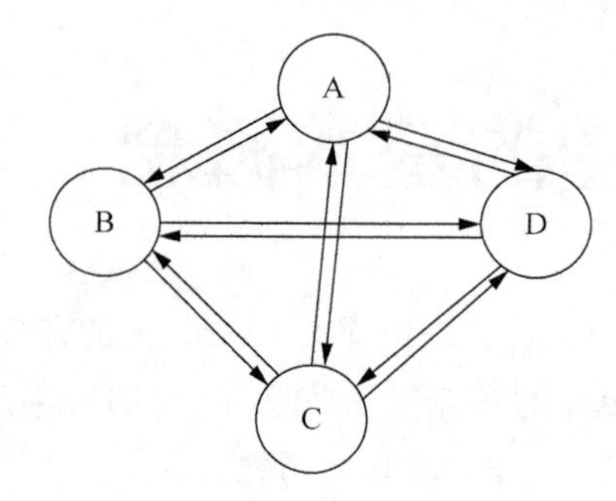

图 7-4　有向完全图

（6）邻接。

① 若无向图中的两个顶点 V1 和 V2 存在一条边(V1,V2)，则称顶点 V1 和 V2 邻接（Adjacent）。

② 若有向图中存在一条边（V3,V2），则称顶点 V3 与顶点 V2 邻接，且是 V3 邻接到 V2 或 V2 邻接自 V3。

（7）路径。

在无向图中，若从顶点 V*i* 出发有一组边可到达顶点 V*j*，则称顶点 V*i* 到顶点 V*j* 的顶点序列为从顶点 V*i* 到顶点 V*j* 的路径（Path）。

（8）连通。

若从 V*i* 到 V*j* 有路径可通，则称顶点 V*i* 和顶点 V*j* 是连通（Connected）的。

有些图的边具有与它相关的数字，这种与图的边相关的数字叫作权（Weight）。

7.2　图数据结构

7.2.1　图的邻接矩阵

图的邻接矩阵（Adjacency Matrix）存储方式是用两个数组来表示图。一个一维数组存储图中的顶点信息，一个二维数组（称为邻接矩阵）存储图中的边信息。

（1）无向图。我们来看一个无向图例子，如图 7-5 所示。可以设置两个数组，顶点数组为 vertex[4]=[V0,V1,V2,V3]，边数组为 arc[4][4]，如图 7-6 所示。对于矩阵的主对角线的值，即 arc[0][0]、arc[1][1]、arc[2][2]、arc[3][3]，全为 0 是因为不存在顶点的边。

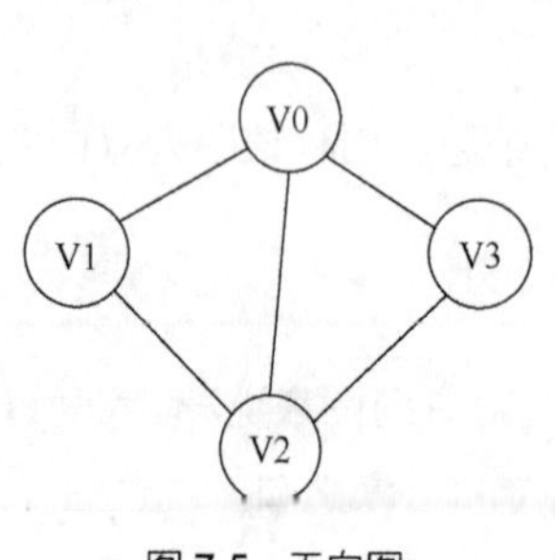

图 7-5　无向图

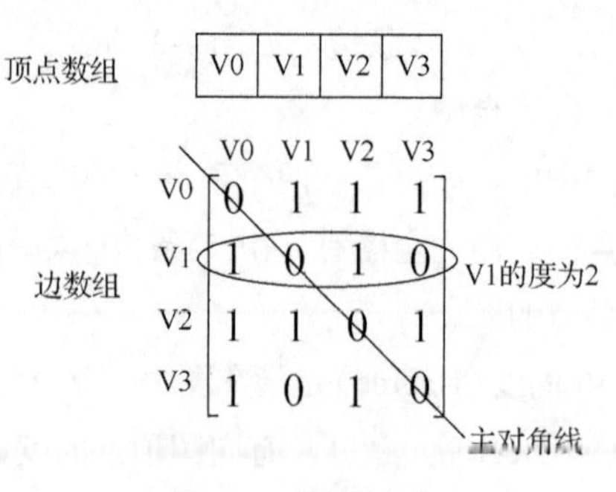

图 7-6　无向图数组

（2）有向图。我们再来看一个有向图例子，如图 7-7 所示。如图 7-8 所示，顶点数组为 vertex[4]=[V0,V1,V2,V3]，边数组为 arc[4][4]，主对角线上数值依然为 0。但因为是有向图，所以此矩阵并不对称，比如由 V1 到 V0 有边，得到 arc[1][0]=1，而 V0 到 V1 没有边，因此 arc[0][1]=0。

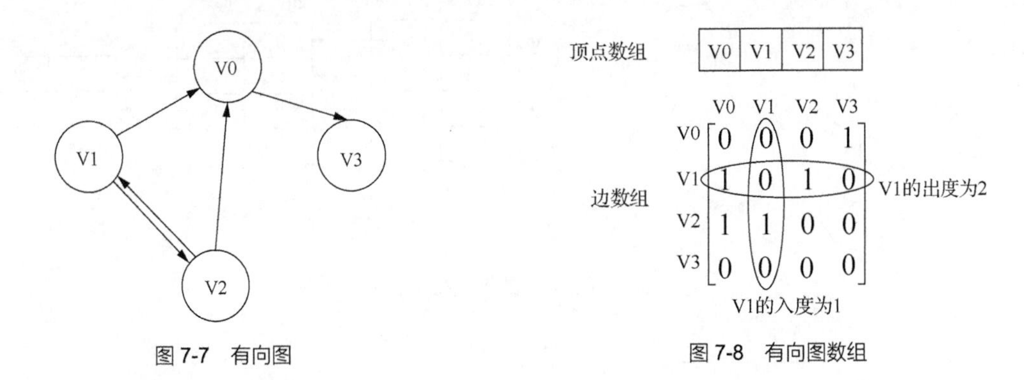

图 7-7　有向图　　图 7-8　有向图数组

7.2.2　图的邻接表

我们在线性表部分谈到顺序存储结构存在预先分配内存可能造成存储空间浪费，于是引出了链式存储结构。同样，我们可以考虑对边使用链式存储的方式来避免空间浪费。

邻接表由表头节点和表节点两部分组成，图中每个顶点均对应一个存储在数组中的表头节点。如果这个表头节点所对应的顶点存在邻接节点，则把邻接节点依次存放于表头节点所指向的单链表中。

图 7-9 所示就是一个无向图的邻接表结构。

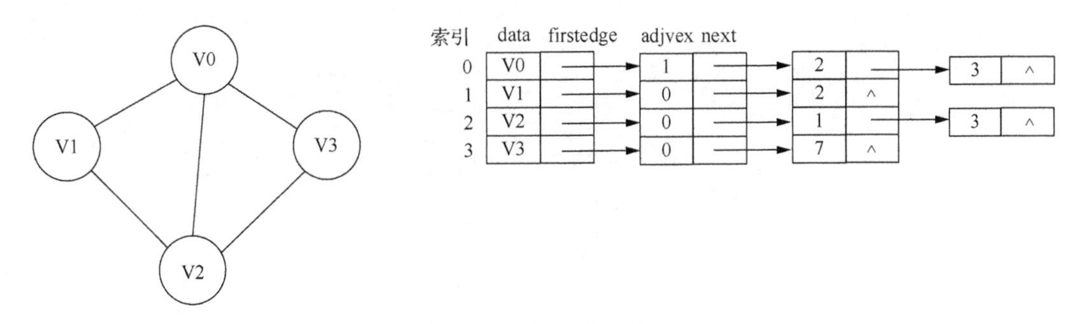

图 7-9　无向图邻接表结构

从图 7-9 我们可以知道，顶点表的各个节点由 data 和 firstedge 两个域表示。data 是数据域，存储顶点的信息；firstedge 是指针域，指向边表的第一个节点，即此顶点的第一个邻接点。边表节点由 adjvex 和 next 两个域组成。adjvex 是邻接点域，存储某顶点的邻接点在顶点表中的索引，next 则存储指向边表中下一个节点的指针。例如，V1 顶点与 V0、V2 互为邻接点，则在 V1 的边表中，adjvex 和 next 分别为 V0 的 0 和 V2 的 2。

有向图的邻接表结构是类似的，但要注意的是，有向图由于有方向，因此有向图的邻接表分为出边表和入边表（又称逆邻接表）。出边表的表节点存放的是从表头节点出发的有向边所指的尾节点，入边表的表节点存放的则是指向表头节点的某个顶点，如图 7-10 和图 7-11 所示。

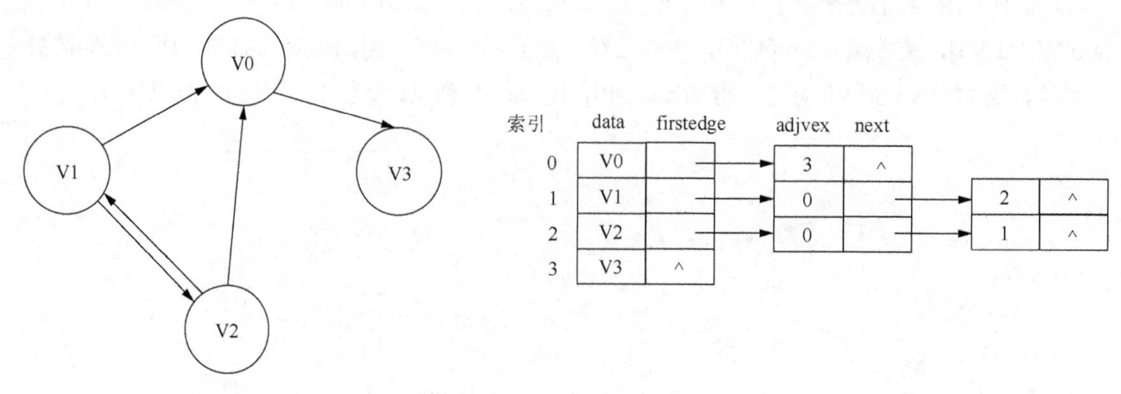

图 7-10　有向图邻接表结构

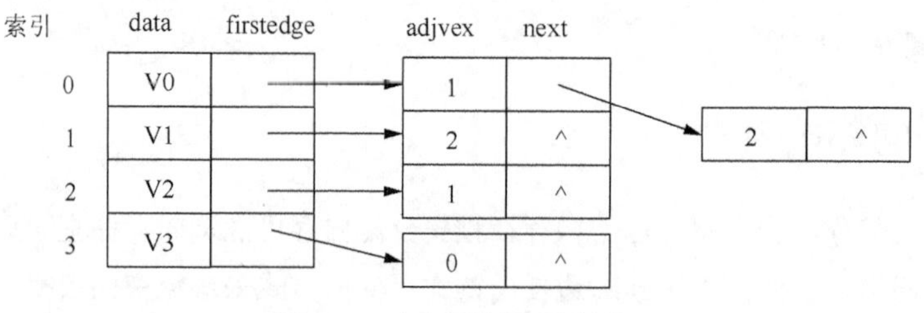

图 7-11　有向图逆邻接表结构

对于带权值的网图，可以在边表节点定义中再增加一个数据域，用来存储权值信息，如图 7-12 所示。

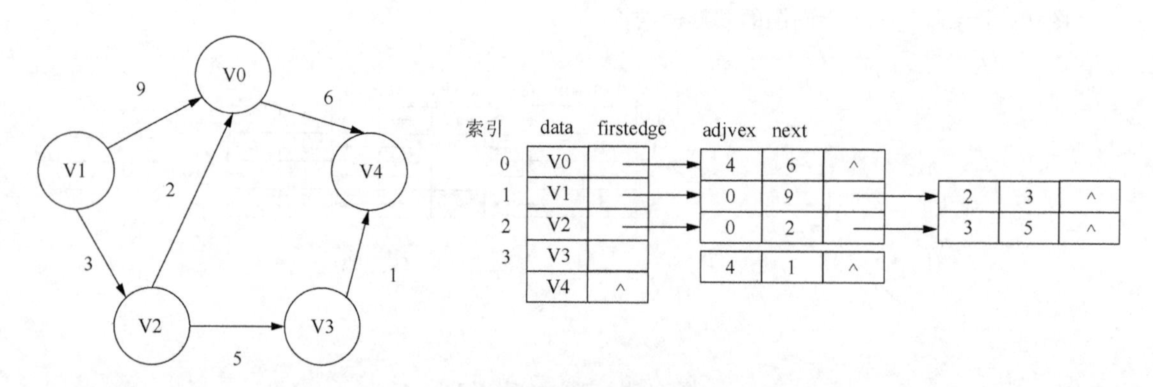

图 7-12　带权图邻接表结构

7.2.3　图的十字链表

对有向图来说，邻接表是有缺陷的，了解了出度问题，想了解入度就必须遍历整个图才能知道；对于逆邻接表，了解了入度问题，想了解出度也必须遍历整个图。

把邻接表与逆邻接表结合起来，即有向图的一种存储方法：十字链表（Orthogonal List）。

我们重新定义顶点表结构，如下所示。

data	firstin	firstout

firstin 表示入边表头指针，指向该顶点的入边表中的第一个节点。

firstout 表示出边表头指针，指向该顶点的出边表中的第一个节点。

重新定义边表节点，如下所示。

tailvex	headvex	headlink	taillink

其中，tailvex 是指边起点在顶点表中的索引；headvex 是指边终点在顶点表中的索引；headlink 是指入边表指针域，指向终点相同的下一条边；taillink 是指出边表指针域，指向起点相同的下一条边。如果是网图，还可以增加一个数据域来存储权值，如图 7-13 所示。

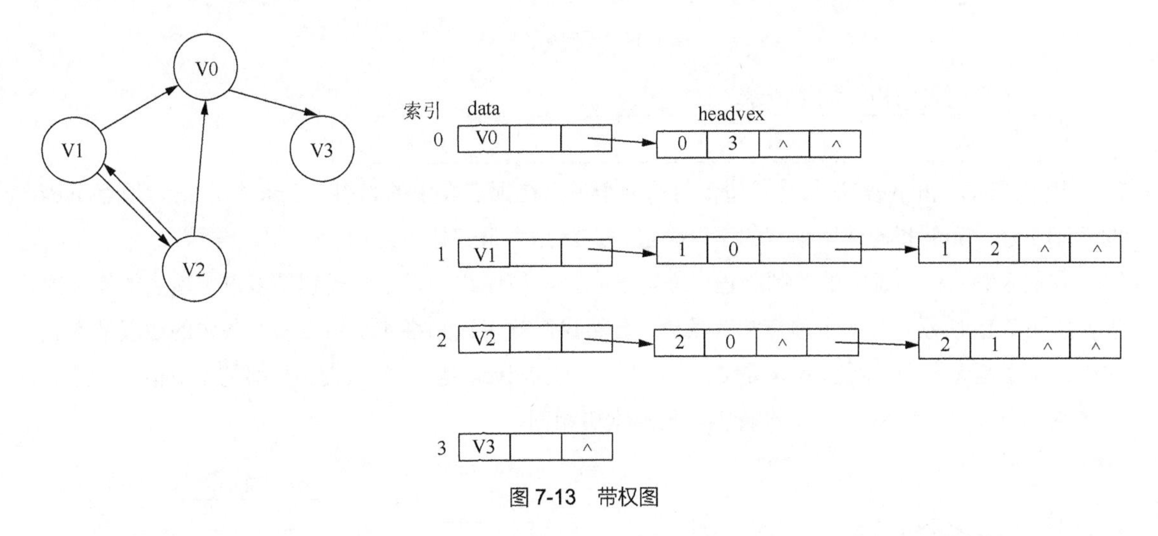

图 7-13　带权图

根据顶点结构和边表节点结构，顶点依然是存入一个一维数组[V0,V1,V2,V3]，实线箭头图标与前面提到的邻接表的相同。就顶点 V0 来说，firstout 指向的是出边表中的第一个节点 V3，所以 V0 边表节点的 headvex=3，而 tailvex 其实就是当前顶点 V0 的索引 0，由于 V0 只有一个出边顶点，所以 headlink 和 taillink 都是空的。

我们重点来解释虚线箭头的含义，它其实就是图 7-13 的逆邻接表的表示形式。对 V0 来说，它有两个顶点 V1 和 V2 的入边。因此，V0 的 firstin 指向顶点 V1 的边表节点中 headvex 为 0 的节点①。接着由入边节点的 headlink 指向下一个入边顶点 V2，如图中的②。对于顶点 V1，它有一个入边顶点 V2，所以它的 firstin 指向顶点 V2 的边表节点中 headvex 为 1 的节点，如图中的③。firstin 与 headvex 均通过 headlink，指向相同的顶点，firstout 与 failvex 均通过 taillink，指向相同的顶点。十字链表的好处就是把邻接表和逆邻接表整合在一起，这样既容易找到以 V*i* 为尾的边，也容易找到以 V*i* 为头的边，因而容易求得顶点的出度和入度。而且它除了结构复杂一点，其实它创建图的算法的时间复杂度与邻接表的相同，因此，在有向图的应用中，十字链表是非常好的数据结构模型。

7.2.4　图的多重邻接表

对于无向图的边操作，如图 7-14 所示，要删除(V0,V2)这条边，需要对邻接表结构中右边表的两个节点进行删除操作，显然比较烦琐。因此，我们也仿照十字链表的方式对边表结构进行一些改造，也许就可避免上述问题。

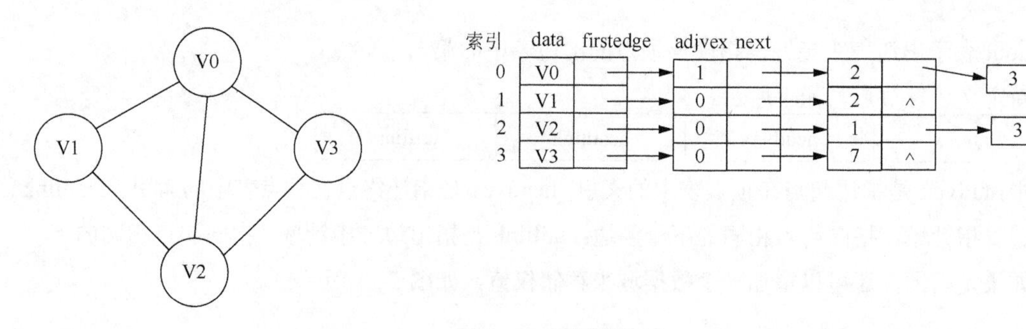

图 7-14 无向图边操作

重新定义边表结构，如下所示。

ivex	ilink	jvex	jlink

其中，ivex 和 jvex 是与某条边依附的两个顶点在顶点表中的索引。ilink 指向依附顶点 ivex 的下一条边，jlink 指向依附顶点的下一条边。这就是多重邻接表结构。

我们来看结构示意图的绘制过程，理解了它是如何连线的，也就理解了多重邻接表的构造原理。如图 7-15 所示，有 4 个顶点和 5 条边，显然我们就应该先将 4 个顶点和 5 条边的边表节点画出来。由于是无向图，所以 ivex 是 0、jvex 是 1，或是 ivex 是 1、jvex 是 0，都是无所谓的，不过为了绘图方便，一般将 ivex 值设置得与顶点索引相同。

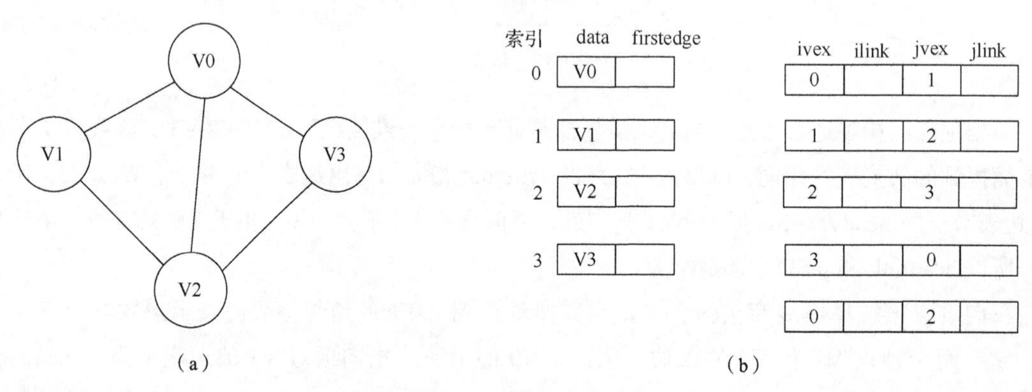

图 7-15 结构示意（1）

如图 7-16 所示，连线①②③④就是将顶点的 firstedge 指向一条边，顶点索引要与 ivex 的值相同，这很好理解。由于顶点 V0 的(V0,V1)的邻边有(V0,V3)和(V0,V2)，因此⑤⑥的连线就是满足指向下一条依附于顶点 V0 的边的目标。注意，ilink 指向的节点的 jvex 一定要和它本身的 ivex 值相同。

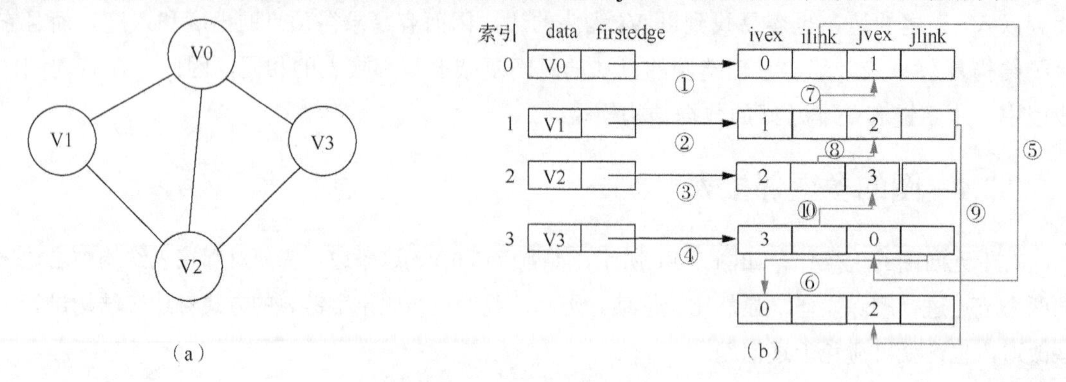

图 7-16 结构示意（2）

连线⑦就是指(V1,V0)这条边，它相当于顶点 V1 指向(V1,V2)边后的下一条边。V2 有 3 条边依附，所以在 V3 之后就有连线⑧⑨。连线⑩对应的就是顶点 V3 在连线④之后的下一条边。

多重邻接表与邻接表的差别仅仅在于同一条边在邻接表中用两个节点表示，而在多重邻接表中只有一个节点。这样对边的操作就方便多了，若要删除图 7-16（a）的(V0,V2)这条边，只要将图 7-16（b）的⑥⑨的链接指向改为“^”即可。

7.3 图遍历算法

7.3.1 深度优先遍历

图的遍历的定义：从图中的某个顶点出发访问图中的所有顶点，并且每个顶点仅被访问一次。我们常见的而且用得较多的图的遍历算法有两种：其一是图的深度优先遍历算法；其二是图的广度优先遍历算法。这里我们先介绍图的深度优先遍历算法。连通图的深度优先遍历算法也称深度优先搜索（Depth Fist Search，DFS），类似于二叉树的前序遍历算法。

图的深度优先遍历可以粗略地分为以下 3 个步骤。

（1）选定一个未被访问过的顶点 V 作为起始顶点或者访问指定的起始顶点 V，并将其标记为已访问过。

（2）搜索与顶点 V 邻接的所有顶点，判断这些顶点是否被访问过，如果有未被访问过的顶点，则任选一个顶点 W 进行访问；再选取与顶点 W 邻接的未被访问过的任一个顶点并进行访问，依次重复进行。当一个顶点的所有邻接顶点都被访问过时，则依次回退到最近被访问的顶点。若该顶点还有其他邻接顶点未被访问，则从这些未被访问的顶点中取出一个并重复上述过程，直到与起始顶点 V 相连通的所有顶点都被访问过为止。

（3）若此时图中依然有顶点未被访问，则再选取其中一个顶点作为起始顶点并访问，继续（2）的操作。反之，则遍历结束。

那么有个问题，我们如何判断起始顶点 V 的邻接顶点是否被访问过呢？

解决办法：为每个顶点设置一个“访问标志” visited。首先将图中每个顶点的访问标志设为 0 或 False 表示未访问，设为 1 或 True 表示已访问。之后搜索图中每个顶点，如果其未被访问，则以该顶点为起始顶点进行深度优先遍历，否则继续检查下一个顶点。

接下来我们用一个例子来说明，图的顶点和边如图 7-17 所示，假定我们以 V0 作为起始顶点进行遍历。

如图 7-18 所示，访问指定的起始顶点 V0，并使 visited[V0]=1，然后输出 V0 顶点。若当前访问的顶点的邻接顶点有未被访问的顶点{V1,V2,V3}，则任选一个访问，这里我们选 V1 顶点。

如图 7-19 所示，访问 V1 顶点，并使 visited[V1]=1，然后输出 V1。若 V1 未被访问过的邻接顶点有{V4,V5,V6}，则任选一个顶点进行访问，这里我们选择 V4 顶点，并使 visited[V4]=1，然后输出 V4。依次这样访问下去，直到某个顶点（V5）的邻接顶点都已经被访问为止。此时应该回退到最近访问过的顶点，直到与起始顶点相连通的全部顶点都访问完毕；从顶点 V5 回退到 V4，再回退到 V1，发现有新的未被访问的顶点 V6。

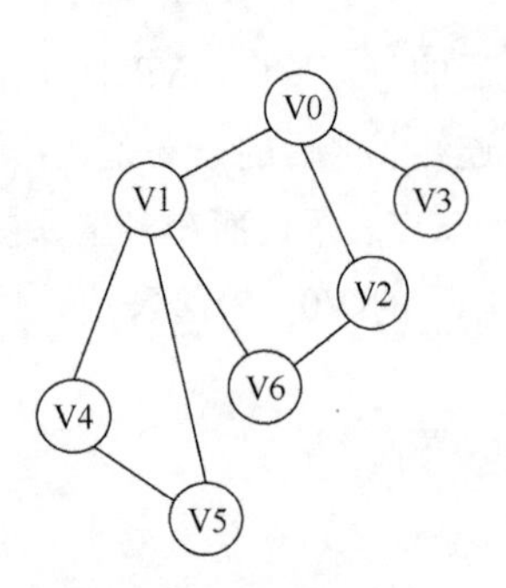

图 7-17　图的顶点和边

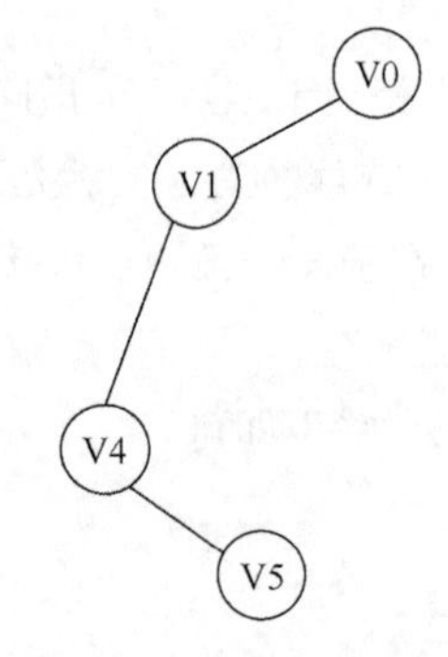

图 7-18　访问起始顶点

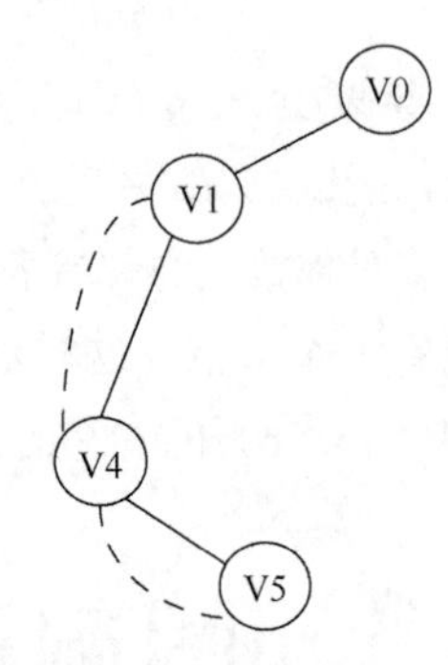

图 7-19　访问 V1 顶点

如图 7-20 所示，此时就要访问 V6，并使 visited[V6]=1，然后输出 V6。选取 V6 未被访问的邻接顶点 V2 进行访问，并使 visited[V2]=1，然后输出 V2。这时 V2 的邻接顶点都已经被访问，此时再回退到 V6，发现 V6 的邻接顶点也都已经被访问，继续回退到 V1。

由于与 V1 邻接的顶点也都已经被访问，继续回退到 V0，如图 7-21 所示。

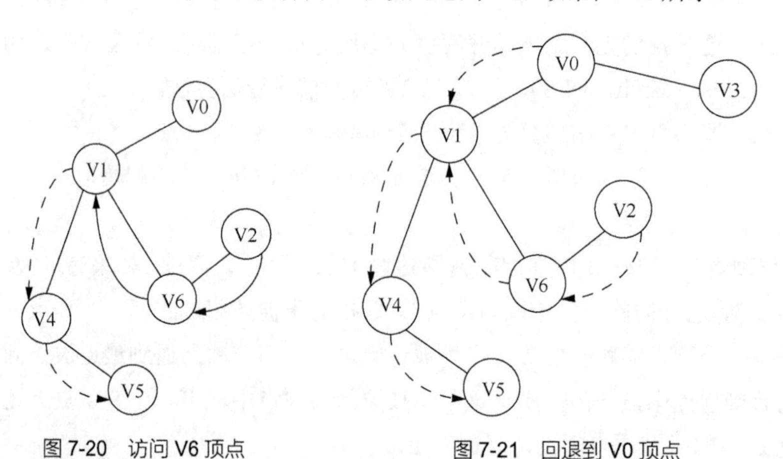

图 7-20　访问 V6 顶点　　图 7-21　回退到 V0 顶点

发现 V0 还有未被访问的顶点 V3，然后访问 V3，如图 7-22 所示，使 visited[V3]=1，然后输出 V3。此时 V3 的所有邻接顶点都已经被访问，继续回退到 V0。

此时，所有的顶点均被访问，结束搜索。

顶点的访问序列为 V0,V1,V4,V5,V6,V2,V3（不唯一）。

实现采用一维数组和图的邻接矩阵存储方式，如图 7-23 所示。

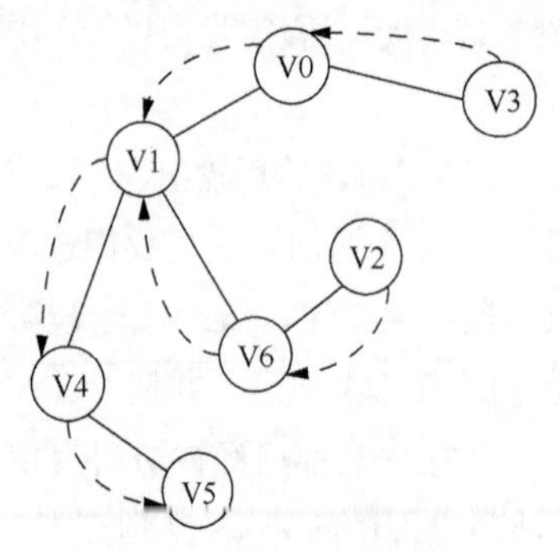

图 7-22　访问 V3 顶点

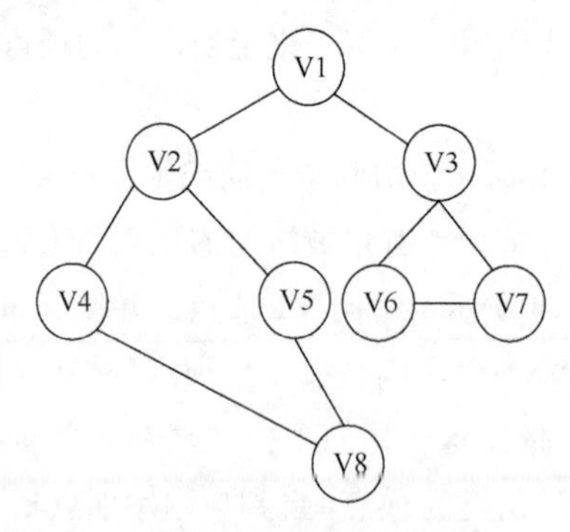

图 7-23　一维数组和图的邻接矩阵存储方式

图的邻接矩阵如图 7-24 所示。

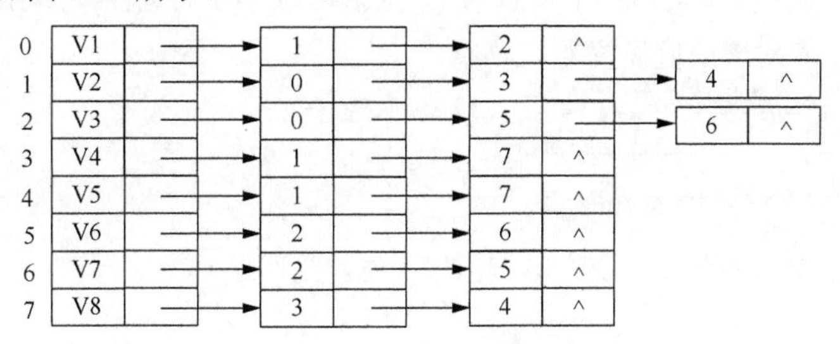

图 7-24　图的邻接矩阵

使用一个一维数组存储所有的顶点，对应的索引的元素为 1（代表已经被访问）和 0（代表没有被访问）。

0	1	2	3	4	5	6	7
0	0	0	0	0	0	0	0

先访问 V1，0 进栈，0 对应的值设置为 1。

0	1	2	3	4	5	6	7
1	0	0	0	0	0	0	0

V1

继续访问 V2，1 进栈，1 对应的值设置为 1。

0	1	2	3	4	5	6	7
1	1	0	0	0	0	0	0

V1⇒V2

继续访问 V4（依据邻接矩阵），3 进栈，3 对应的值设置为 1。

0	1	2	3	4	5	6	7
1	1	0	1	0	0	0	0

V1⇒V2⇒V4

继续访问 V8，7 进栈，7 对应的值设置为 1。

0	1	2	3	4	5	6	7
1	1	0	1	0	0	0	1

V1⇒V2⇒V4⇒V8

继续访问 V5，4 进栈，4 对应的值设置为 1。

0	1	2	3	4	5	6	7
1	1	0	1	1	0	0	1

V1⇒V2⇒V4⇒V8⇒V5

继续访问，发现没有还未被访问的节点了，那么开始出栈（也就是回退），回退到 V1 处，也就是索引为 0 的点，发现没有被访问的节点，那么继续访问。

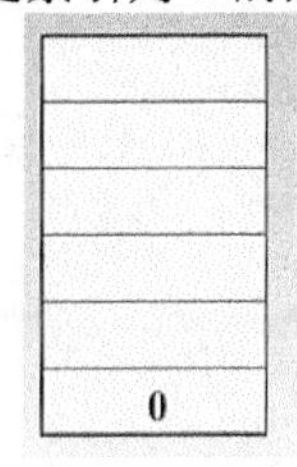

继续访问 V3，2 进栈，2 对应的值设置为 1；继续访问 V6，5 进栈，5 对应的值设置为 1；继续访问 V7，6 进栈，6 对应的值设置为 1。

0	1	2	3	4	5	6	7
1	1	1	1	1	1	1	1

V1⇒V2⇒V4⇒V8⇒V5⇒V3⇒V6⇒V7

发现没有还未被访问的节点，那么继续出栈（也就是回退）。

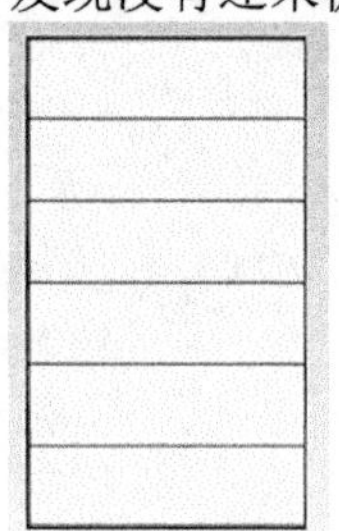

遍历图的过程实质上是对每个顶点查找其邻接点的过程，所耗费的时间取决于所采用的存储结构。

对图中的每个顶点至多调用 1 次 DFS 算法，因为一旦某个顶点已访问过，则不再从它出发进行搜索。

邻接链表表示：查找每个顶点的邻接点所需时间为 $O(e)$，e 为边数，算法时间复杂度为 $O(n+e)$。

数组表示：查找每个顶点的邻接点所需时间为 $O(n^2)$，n 为顶点数，算法时间复杂度为 $O(n^2)$。

7.3.2 广度优先遍历

图的广度优先遍历算法是一个分层遍历的算法，和树的层序遍历算法类似，是从图的某一顶点 V0 出发，访问此顶点后，依次访问 V0 的各个未曾访问过的邻接顶点；然后分别从这些邻接顶点出发进行访问，直至图中所有已被访问的顶点的邻接顶点都被访问到；若此时图中尚有顶点未被访问，则另选图中一个未被访问的顶点作为起始点，重复上述过程，直至图中所有顶点都被访问为止。

对于图 7-5 所示的无向图，若顶点 V0 为初始访问的顶点，则采用广度优先遍历顶点的访问顺序是 V0→V1→V3→V2。

图的广度优先遍历算法需要一个队列以保存访问过的顶点的顺序，以便按顺序访问这些顶点的邻接顶点。图的广度优先遍历的步骤如下。

（1）访问初始顶点 V 并标记顶点 V 为已访问。

（2）使顶点 V 入队列。

（3）当队列非空时继续执行，否则操作结束。

（4）出队列取得队头顶点 U。

（5）查找顶点 U 的第一个邻接顶点 W。

（6）若顶点 U 的邻接顶点 W 不存在，则转到步骤（3），否则执行下面操作：

① 若顶点 W 尚未被访问，则访问顶点 W 并标记顶点 W 为已访问；

② 使顶点 W 入队列；

③ 查找顶点 U 的邻接顶点 W 的下一个邻接顶点，转到步骤（6）。

7.4 最小生成树

7.4.1 最小生成树的性质

（1）定义在一棵树里添加一条边，并在产生的环内删除一条边为一次操作。也就是说，换掉一条边，并且保证结果是树，则树A和树B是无向图的两个生成树，A可以通过若干次操作变成B。

证明：把树看作边的集合，如果B中有一条A没有的边，则把这条边加到A上，A产生的一个圈中至少有一条是B中没有的边，把这条边删掉，则A仍然是生成树，A、B相同的边多了一条，重复这个过程直到A、B包含的边相同。

> 注意　这个命题比较容易证明，它告诉我们任何两棵生成树都可以通过不断换边得到。

“可以通过若干次操作”中的“可以”并没有“特殊”的含义，也就是说，我们可以随便加一条B有而A没有的边，总可以找到一条合适的边来删掉。

（2）把一个无向连通图的生成树的边按权值递增顺序排序，称排好序的边权列表为有序边权列表，则任意两棵最小生成树的有序边权列表是相同的。

证明：设最小生成树有 n 条边，任意两棵最小生成树分别称为A、B，如果e是一条边，用w(e)表示该边的权值。

A的边按权值递增顺序排序后为 $a1,a2,\cdots,an,w(a1)\leqslant w(a2)\leqslant\cdots\leqslant w(an)$。

B的边按权值递增顺序排序后为 $b1,b2,\cdots,bn,w(b1)\leqslant w(b2)\leqslant\cdots\leqslant w(bn)$。

设 i 是两个边列表中，第一次出现不同边的位置，$ai\neq bi$，不妨设 $w(ai)\geqslant w(bi)$。

情形1：如果A中包含边 bi，则一定有 $j>i$，使 $bi=aj$。事实上，这时有 $w(bi)=w(aj)\geqslant w(ai)\geqslant w(bi)$，故 $w(bi)=w(aj)=w(ai)$。在A的边列表中交换边 ai 和 aj 的位置并不会影响A的有序边权列表，两棵树在第 i 个位置的边变成同一条边。

情形2：A中并不包含边 bi，则把 bi 加到A上，形成一个圈，由于A是最小生成树，这个圈里任意一条边的权值都不大于 $w(bi)$。另外，这个圈里存在边 aj 不在B中。因此，有 $w(aj)\leqslant w(bi)$，且 $j>i$（因为 aj 不在B中）。于是，有 $w(bi)\leqslant w(ai)\leqslant w(aj)\leqslant w(bi)$，因此 $w(ai)= w(aj) = w(bi)$。那么在A中把 aj 换成 bi 仍然可保持它是一棵最小生成树，并不会影响A的有序边权列表，并且会转换成情形1。

> 注意　这个命题说明如果无向图的边权都不相同，则最小生成树是唯一的。但是其逆命题不成立。即如果无向图的最小生成树唯一，则无向图的边权是可能相同的。例如，原图本身就是一棵树，并且有两条边的边权相等。

（3）A、B是同一个无向连通图的两棵不同的最小生成树，则A可以通过若干次（1）中定义的换边操作，并且保证每次结果仍然是最小生成树，最终转换成B。

证明：证明方法和（2）类似，也是要找一条B有但是A没有的边。事实上，（2）的证明过程“情形2”的部分，就已经找到这样一条边了。按照（2）中给出的方法，就可以把A转换成B。

注意 上述证明过程证得了和（1）中类似的结论，但是此时的“可以”暂时有“特殊”的含义，至少证明中需要以一定的规则选边。这显得有点不“美观”。那么，是否可以任意选边呢？考虑任意选边造成的“后果”，即把任意一条B有而A没有的边加入A，由于A是最小生成树，所以形成的圈里所有的边的权值都不大于新加的边的权值。如果这个圈里没有其他的这种权值的边，换句话说，如果这个圈里的这条边是唯一权值最大的边，该怎么办呢？或者，如果这个圈里所有和这条边权值相等的边都在B中，那么该如何保证换边后A和B相同的边增多一条呢？下面证明这些情况不可能出现。

（4）一个无向连通图G不会有一棵最小生成树包含G的一个圈中全部权值最大的边。

证明：设图的节点集合是V。反证，假设有一棵最小生成树T包含G中某个圈的全部权值最大的边，设其中一条边是e，则在树中删掉边e，T-e是不连通的，它把节点分成了两部分（连通分量），即A和B（B=V−A）。在原图G中，这条边在圈C里，且在C中权值是最大的，则C−e是G中的一条路，这条路中有节点在A中，也有节点在B中，因此必然有一条边e'，它一端在A中，一端在B中，显然它不在T-e中。于是把e'加入T-e，这样形成的是一棵树T'。|V|−1条边的连通图显然是树，而由w(e')，有w(T')，与T是最小生成树矛盾。

注意 特别地，如果一个圈中权值最大的边唯一，则最小生成树不包含这条边。

至此证明了任何两棵不同的最小生成树A、B，可以随意选一条B有而A没有的边，添加到A上。由（4）的结论可知，形成的圈里至少有一条边和这条新加的边权值相同，并且它不在B中，可删掉它。这样最终可以把A转化成B。

（5）对于一个无向连通图的生成树，只考虑它的边权，形成的有序边权列表中，最小生成树是有序边权列表字典序最小的。（字典序就是通常的定义，两个序列A、B的字典序当且仅当A=B时相同；否则，序列A、B出现最早位置的不相同的元素时，如果序列A的该位置元素更小，则序列A字典序小，反之，则序列B的字典序更小。如果直到一个序列结束都没有这样的位置，则较短的序列字典序小。）

证明：设A是一棵最小生成树，而B是树但不是一棵最小生成树。利用（2）的结论可知，因为任何最小生成树的有序边权列表是相同的，所以可以用Kruskal算法产生最小生成树的有序边权列表。Kruskal算法的优点是可按边权顺序加边，并且当边权值相等时，只要不形成圈，加哪条边都可以形成最小生成树。B的边按权值递增顺序排序后为b1,b2,⋯,bn，w(b1)≤w(b2)≤⋯≤w(bn)。

用Kruskal算法求原图的一棵最小生成树，具体地，加第i条边时(1≤i≤n)如果对该加的边e，有w(e)=w(bi)，则选择bi代替e加入。不可能出现w(e)>w(bi)，因为Kruskal算法是按边权由小到大考虑加边的，如果出现这种情况，说明选择bi加入是不合法的——会形成圈，而此时的图是B的子图，这与B是树矛盾。

注意　有了（2）的结论，结合Kruskal算法的实现过程，可知Kruskal算法加边构成的边权列表就是一个有序边权列表。于是，只考虑有序边权列表时，可以用Kruskal算法产生的特殊的最小生成树代替任何一棵最小生成树。

如果一棵树是最小生成树，则对它采取一次（1）中的操作，显然，它的总权值不会减小。那么它的逆命题是否成立？也就是说，如果对一棵生成树采取一次（1）中的操作后，它的总权值不会减小，它是否是最小生成树？再换句话说，一棵非最小生成树，是否一定可以找到一条边进行（1）中的操作后，总权值会减小？这个命题看起来答案是显然的，但是是否有可能一棵非最小生成树当前无论怎样采取（1）中的操作，都会造成总权值暂时增大，而至少要操作两次才能把权值降低呢？答案是不会的。

（6）一棵树不是最小生成树，则一定存在一个（1）中描述的操作，使操作之后，它的总权值减小。

证明：设A不是最小生成树，A的边按权值递增顺序排序后为a1,a2,⋯,a*n*，w(a1)≤w(a2)≤⋯≤w(a*n*)。利用Kruskal算法，加第*i*（1≤*i*≤*n*）条边时，如果对该加的边e*i*，有w(e*i*)=w(a*i*)，则选择a*i*代替e*i*加入。通过执行普通Kruskal算法（即任意处理权值相同的边）生成的最小生成树E，对圈里其他任意边a*x*（*x*为边的索引，即第*x*条边），若w(a*x*)≤w(e*j*)，则该边同样是以Kruskal算法加入的，有1≤*i*，ei=ai。根据权值递增关系，e*i*不在A中，考虑把e*j*加入A中形成的圈，圈里至少有一条边a*y*满足w(a*y*)≥w(a*j*)>w(e*j*)（*y*≥*j*>*x*），于是删除a*y*可以让A的总权值减小。

注意　可见确实有（6）这样的操作。于是可得出下述（7）（8）中结论。

（7）一棵树不是最小生成树，则一定存在（1）中的操作，可把它转换成一棵最小生成树，而且每次操作后树的总权值都会减小。

证明：由（6）可知，存在一个（1）这样的操作，操作之后，树的总权值会减小。这样不断地进行下去，因为不同的生成树的个数是有限的，所以总权值不可能一直减小，也不可能无限逼近于一个常数，最终可以使这棵树变成一棵最小生成树。

注意　由此可知，操作（1）也是“任意”选边的，并没有特殊性。如果把一个图的所有生成树看作节点，把对每个生成树进行一次（1）中的操作而形成的树作为它的邻居，那么综合上述结论可知，形成的图是无向连通图。任何“局部最优解”也是“全局最优解”。只进行一次操作不能减小总权值，则已是最小生成树。可以随意从任何一个“非最优点”，保持权值不断减小，逐步达到“最优点”。

（8）如果一棵生成树，任何边都在某棵最小生成树上，则它不一定是最小生成树。

反例：考虑一个长为2、宽为1的矩形。构造一个无向图，节点就是矩形顶点，边就是矩形的边，边权就是矩形边长。显然，原图有两棵最小生成树（“两宽与一长”），所有边都在某棵最小生成树上，但是有两棵生成树不是最小生成树（“两长与一宽”）。

7.4.2 Prim 算法

Prim 算法（普里姆算法）是图论中的一种算法，可用于在加权连通图里搜索最小生成树。由此算法搜索到的边子集所构成的树，不但包括连通图里的所有顶点，而且其所有边的权值之和为最小。该算法于 1930 年由捷克数学家沃伊捷赫・亚尔尼克（Vojtěch Jarník）发现；并在 1957 年由美国计算机科学家罗伯特・C.普里姆（Robert C.Prim）独立发现；1959 年，艾兹格・迪科斯彻（Edsger Wybe Dijkstra）再次发现了该算法。因此，在某些场合，Prim 算法又被称为最小生成树算法、亚尔尼克算法或普里姆-亚尔尼克算法。

1．算法简单描述

（1）输入：一个加权连通图，其中顶点集合为 V，边集合为 E。

（2）初始化：Vnew = {x}，其中 x 为集合 V 中的任一节点（起始点），Enew = {}，为空。

（3）重复下列操作，直到 Vnew = V。

① 在集合 E 中选取权值最小的边<u,v>，其中 u 为集合 Vnew 中的元素，而 v 不在 Vnew 集合中，并且 v∈V[如果存在多条满足前述条件（即具有相同权值）的边，则可任意选取其中之一]。

② 将 v 加入集合 Vnew，将<u,v>边加入集合 Enew。

（4）输出：使用集合 Vnew 和 Enew 来描述所得到的最小生成树。

2．简单证明 Prim 算法

反证法：假设 Prim 算法生成的不是最小生成树。

（1）设 Prim 算法生成的树为 G0。

（2）假设存在 Gmin，使 cost(Gmin)<cost(G0)，则在 Gmin 中存在<u,v>不属于 G0。

（3）将<u,v>加入 G0 可得到一个环，且<u,v>不是该环的最长边，这是因为<u,v>∈Gmin。

（4）这与 Prim 算法每次生成最短边矛盾。

故假设不成立，命题得以证明。

时间复杂度：这里记顶点数为 v，边数为 e，邻接矩阵时间复杂度为 O(v2)，邻接表时间复杂度为 $O(e\log_2 v)$。

7.4.3 Kruskal 算法

Kruskal 算法是一种用来寻找最小生成树的算法，由约瑟夫・克鲁斯卡尔（Joseph Kruskal）提出。用来解决同样问题的还有 Prim 算法和 Boruvka 算法等。这 3 种算法都是贪心算法的应用。和 Boruvka 算法不同的是，Kruskal 算法在图中存在相同权值的边时也有效。

1．算法简单描述

（1）记图 Graph 中有 v 个顶点，e 条边。

（2）新建图 Graphnew，Graphnew 中拥有与原图相同的 e 个顶点，但没有边。

（3）将图 Graph 中 e 条边按权值从小到大排序。

（4）循环：从权值最小的边开始遍历每条边，直至图 Graph 中所有的节点都在同一个连通分量中。如果这条边连接的两个节点与图 Graphnew 中的不在同一个连通分量中，添加这条边到图

Graphnew 中。

2．图例描述

如图 7-25 所示，图 Graph 有若干点和边。

将图 7-25 所示的图中所有的边按长度排序，将排序的结果作为我们选择边的依据。这里再次体现了贪心算法的思想。资源排序，对局部最优的资源进行选择，排序完成后，我们率先选择边 AD。这样图 7-25 就变成了图 7-26。

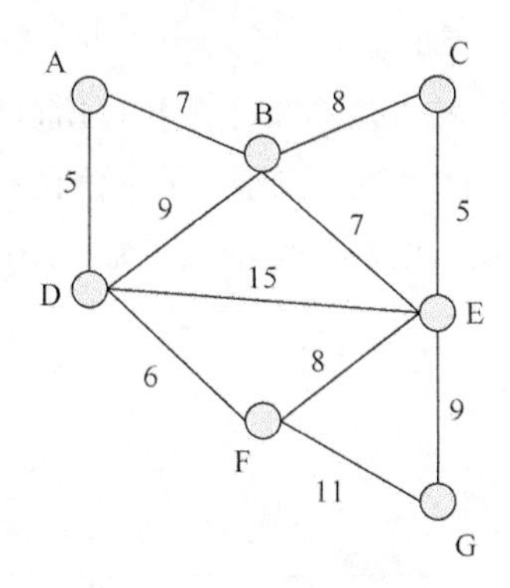

图 7-25　有若干点和边的图

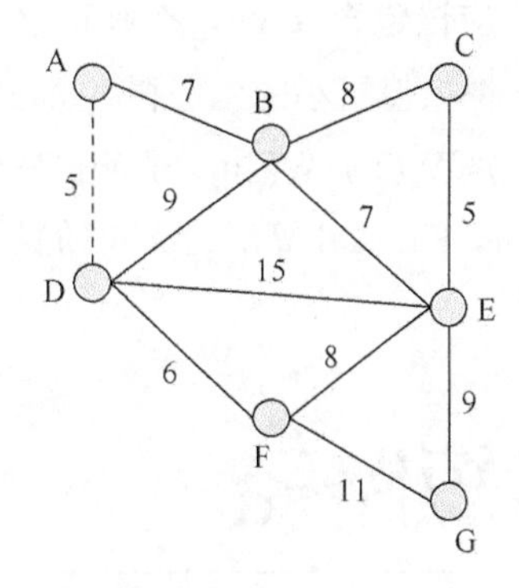

图 7-26　选择 AD 边后的图

继续在剩下的边中寻找，找到了 CE，这里边的权重也是 5，如图 7-27 所示。

以此类推，找到了 6、7、7，即 DF、AB、BE，如图 7-28 所示。

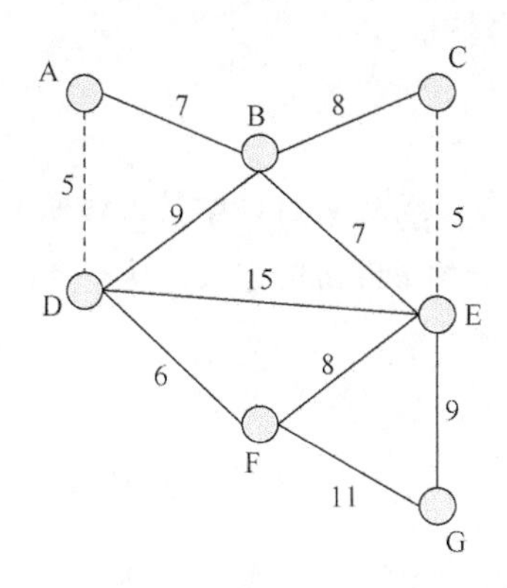

图 7-27　选择 CE 边后的图

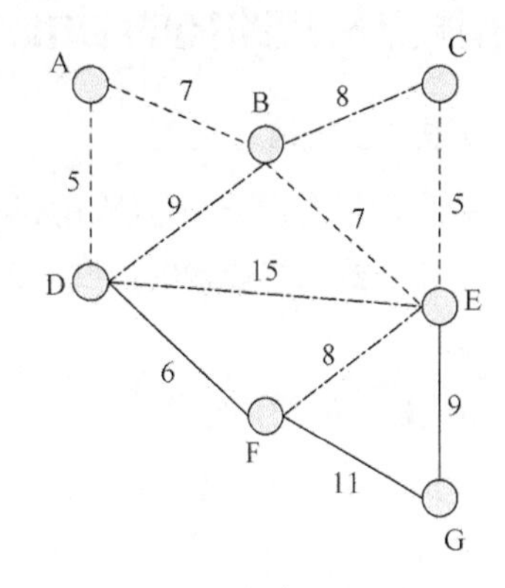

图 7-28　选择多条边后的图

下面继续选择 BC 或者 EF，尽管现在长度为 8 的边是最小的未选择的边，但是现在它们已经连通了（对于 BC 可以通过 CE、EB 来连接，类似地，EF 可以通过 EB、BA、AD、DF 来接连），所以不需要选择它们。类似地，BD 也已经连通了。

最后就剩下 EG 和 FG 了。当然，我们选择了 EG。最后完成的图如图 7-29 所示。

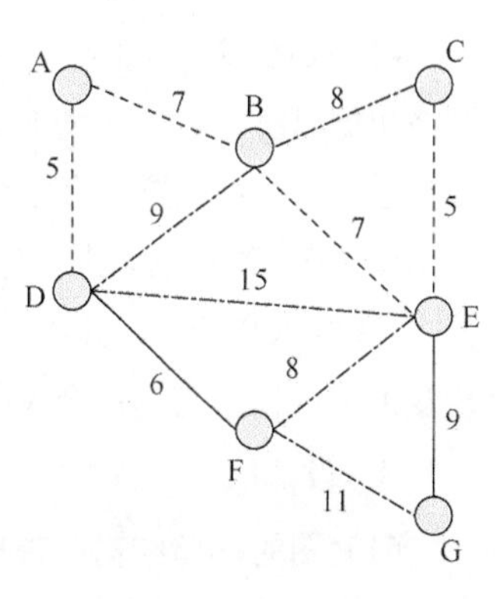

图 7-29　最后完成的图

下面对图的顶点数 n 进行归纳，证明 Kruskal 算法对任意 n 阶图适用。

归纳基础：n=1，显然能够找到最小生成树。

归纳过程：假设 Kruskal 算法对 $n \leqslant k$（k 为任意给出的正整数，$k>1$）阶图适用，那么，在 $k+1$ 阶图 G 中，我们把最短边的两个端点 a 和 b 进行合并，即把 u 与 v 合为一个点 v'，把原来接在 u 和 v 上的边都接到 v'上，这样就能够得到一个 k 阶图 G'，u、v 的合并使 $k+1$ 阶图少一条边，G'的最小生成树 T'可以用 Kruskal 算法得到。

下面证明 T'+{<u,v>}是 G 的最小生成树。

用反证法，如果 T'+{<u,v>}不是最小生成树，最小生成树是 T，定义权重 W，即 W(T)<W(T'+{<u,v>})。显然 T 应该包含<u,v>，否则可以用<u,v>加入 T，形成一个环，删除环上原有的任意一条边，形成一棵权值更小的生成树。而 T−{<u,v>}，是 G'的生成树，所以 W(T−{<u,v>})≤W(T')，也就是 W(T)≤W(T')+W(<u,v>)=W(T'+{<u,v>})，产生了矛盾。于是假设不成立，T'+{<u,v>}是 G 的最小生成树，Kruskal 算法对 $k+1$ 阶图也适用。由数学归纳法可知，Kruskal 算法能得以证明。

7.5 最短路径

在非网图中，最短路径是指两顶点之间的边数最少的路径。在网图中，最短路径是指两顶点之间的边上权值之和最小的路径。

7.5.1 单源点最短路径的 Dijkstra 算法

1．单源点最短路径问题

问题描述：给定带权有向图 G＝(V, E)和源点 v∈V，求从 v 到 G 中其余各顶点的最短路径。

应用实例——计算机网络传输的问题：怎样找到一种最经济的方式，从一台计算机向网上其他计算机发送消息。

2．每一对顶点之间的最短路径

问题描述：给定带权有向图 G＝(V,E)，对任意顶点 v*i*,v*j*∈V（$i \neq j$），求顶点 v*i* 到顶点 v*j* 的最短路径。

解决办法 1：每次以一个顶点为源点，调用 Dijkstra 算法 n 次。显然，时间复杂度为 $O(n^3)$。

解决办法 2：罗伯特 • 弗洛伊德（Robert Floyd）提出的求每一对顶点之间的最短路径算法——费洛伊德算法（以下称为 Floyd 算法），其时间复杂度也是 $O(n^3)$，但形式上要简单些。

基本思想：设置一个集合 S，存放已经找到最短路径的顶点，S 的初始状态只包含源点 v，对于 v*i*∈V−S，假设从源点 v 到 v*i* 的有向边为最短路径。以后每求得一条最短路径 v,…,v*k*，$1 \leqslant k \leqslant i$，就将 v*k* 加入集合 S，并将路径 v,…,v*k*,v*i* 与原来的假设相比较，取路径长度较小的为最短路径。重复上述过程，直到集合 V 中全部顶点加入集合 S。

3．设计数据结构

（1）图的存储结构：带权的邻接矩阵存储结构。

（2）数组 dist[*n*]：每个分量 dist[*i*]表示当前所找到的从始点 v 到终点 v*i* 的最短路径的长度。

初态若为从 v 到 vi 有边，则 dist[i]为边上权值；否则设置 dist[i]为∞。

（3）数组 path[n]：path[i]是一个字符串，表示当前所找到的从始点 v 到终点 vi 的最短路径。初态若为从 v 到 vi 有边，则 path[i]为 vvi；否则设置 path[i]为空串。

（4）数组 s[n]：存放源点和已经生成的终点，其初态为只有一个源点 v。

4．Dijkstra 算法——伪代码

（1）初始化数组 dist、path 和 s。

（2）执行 while 语句（s 中的元素个数小于 n）。

（3）在 dist[n]中求最小值，其索引为 k。

（4）输出 dist[j]和 path[j]。

（5）修改数组 dist 和 path。

（6）将顶点 vk 添加到数组 s 中。

7.5.2　任意顶点间最短路径的 Floyd 算法

和 Dijkstra 算法一样，Floyd 算法也是一种用于寻找给定的加权图中顶点间最短路径的算法。该算法以其创始人之一、1978 年图灵奖获得者、美国斯坦福大学计算机科学系教授罗伯特·弗洛伊德的名字命名。

基本思想：通过 Floyd 算法计算图 G=(V,E)中各个顶点的最短路径时，需要引入一个矩阵 **S**，矩阵 **S** 中的元素 a[i][j]表示顶点 i（第 i 个顶点）到顶点 j（第 j 个顶点）的距离。

假设图 G 中顶点个数为 N，则需要对矩阵 **S** 进行 N 次更新。初始时，矩阵 **S** 中顶点 a[i][j]的距离为顶点 i 到顶点 j 的权值；如果 i 和 j 不相邻，则 a[i][j]=∞。接下来对矩阵 **S** 进行 N 次更新。第 1 次更新时，如果 a[i][j]的距离值>a[i][0]+a[0][j]（a[i][0]+a[0][j]表示 i 与 j 之间经过第 1 个顶点的距离），则更新 a[i][j]为 a[i][0]+a[0][j]。同理，第 k 次更新时，如果 a[i][j]的距离>a[i][k]+a[k][j]，则更新 a[i][j]为 a[i][k]+a[k][j]。更新 N 次之后，操作完成！

7.6　有向图

有向图和无向图主要的区别在于有向图每条路径都带有方向性。假如把无向图看成双行道，可以双向穿梭的话，有向图就是单行道，而且这些单行道是杂乱无章的，因此要求解一处到另一处的路径问题就会变得复杂起来。

一幅有向图是由一组顶点和一组有方向的边组成的，每条有方向的边都连接着有序的一对顶点。有向边由一个顶点出发并指向另一顶点，用 v→w 来表示有向图中由顶点 v 指向顶点 w 的一条边。当存在 v→w 的有向路径的时候，称顶点 w 能够通过顶点 v 达到。和无向图不同的是，在有向图中由 v 能够到达 w，并不意味着由 w 也能到达 v。图 7-30 为一个有向图示例。

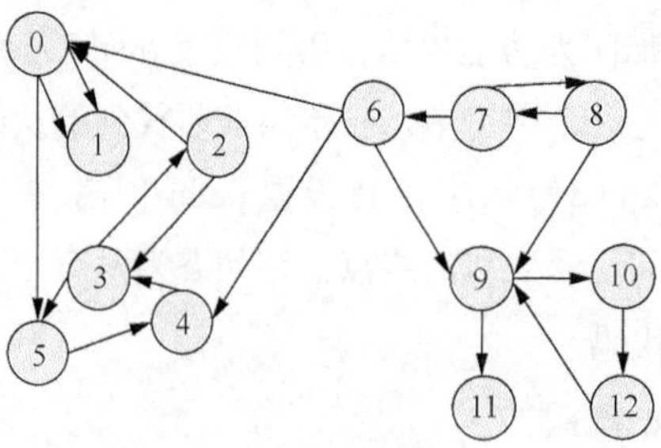

图 7-30　有向图示例

有向图的表示：邻接表。边 v→w 表示顶点 v 所对应的邻接表中包含一个 w 顶点。在用邻接表表示无向图时，如果 v 在 w 的链表中，那么 w 必然也在 v 的链表中。但在有向图中这种对称性是不存在的，因为每条边都只会出现一次。

有向图数据结构的 Digraph 数据类型与 Graph 数据类型基本相同。区别是 addEdge()只调用一次 add()，而且它还有一个 reverse()方法来返回图的反向图。

本章小结

在本章中我们了解了图的基本概念，图是由顶点的有穷非空集合和顶点之间边的集合组成的，通常表示为 G(V,E)，其中 G 表示是一个图，V 是图 G 中顶点的集合，E 是图 G 中边的集合。本章介绍了图数据结构，包括邻接矩阵、邻接表、十字链表、多重邻接表；介绍了图遍历算法，包括深度优先遍历、广度优先遍历的相关知识。另外，本章介绍了最小生成树及其相关性质以及最短路径。在非网图中最短路径是指两顶点之间的边数最少的路径。有向图是由一组顶点和一组有方向的边组成的，每条有方向的边都连接着有序的一对顶点。

本章习题

1．试判断非负整数数组 $\Pi = [5,5,3,3,2,2,2]$ 是否可以构建成一个无向图。

2．证明：设 G=(V, E)是一个简单图，定义 δ(G)为 G 的最小度，若 $\delta \geqslant 2$，则 G 中必然含有圈。

3．给定简单权图 G = (V, E)，并设 G 有 n 个顶点，求 G 中点 u0 到其他各点的距离。

4．证明：若 k 正则偶图（k 为正整数，k>1）具有二分类 V=V1∪V2，则|V1|=|V2|。

5．图 G 如图 7-31 所示，求 G 的最优树。

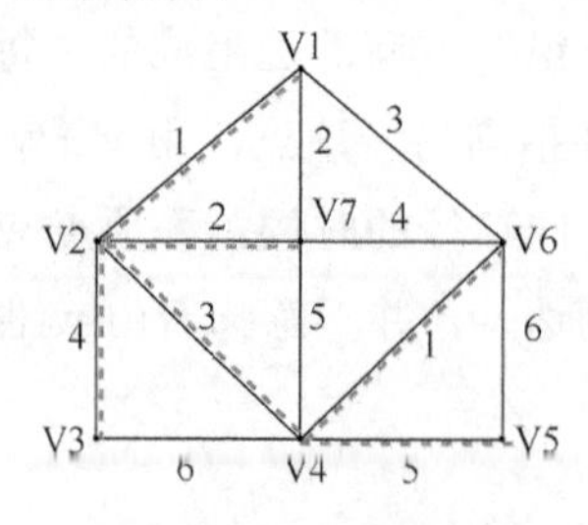

图 7-31　习题 5 图

6．在一个学校中，有 7 个教师和 12 个班级。在每周 5 天教学日的条件下，教课的要求由下面的矩阵给出。

$$\begin{array}{c} \quad\ y_1\ y_2\ y_3\ y_4\ y_5\ y_6\ y_7\ y_8\ y_9\ y_{10}\ y_{11}\ y_{12} \\ \boldsymbol{P}=\begin{pmatrix} 3 & 2 & 3 & 3 & 3 & 3 & 3 & 3 & 3 & 3 & 3 & 3 \\ 1 & 3 & 6 & 0 & 4 & 2 & 5 & 1 & 3 & 3 & 0 & 4 \\ 5 & 0 & 5 & 5 & 0 & 0 & 5 & 0 & 5 & 0 & 5 & 5 \\ 2 & 4 & 2 & 4 & 2 & 4 & 2 & 4 & 2 & 4 & 2 & 3 \\ 3 & 5 & 2 & 2 & 0 & 3 & 1 & 4 & 4 & 3 & 2 & 5 \\ 5 & 5 & 0 & 0 & 5 & 5 & 0 & 5 & 0 & 5 & 5 & 0 \\ 0 & 3 & 4 & 3 & 4 & 3 & 4 & 3 & 4 & 3 & 3 & 0 \end{pmatrix}\begin{matrix} x_1 \\ x_2 \\ x_3 \\ x_4 \\ x_5 \\ x_6 \\ x_7 \end{matrix} \end{array}$$

其中，p_{ij}（矩阵 $\boldsymbol{P}$ 的第 i 行第 j 列元素）表示 x_i 教师必须教 y_j 班的节数。求下列问题。

（1）一天安排几节课，才能满足所提出的要求？

（2）若安排出每天 8 节课的时间表，需要多少间教室？

7．Alvin 曾邀请 3 对夫妇到他的避暑别墅住一个星期。他们是 Bob 和 Carrie、David 和 Edith、Frank 和 Gena。由于这 6 人都喜欢网球运动，所以他们决定进行网球比赛。6 位客人的每一位都要和其配偶之外的每位客人比赛。另外，Alvin 将分别和 David、Edith、Frank、Gena 进行一场比赛。若没有人在同一天进行 2 场比赛，则要在最少天数完成比赛应如何安排？

8．图 7-32 列出了繁华街道路口处的交通车道 L1,L2,⋯,L9。在此路口处安置了交通灯。当交通灯处于某个相位时，亮绿灯的车道上的车辆就可以安全通过路口。为了（最终）让所有的车辆都能够安全通过路口，对交通灯来说，所需要的相位的最小数是多少？

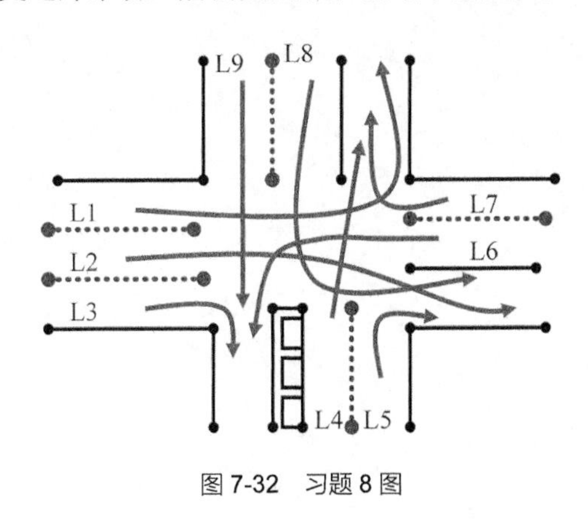

图 7-32　习题 8 图

9．假设有一台计算机，它有一条加法指令，可计算 3 个数之和。如果要计算 9 个数之和，则至少要执行几次加法指令？

10．求带权 1,2,4,5,6,8 的赫夫曼树。

11．设图 G 有 10 个度为 4 的顶点和 8 个度为 5 的顶点，其余顶点的度均为 7。求度为 7 的顶点的最大数量，使 G 保持可平面性。

12．现有赵、钱、孙、李、周 5 位教师，要承担语文、数学、物理、化学、英语 5 门课程。已知赵熟悉数学、物理、化学 3 门课程，钱熟悉语文、数学、物理、英语 4 门课程，孙、李、周都只熟悉数学和物理两门课程。能否安排他们 5 人每人只上一门自己所熟悉的课程，并使每门课程都有人教？请说明理由。

课程实验

1．请实现遍历图节点和图中边的迭代器。有关的迭代器应返回什么值？

2．请实现构造广度优先遍历生成树的算法，以及构造深度优先遍历生成树的非递归算法。

3．请重新实现 Dijkstra 算法，保证算法在不付出更大时间代价的情况下，空间复杂度变成 $O(|V|)$。

4．在 toposort()函数里另用一个表 toposeq 记录找到的拓扑序列。实际上这个表不必要，完全可以在 indegree 表里记录拓扑序列。请考虑这种可能性，考虑是否需要约定从结果表中得到拓扑序列的方法。考虑如何修改函数实现这种可能性。需要多少时间？

5．请设计一个算法，检查给定的有向图 G 中是否存在回路，并在 G 存在回路的情况下给出一条回路，要求算法的复杂度为 $O(n^2)$。

6．请设计一个算法，求出不带权的无向连通图中距离顶点 V0 的最短路径的长度（即路径上的边数）为 L 的所有顶点，要求尽可能高效。

7．给定（有向或无向）图 G 和图中两个顶点 u 和 v，要求确定是否存在从 u 到 v 的路径，请设计解决这个问题的算法。

第8章

键值对

基于分布式体系的大数据计算架构采用了不同于传统计算的存储架构，以更好地支持大规模数据的查询及处理。键值对结构是支持分布式计算的一种常用数据结构。本章将对键值对概念、键值对存储结构、键值对操作、典型的基于键值对的数据库等进行基本介绍，有利于读者未来进一步学习大数据计算技术。

键值对存储结构

8.1 键值对概念

键值对（Key-Value Pair），顾名思义就是一个键（Key）对应一个相关的值（Value），这个键和其对应的值组成一个键值对。键值对存储结构是数据库中很简单的一种组织形式，大多数的编程语言都会内置键值对存储结构。在 Python 中，字典类型就表示键值对存储结构。

键值对的底层实现基本都是存储在内存中的散列表或自平衡树（如 B-树、红黑树）。如果遇到数据量太大无法装入内存的情况，或者必须对数据进行持久化以应对系统不可预期的崩溃情况，就需要将数据存储到文件系统中。

在实际的应用场景中，我们通常会选择使用散列表来实现键值对数据结构，本章后续内容将主要介绍散列表的相关知识。

8.2 键值对存储结构

8.2.1 概念

散列表（Hash Table）的实现通常叫作散列（Hashing）。散列是一种以常数平均时间执行插入、查找和删除操作的技术。但是，散列表不能有效地支持那些基于元素间任何排序信息的操作，如查找最大值、查找最小值、以线性时间遍历排过序的散列表等操作，都是不被支持的。

8.2.2 一般想法

理想的散列数据结构只不过是一个包含一些项（Item）的具有固定大小的数组。通常，对项的查找操作是对项的某个部分进行的，这个部分就叫作**键**，通过对键的检索能够获取到所需的项。这个项里还包含真正所需的数据，即**值**。典型情况下，一个键就是一个带有相关值（如员工姓名）的字符串，而对应的值就是键对应的其他数据域（如该员工的其他基本信息）。现在，我们把散列表的大小记作 TableSize，并将其理解为散列数据结构的一部分而不仅仅是浮动于全局的某个变量。通常，我们习惯于让表在 0～TableSize-1 之间变化。

每个键将会被映射到[0,TableSize-1]中的某个数字，并且会被放到适当的单元中。这个映射就叫作散列函数，理想情况下它应该运算简单，并且能保证任意两个不同的键映射到不同的单元里。不过，这显然是不可能的，因为单元的数目是有限的，而键变量可能是无限的，所以我们只能尽量设计一个能让键变量尽可能平均分布到散列表单元中的散列函数。图 8-1 所示为理想的散列表示例。

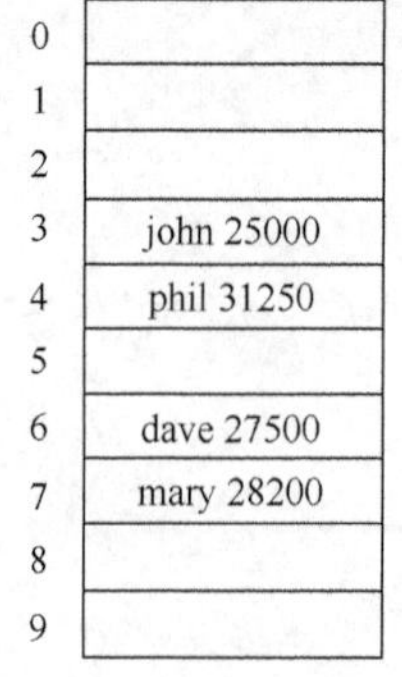

图 8-1　理想的散列表示例

这就是散列的一般想法。接下来，我们需要进一步选择一个函数，确定当两个键散列到同一个单元[称为冲突（Collision）]时，应该如何解决冲突以及如何确定散列表的大小。

8.2.3　散列函数

构造散列函数有很多方法，要评判一个散列函数的好坏，首先要明确怎样算好、怎样算不好。若对于键集合中的任意一个键，经过散列函数计算，映射到地址集合中的每一个地址的概率是相等的，则这类散列函数称为均匀的散列函数。使用均匀的散列函数可以保证一组键的散列地址能均匀分布在整个地址空间中，从而减少散列值重合的情况发生。通常来说，一个好的散列函数应该满足以下两个条件：（1）函数简单、易计算；（2）散列值重合的情况极少。下面介绍几种常用的关于散列函数的方法。

1．直接散列法

直接散列法非常简单，直接取键本身或者键的某个线性函数值作为散列地址，即 $H(\text{key}) = \text{key}$ 或 $H(\text{key}) = m \cdot \text{key} + n$（$m$、$n$ 为常数）。例如，对于某家成立于 2001 年的公司的年度经营报表，数据包含总销售额、总利润等数据项，其中年份为键，那么散列函数可以定义为 $H(\text{key})= \text{key} + (-2000)$，通过散列函数就可以方便地存储和查找 2000 年后任一年份的总销售额、总利润等，如表 8-1 所示。

表 8-1　直接散列相关数据

散列地址	01	02	03	…	19	…
年份/年	2001	2002	2003	…	2019	…
总销售额/万元	510.5	685.1	697.4	…	6820.5	…
总利润/万元	281.7	357.9	331.1	…	3749.7	…

2．数字分析法

数字分析法是一种笼统的说法，当键是一串数字时，可以将键看作一组有序元素的集合，这样就可以通过分析找出存在于键元素间的数学特征，最后选择其中的某些数学特征作为散列的结果。例如，设 n 个 d 位数的键都是由 r 个不同的符号（如 0～9）组成的，但此 r 个符号在键的各位上出现的概率不一定相同，其可能在某些位上是均匀分布的（即 r 个符号中的每个符号出现的概率都接近于 n/r），但也可能在其他某些位上分布不均匀（如整数的第一位通常不表示为 0）。我们可以选择其中均匀分布的 m 位作为散列地址，即 $H(\text{key})=\text{key}$ 中均匀分布的 m 位。下面举例说明，如例 8-1 所示。

813 46 532
813 72 242
813 87 422
813 01 367
814 22 817
……

图 8-2　数据的键

【例 8-1】现在有 100 个数据，每个数据的键是 8 位十进制数（n=100，r=10，d=8）。图 8-2 列出了一部分数据的键，每一行代表一个键。从图 8-2 中，我们可以看出第 1 位和第 2 位分别是 8、1，第 3 位只有 3、4 两种可能，第 8 位只有 2、7 两种可能，说明在这 4 位上数字 0～9 分布是不均匀的。同时，我们可以看出，在剩下的第 4、第 5、第 6、第 7 位上，数字 0～9 的分布是近乎随机的，可在这 4 位中任取其中 2 位作为散列地址，或者可以取其中前两位与后两位叠加求和后舍去进位的结果作为散列地址，如第 1 行 $H(\text{key})=46+53$ 的结果舍去进位为 99，则图 8-2 中列出的部分键的散列地址分别为 99、96、29、37、3。

3．平方取中法

平方取中法即取键求平方后的中间 m 位作为散列地址，即 H(key)=key 的平方的中间 m 位，m 的大小根据散列表的大小（TableSize）确定。例如，key=234，m=3，H(key)=234^2 的中间 3 位=54756 的中间 3 位= 475。

4．折叠法

当键的位数较多时，如果使用前面介绍的直接散列法、数字分析法和平方取中法进行散列计算，效率会非常低。此时，我们可以考虑将键分割成几个部分，使每个部分的位数相等（最后一部分的位数可以不相等），进而取这几部分的叠加和（舍去高位上的进位）作为散列地址。位数由存储空间的地址位数确定。

折叠法根据相加方式的不同又分为移位叠加和边界叠加两种方法。其中，移位叠加是将各个部分的最低位对齐，然后相加；而边界叠加则是两个相邻的部分沿边界来回折叠，然后对齐、相加。

【例 8-2】键 K=58242324169，散列表长度为 1000，将此键分成 3 位一段，两种折叠法的叠加结果如下：移位叠加为 582+ 423+ 241+69=315，边界叠加为 582+324+ 241+96= 243。

当键位数很多，而且键中每一位上数字分布大致均匀时，可以使用折叠法。

5．随机数法

随机数法是设置一个随机函数，取键的随机函数值作为散列地址，即 H(key)= random(key)，random()是一个随机函数。

6．直接取余法

直接取余法是指取键被某个不大于散列表长度 m 的数字 p 除后的余数作为散列地址，即 H(key)=key mod p（$p \leqslant m$）。下面着重介绍直接取余法的相关知识。

如果键 key 的类型为整数，那么较简单的方法是直接取余，返回 key mod TableSize 的结果。但是，如果 key 碰巧具有某种不理想的性质，则直接取余的方法并不一定可取，例如，TableSize 为 10 而键 key 都是 10 的倍数，则此时按照直接取余的方法，每一个 key 散列的结果都为 0，因此所有的项都会被分配到同一个单元中，显然违背了散列的初衷。为了避免这种情况，可取的办法通常是将 TableSize 设定为一个素数。当插入项的键是随机整数时，利用直接取余的散列函数不仅算起来简单，而且键的分配也很均匀。

在大多数情况下，键是字符串类型。如果键的类型是字符串，则对于散列函数的选择需要更加谨慎、细致。为了能使用直接取余法，可以将字符串中字符的 ASCII 值累加起来得到一个值，然后对 TableSize 取余得到散列值。

不过，这种方法在特定的情况下还是有缺陷的。如果 TableSize 的值很大，比如 TableSize 为 10009，而参数的长度最大为 9，因为一个字母的 ASCII 值最大为 127，也就是说，参数的每个字符的 ASCII 值加起来最多为 9×127=1143，那么所有的参数都只会被分配到 0～1142 的位置上。显然，这是一种非常不均匀的分配。

我们可以对此进行改进，式（8-1）列出了散列函数的另一种尝试。式（8-1）用到了 key 中的所有字符，一般情况下该散列函数可以分布得很好。

$$\sum_{i=0}^{\text{KeySize}-1} \text{Key}(\text{KeySize}-i-1)\times 32^{i} \tag{8-1}$$

在程序中，根据霍纳（Horner）法则将乘法运算转换成加法运算，可保证散列函数计算快速。式（8-1）中散列函数就表的分布而言未必是最好的，但是确实具有极其简单的优点。如果键特别长，那么该散列函数计算起来将会花费过多的时间。这种情况下，通常不使用所有的字符。此时键的长度和性质将影响散列函数的选择。

在实际工作中，需要根据不同的情况采用不同的散列函数，选取散列函数时需要考虑很多因素，通常需要考虑的因素如下。

（1）散列函数的执行时间。

（2）散列表的大小。

（3）键的长度。

（4）键的分布情况。

（5）记录的查找频率。

8.2.4　散列冲突

散列冲突（Hash Collision）是指键经过散列函数处理后得到的散列地址已由其他数据占用，“一山不容二虎”，自然就会产生冲突。这种冲突就是散列冲突。

假设散列表的大小为 8（即有 8 个槽），对于散列函数选择直接取余法，取余的模为 8。现在要把一串数据即 4、7、20、12、20、33、9、7、10 存到表里。

简单计算一下，第一个数据 4，hash(4) = 4，所以数据 4 应该放在散列表的第 4 个槽里；第二个数据 7，hash(7) = 7，所以数据 7 应该放在散列表的第 7 个槽里；hash(20) = 4，也就是说，数据 20 也应该放在散列表的第 4 个槽里——于是造成了碰撞，也称为冲突。

既然冲突产生了，而且冲突是不可避免的，就应该寻求解决冲突的方法。8.2.5 小节将介绍几种散列冲突的解决方法，其核心思想就是为发生冲突的那个键找到另一个“空”的散列地址。

8.2.5　散列冲突的解决方法

假设某个散列表的地址集合为 0～$(n-1)$，某键经散列函数处理后得到的散列地址为 j（$1\leqslant j\leqslant n-1$）的位置上已经存有数据，此时发生了散列冲突。接下来就介绍如何处理这个冲突。在冲突处理的过程中可能会得到一个地址序列 H_i（$0\leqslant H_i\leqslant n-1$），其中 $i=1,2,\cdots,k$，即在处理冲突的过程中，若得到的新的散列地址 H_m 仍然是冲突的，则继续求下一个散列地址 H_m+1，直到不再发生冲突为止，将最后计算出的散列地址作为数据在散列表中的地址。

前面曾经提到可以通过选择更适用的散列函数来减少散列冲突，但无论如何散列冲突是无法完全避免的。那么如何实际地解决散列冲突呢？下面介绍几种常见的冲突处理方法。

1．开放地址法

当冲突发生的时候，形成一个探测序列，沿着此序列逐个对地址进行检查，直到找到一个空位置为止，这个空位置就称为开放的地址，然后将发生冲突的那条记录放到这个地址中，即 H_i =

$(H(\text{key}) + d_i) \bmod m$（i=1,2,⋯,m−1），其中 H_i 为第 i 次发生冲突时通过开放地址法找到的地址，$H(\text{key})$为散列函数值，m 为表长，d_i 为增量序列。增量序列的取值方式不同，相应的再散列方法也不同，主要有以下 3 种。

（1）线性探测再散列。

$$d_i = 1,2,3,\cdots,m-1。$$

特点：冲突发生时，顺序探测表中下一单元，直到找出一个空单元，否则将查遍全表。

（2）二次探测再散列。

$$d_i = 1^2,-1^2,2^2,-2^2,\cdots,k^2,-k^2\ (k \leqslant m/2)。$$

特点：冲突发生时，在表的左右两侧进行跳跃式探测，该方法应用起来比较灵活。

（3）伪随机探测再散列。

d_i 为伪随机数序列。

特点：首先建立一个伪随机数发生器[如 $i=(i+p)\ \%\ m$]，并给定一个随机数作为起点，当冲突发生时，依次探测发生器指向的序列，直到找出一个空单元。

为了更直观地说明 3 种不同的增量序列和对应的再散列方法，下面举例讲解。

【例 8-3】现有一个长度为 16 的散列表（见表 8-2），散列函数为 $H(\text{key}) = \text{key} \bmod 13$，其中已有键分别为 19、70、33 的 3 条记录，它们的地址分别为 5、6、7，现在将第 4 个键为 18 的数据填入散列表。由散列函数得到地址 H=5，会产生冲突，进行冲突处理。

（1）采用线性探测再散列方法处理，得到下一个地址 $H_1=H+1=6$，仍冲突；再求下一个地址 $H_2=H+2=7$，仍冲突；直到求得散列地址 $H_3=H+3=8$，位置为空，处理冲突完毕，数据填入散列表中地址为 8 的位置。

（2）采用二次探测再散列方法处理，得到下一个地址 $H_1=H+1^2=6$，仍冲突；再求下一个地址 $H_2=H+(-1^2)=4$，位置为空，处理冲突完毕，数据填入散列表中地址为 4 的位置。

（3）采用伪随机探测再散列方法处理，假设得到的伪随机序列为 14,2,11,9,7,⋯，得到下一个地址 H_1=14，位置为空，处理冲突完毕，数据填入散列表中地址为 14 的位置。

表 8-2　用开放地址法处理 3 种不同增量序列的散列冲突

	0	1	2	3	4	5	6	7	8	9	10	11	12	13	14	15
初始键值						70	19	33								
线性探测再散列						70	19	33	18							
							H_1	H_2	H_3							
二次探测再散列					18	70	19	33								
					H_2		H_1									
伪随机探测再散列						70	19	33							18	
															H_1	

从上述过程中可以看到一个现象：当表中 i、i+1、i+2 位置上已经有数据时，下一个散列地址为 i、i+1、i+2 和 i+3 的数据都将填入 i+3 的位置，类似这样在处理过程中发生的原本散列地址不

同的两个数据争夺同一个后续散列地址的现象称为二次聚类。显然，这种现象对散列的效率会产生非常不好的影响。

用线性探测再散列方法处理冲突可以保证只要散列表还有“开放”的位置，就总能找到一个可用的地址。二次探测再散列方法只有在表长 m 为素数时才能找到一个不发生冲突的地址。而对伪随机探测再散列方法来说，找到一个不发生冲突的地址取决于伪随机数序列。

2．再散列法

这种方法的基本思想是同时构造多个不同的散列函数 $H_i = \text{RH}_i(\text{key})$（$i$=0,1,2,⋯,$k$−1），即将 k 个不同的散列函数排列成一个序列，当发生冲突时，由 RH_i 确定第 i 次冲突的地址 H_i。相比开放地址法，这种方法不易产生聚集，但会增加计算时间。

3．链地址法

这种方法的基本思想是用所有散列地址为 i 的元素构成一个称为同义词链的单链表，并将单链表的头指针存放在散列表的第 i 个单元中，因而查找、插入和删除主要在同义词链中进行。链地址法适用于需要经常进行插入和删除的情况。

【例 8-4】对于键序列{12,67,56,16,25,37,22,29,15,47,48,34}，散列表表长为 12，散列函数为 $H(\text{key})$= key mod 12，采用链地址法处理冲突，构造所得的散列表如图 8-3 所示。

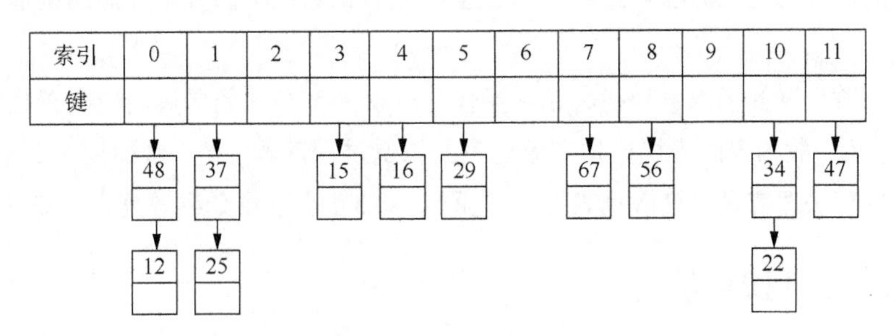

图 8-3　采用链地址法处理冲突所得的散列表

4．建立公共溢出区

这种方法的基本思想是将散列表分为基本表和溢出表两部分，凡是和基本表发生冲突的元素，一律填入溢出表。假设某散列函数的值域为[0,m)，设表长为 m 的列表为基本表，每个元素存放一条记录，另设一个列表为溢出表，将与基本表中的键发生冲突的所有记录都填入溢出表。在查找时，对给定键通过散列函数计算出散列地址后，先将其与基本表的相应位置进行比较，如果相等，则查找成功；如果不相等，则到溢出表进行顺序查找并比较，找到相等的元素则查找成功，否则查找失败。

8.3　键值对操作

8.3.1　键值对的插入操作

在操作散列数据结构时，可以通过传入由一个键 K 和一个值 V 组成的二元组，完成散列表中记录的插入。这条记录的键为K，值为V。接口实例如下。

Insert(key,value)：将value存储到存储空间标识符key中，便于以后通过key来访问它。

插入的过程很简单，首先根据散列查找算法找到合适的位置，然后将V插入这个位置，即可完成插入操作。

8.3.2 键值对的查找操作

查找操作只需传入一个键K，即可完成对该键对应的值的查找。接口实例如下。

Get(key)：获取存储于标识符key中的一些数据，若key中没有数据则报错或返回空值。

只需直接根据散列查找算法找到对应的位置，然后取出这个位置中存储的值并返回，即可完成查找操作。

8.3.3 键值对的删除操作

删除操作同样只需传入一个键K，即可完成对该键对应的键值对的删除。接口实例如下。

Delete(key)：删除与标识符key相关联的键值对，包括键和值。

只需直接根据散列查找算法找到对应的位置，然后删除这个位置中存储的键值对，即可完成删除操作。

可以看出，散列表的插入、查找、删除操作无一例外都必须经历调用散列查找算法查找位置的过程，换句话说，散列表的查找过程和散列表的构造过程基本一致，都需要用到散列查找算法。所以，散列查找算法理应是研究散列表性能的重点，8.3.4小节将介绍散列查找算法。

8.3.4 散列查找算法

给定K值，根据构造表时所用的散列函数求散列地址j，若此地址位置无记录，则查找不成功；若有地址位置记录，则与键进行比较，当与给定的键相等时，查找成功，与给定的键不相等时，根据构造表时设定的冲突处理方法查找“下一个地址”，直到找到表中的某个位置为空或者表中所填数据的键和给定的键相等时的位置。线性探测开放地址法的散列查找与插入算法如代码8-1所示。

代码8-1 线性探测开放地址法的散列查找与插入算法

```
class HashTable:
    def _init_(self,size):
        self.elem = [None for i in range(size)]   #将列表数据结构作为散列表
        self.count = size   #散列表的长度
    def hash(self,key):
        return key % self.count   #对于散列函数采用直接取余法
    def insert_hash(self,key):
        """将键插入散列表"""
        address = self.hash(key)   #求散列地址
        while self.elem[address]:
            address = (address+1) % self.count
```

```
        self.elem[address] = key  #没有冲突则直接保存
    def search_hash(self,key):
        """查找键，返回布尔值"""
        star = address = self.hash(key)        #求散列地址
        while self.elem[address] != key:      #当前位置的键与待查找的键不匹配，发生冲突
            address = (address + 1) % self.count   #线性探测下一地址是否匹配
            if not self.elem[address] or address == star:   #没找到或者循环到了开始位置
                return False
        return True
```

根据上述代码可以直观地感知散列查找的过程，从散列表的查找过程可知以下内容。

（1）散列函数在键与存储位置之间建立了直接的映射，最好的情况下，散列查找算法的时间复杂度为 $O(1)$。但是由于冲突无法完全避免，散列表的查找过程仍然存在比较当前位置的键与待查找键的过程。因此，对于散列查找算法的效率，需要用平均查找长度来衡量。

（2）查找过程中需进行的比较操作的次数取决于 3 个因素：散列函数的“好坏”、冲突处理的方法及散列表的装填因子。散列表的装填因子表示散列表内数据装满的程度，定义为

$$\alpha=\frac{\text{表中填入的记录数}}{\text{散列表的总长度}}。$$

α 表示散列表的装满程度。α 的值越小，说明散列表中填入的数据越少，那么发生冲突的可能性就越小；反之，α 的值越大，说明散列表中填入的数据越多，那么发生冲突的可能性就越大，执行散列查找算法时，比较操作执行的次数就越多，即平均查找长度越大。

散列函数的好坏可以用散列是否均匀来表示，其影响冲突出现的频率。因为一般情况下设定的散列函数都是均匀的，所以可以不考虑它对平均查找长度的影响。

显然，冲突处理的方法会影响平均查找长度。对于同样的一组键设定相同的散列函数，但冲突处理的方法不同，得到的散列表也会不同，进而它们的平均查找长度也不相同。一般情况下，冲突处理方法相同的散列表，其平均查找长度依赖于散列表的装填因子。

通常来说，散列表的平均查找长度是装填因子 α 的函数，而不是表长 n 的函数。所以，不管 n 值有多大，我们总是可以选择一个合适的装填因子将平均查找长度限制在预期的范围之内。

8.4 典型的基于键值对的数据库

8.4.1 Redis

随着“互联网+”和“大数据时代”的来临，传统的关系数据库已经不能满足中、大型网站日益增长的访问量和数据量要求，这个时候就需要一种能够快速存取数据的组件来缓解数据库输入输出（Input/Ouput，I/O）的压力，以突破系统性能上的瓶颈。Redis 便是为突破这样的系统性能瓶颈而产生的。

Redis 是一个开源的使用 ANSI C 语言编写、支持网络、可基于内存亦可持久化的日志型、键值对数据库，提供了多种语言的应用程序接口（Application Program Interface，API）。它支持多种

数据类型，包括 string（字符串）、list（链表）、set（集合）、zset（有序集合）和 hash（散列表），详细介绍如表 8-3 所示。这些数据类型支持进栈/出栈、添加/删除、取交集/并集/差集及更丰富的操作，而且这些操作都是原子性的。在此基础上，Redis 支持各种不同方式的排序。Redis 的数据缓存在内存中，且它会周期性地把更新的数据写入磁盘或者把修改操作写入记录文件，并且在此基础上实现了主从同步（Master-Slave）。

表 8-3 Redis 支持的 5 种数据类型

数据类型	存储的值	说明
string	可以是字符串、整数或者浮点数	对整个字符串或者字符串中的一部分执行操作；对整数和浮点数执行自增（Increment）或者自减（Decrement）操作
list	可以是链表，链表上的每个节点都包含一个字符串	从链表的两端推入或者移出元素；根据偏移量对链表进行“修剪”（Trim）；读取单个或者多个元素；根据值查找或者删除元素
set	包含字符串的无序收集器（Unordered Collection），并且被包含的每个字符串都是独一无二、各不相同的	添加、获取、删除单个元素；检查元素是否存在于集合中；计算交集、并集、差集；从集合里面随机获取元素
zset	字符串成员（Member）与浮点数分值（Score）之间的有序映射，元素的排列顺序由分值决定	添加、获取、删除单个元素；根据分值范围（Range）或者成员来获取元素
hash	包含键值对的无序散列表	添加、获取、删除单个键值对；获取所有键值对

Redis 还提供许多额外的功能：键过期功能，可以用来实现缓存；发布订阅功能，可以用来实现消息系统；支持 Lua 脚本功能，可以利用 Lua 创造出新的 Redis 命令；简单的事务功能，能在一定程度上保证事务特性；流水线功能，使客户端能将一批命令一次性传到 Redis，能减少网络的开销；NX 系命令满足分布式锁的需求。

8.4.2 Memcached

Memcached 是一种基于内存的键值存储系统，用来存储小块的任意数据（字符串、对象）。这些数据可以是数据库调用、API 调用或者是页面渲染的结果。

Memcached 简洁而强大。它的简洁设计便于快速开发，可降低开发难度，能解决大量数据缓存的很多问题。它的 API 兼容大部分流行的开发语言。从本质上来说，它是一个简洁的键值存储系统。对于 Memcached，一般的使用目的是通过缓存数据库查询结果，减少数据库访问次数，以提高动态 Web 应用的速度、提高可扩展性。

8.4.3 适用场景

Memcached 是全内存的数据缓冲系统，Redis 虽然支持数据的持久化，但是全内存才是其高性能的本质。作为基于内存的存储系统，机器物理内存的大小就是系统能够容纳的最大数据量。如果需要处理的数据量超过了单台机器的物理内存大小，就需要构建分布式集群来扩展存储能力。

Memcached 本身并不支持分布式，因此，我们只能在客户端通过像一致性散列这样的分布式算法来实现 Memcached 的分布式存储。客户端向 Memcached 集群发送数据之前，首先会通过内置的分布式算法计算出该条数据的目标节点，然后数据会直接发送到该节点上并存储。当客户端查询数据时，同样要计算出查询数据所在的节点，然后直接向该节点发送查询请求以获取数据。

相较于 Memcached 只能采用客户端实现分布式存储，Redis 更偏向于在服务器端实现分布式存储。下面简单介绍 Redis Cluster 的核心思想。

Redis Cluster 是一个实现了分布式且允许单点故障的 Redis 高级版本，它没有中心节点，具有线性可伸缩的功能。在数据的放置策略上，Redis Cluster 将整个键的数值域分成 4096 个散列槽，每个节点上可以存储一个或多个散列槽，也就是说，当前 Redis Cluster 支持的最大节点数就是 4096。Redis Cluster 使用的分布式算法也很简单：crc16(key) % HASH_SLOTS_NUMBER。

为了保证单点故障情况下的数据可用性，Redis Cluster 引入了 Master 节点和 Slave 节点。在 Redis Cluster 中，每个 Master 节点都会有对应的两个用于冗余的 Slave 节点。这样在整个集群中，任意两个节点的宕机都不会导致数据不可用。在 Master 节点退出后，集群会自动选择一个 Slave 节点成为新的 Master 节点。

下面对 Redis 和 Memcached 进行比较。

（1）性能对比：由于 Redis 只使用单核，而 Memcached 可以使用多核，所以平均到每一个核上，Redis 在存储小数据时比 Memcached 性能更好。而在存储 100KB 以上的数据时，Memcached 的性能要优于 Redis，虽然 Redis 也在存储大数据方面进行了性能优化，但是比起 Memcached，还是稍有逊色。

（2）内存使用效率对比：如果使用简单的键值存储，Memcached 的内存利用率更高；如果 Redis 采用散列结构来实现键值存储，由于其组合式的压缩，其内存利用率会高于 Memcached。

（3）支持的数据操作对比：Redis 相比 Memcached 来说，拥有更多的数据结构并支持更丰富的数据操作。通常在 Memcached 里，人们需要将数据放到客户端进行操作后再放回去。这会大大增加网络 I/O 的次数和数据体积。在 Redis 中，这些复杂的操作通常和一般的 GET/SET 一样高效。所以，如果需要缓存支持更复杂的结构和操作，那么 Redis 会是不错的选择。

本章小结

本章主要介绍了常用的键值对数据结构的相关内容，首先介绍了键值对的基本概念，由此引出本章的主要内容；然后介绍了键值对的存储结构，详细介绍了键值对中的散列函数、散列冲突以及解决散列冲突的方法；接着介绍了键值对的几种常用操作，如插入操作、查找操作、删除操作等；最后简单介绍了几种典型的基于键值对数据结构的数据库及它们的适用场景。

本章习题

1．请列举几种常见的解决散列冲突的方法，并简要阐述方法的基本思想和优缺点。

2．给定输入序列{5478,1323,8571,4199,4344,9679,1989}及散列函数 H(key)=key%10。如果用

大小为 10 的散列表，并且用分离链接法解决冲突，请给出各输入项及散列后的散列表结果。

3．给定输入序列{5478,1323,8571,4199,4344,9679,1989}及散列函数 H(key)=key%10。如果用大小为 10 的散列表，并且用二次探测再散列方法解决冲突，请给出各输入项及散列后的散列表结果。

4．给定散列表大小为 13，散列函数为 H(key)=key%13。按照线性探测再散列方法解决冲突，连续插入散列值相同的 4 个元素。此时该散列表的平均不成功查找次数是多少？

5．现有长度为 11 且初始为空的散列表，散列函数是 H(key)=key%7，采用线性探测再散列方法解决冲突。将键序列{87,40,30,6,11,22,98,20}依次插入散列表后，在该表中查找时失败的平均查找长度是多少？

6．简要阐述影响冲突产生的 3 个要素。

7．请设计一种方案，为手机号码（11 位数字）建立一个散列表。

课程实验

1．设计一个散列表 ha[0…m−1]存放 n 个元素，对于散列函数采用直接取余法，即 H(key)=key%p（$p \leqslant m$）。

（1）请设计一个解决散列冲突的方法。

（2）请设计散列表的类型。

（3）请设计在散列表中查找指定键的算法。

2．编写一个程序实现散列表的相关运算，并实现以下功能。

（1）建立键序列{10,74,61,43,45,90,46,31,29,78,64}对应的散列表 A[0…12]，散列函数为 $H(k)=k\%p$，并采用开放地址法中的线性探测再散列方法解决冲突。

（2）在上述散列表中查找键为 31 的记录。

（3）在上述散列表中删除键为 61 的记录，再将其插入。

第9章

嵌套数据结构

嵌套数据结构（Nested Data Structure）是一种支持高效数据存储及查询的复杂数据结构。本章重点介绍嵌套数据结构的逻辑结构、物理存储结构，以及根据物理存储结构重构嵌套数据结构的方法。

嵌套数据结构
存储与重构方法

9.1 嵌套数据结构的概念

嵌套数据结构，顾名思义就是结构体可以嵌套使用，即一个结构体本身又可以是另一个结构体中的类型。保存数据时，需要一层一层地嵌套；读取数据时，如同抽丝剥茧，由外而内，一层一层地解嵌套。

在我们的日常应用场景中，经常会使用嵌套数据结构，如 XML、JSON 结构，但我们一般很难意识到这些就是嵌套数据结构。在大数据交互式分析计算架构中，经常会使用嵌套数据结构，Google 公司的交互式计算引擎采用 Dremel 技术，Dremel 就是一种不同于 XML、JSON 的嵌套数据结构，它提供了对大规模数据集的快速计算分析支持。本章将基于 Dremel 介绍嵌套数据结构的相关内容。

9.2 数据模型

Dremel 采用了与 XML、JSON 相类似的一种数据格式 Protocol Buffer，它是 Google 公司的一个开源项目，用于结构化数据的序列化转换，不与任何编程语言或平台绑定，比 XML 操作更快、更简单，用户可基于 Protocol Buffer 定义自己的数据结构，然后使用自动生成的解码器程序来方便地读写这个数据结构。

Protocol Buffer 数据格式对大部分读者来说应该并不陌生，其通常用于序列化方法或远程过程调用（Remote Procedure Call，RPC）等场景，很少用它来存放大量的数据。如果你对 Protocol Buffer 并不熟悉，可以将它与 JSON 类比，二者结构很相似，明显的区别之一是 Protocol Buffer 并不支持 JSON 中的 map（也称为 dict）类型。

Protocol Buffer 数据格式的一个经典示例如下。

```
message Document{
    required int64 DocId;
    optional group Links{
        repeated int64 Backward;
        repeated int64 Forward;
    }
    repeated group Name{
      repeated group Language{
            required string Code;
            optional string Country;
        }
    optional string Url;
    }
}
```

以上代码使用 Protocol Buffer 数据格式来定义嵌套数据类型 Document。我们需要注意的并不是数据本身，而是数据的结构和类型，或者说是数据的模式（Schema）。通过观察，我们可以很容易地发现以下两个特点。

- 类型是可以相互嵌套的。
- 一种类型的数据可能是可选的（Optional），也可能是必需的（Required），还可能是可重复的（Repeated）。

我们将定义类型是否必须存在的限制符称为字段限定符，其可取值为 required、optional、repeated。字段限定符 required 表示当前字段为必须赋值的字段，字段限定符 optional 表示当前字段为可有可无的字段，字段限定符 repeated 表示当前字段为可重复字段，重复次数 $c \in [0,+\infty)$。

9.3　物理存储结构

在 9.2 节给出的经典示例中，诸如 DocId、Url 这样的基本类型字段非常容易理解，而嵌套在 Document 中的类型 Name、Links 相对而言就复杂许多。在嵌套的层次更深、数据更加复杂的情况下，想要完成数据查询是非常让人头疼的，为了更好地理解数据格式，我们抽象出一种通用的表达方式，具体如下。

Protocol Buffer 数据格式可严格地表示为

$$\pi = dom \mid \langle A1: \pi[*|?], \cdots, An: \pi[*|?] \rangle$$

其中，“π”是一个数据类型，而 Protocol Buffer 文件可包含一个或多个数据类型。“π”有两种取值：一种是基本类型 dom（如 int、float、string 等）；另一种是使用递归方式定义的，即 π 可以由其他定义好的“π”组成，“A1”至“An”是这些“π”变量的名称。

“*”表示“π”包含的变量是可重复的，即有多个变量；“？”表示是可选的，即不包含任何变量。

9.2 节中列举了一种嵌套数据类型 Document，图 9-1 中的 r1 和 r2 是基于这种类型产生的两条不同的数据记录，可以分别表示两个不同的文档。

```
r1
DocId: 10
Links
  Forward: 20
  Forward: 40
  Forward: 60
Name
  Language
    Code: 'en-us'
    Country: 'us'
  Language
    Code: 'en'
  Url: 'http://A'
Name
  Url: 'http://B'
Name
  Language
    Code: 'en-gb'
    Country: 'gb'
```

```
message Document {
  required int64 DocId;
  optional group Links {
    repeated int64 Backward;
    repeated int64 Forward; }
  repeated group Name {
    repeated group Language {
      required string Code;
      optional string Country; }
    optional string Url; }}
```

```
r2
DocId: 20
Links
  Backward: 10
  Backward: 30
  Forward:  80
Name
  Url: 'http://C'
```

图 9-1　两条嵌套数据记录 r1 和 r2

在 r1 中，基本类型字段 DocId（required）有一条记录，Links（optional）中的 Forward（repeated）

有 3 条不同的记录，而嵌套类型字段 Links（optional）中的 Backward（repeated）没有任何记录。更复杂地，嵌套类型字段 Name（repeated）有 3 条不同的记录，而且 3 条 Name 记录在实际结构上又各不相同。由此可以得出这样的结论：由于类型之间可以相互嵌套，且字段限定符有 3 种类型可以交叉使用，我们很难直接使用类似于关系数据的表示方法来表示嵌套数据结构。

为了保证嵌套数据结构中的数据不丢失，不得不引入一些新的内容。为了完整地存储嵌套数据结构中的数据，我们引入两个新的变量 Repetition Level（简称 r）和 Definition Level（简称 d）。

在介绍变量 Repetition Level 和变量 Definition Level 具体的意义之前，我们首先通过计算图 9-1 中数据记录 r1 和 r2 的 r 值与 d 值，直观地向读者呈现 Dremel 中基于 r 值、d 值的实际存储结果，如图 9-2 所示。r 值和 d 值的具体的计算过程下文将会依次介绍。

DocId

值	r	d
10	0	0
20	0	0

Name.Url

值	r	d
http://A	0	2
http://B	1	2
NULL	1	1
http://C	0	2

Links.Forward

值	r	d
20	0	2
40	1	2
60	1	2
80	0	2

Links.Backrward

值	r	d
NULL	0	1
10	0	2
30	1	2

Name.Language.Code

值	r	d
en–us	0	2
en	2	2
NULL	1	1
en–gb	1	2
NULL	0	1

Name.Language.Country

值	r	d
us	0	3
NULL	2	2
NULL	1	1
gb	1	3
NULL	0	1

图 9-2　Dremel 中实际的存储结果

图 9-2 将数据记录 r1、r2 基于 r 值和 d 值进行平铺展示，使嵌套的数据字段扁平化，如 Name.Language 结构下的 Code 字段以 Name.Language.Code 的方式表示，这样表示使嵌套的层次化数据平铺开来，看起来更加清晰、简洁。下面以 Name.Language.Code 字段为例，讲解 Repetition Level 和 Definition Level 的具体含义和计算方法。图 9-3 展示了 Name.Language.Code 字段的逻辑模型结构和物理存储结构之间的对应关系。

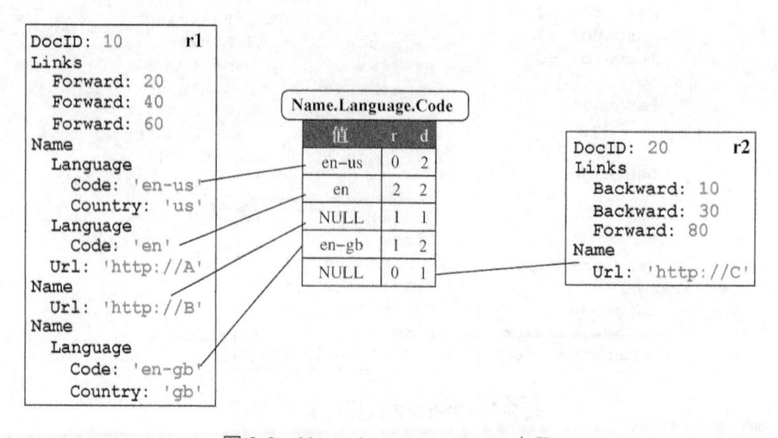

图 9-3　Name.Language.Code 字段

因为嵌套数据记录的字段存在重复，对于重复字段（repeated 修饰）的多个值，在反向构造的时候，需要知道这些值是来自不同的记录，还是来自相同记录的重复字段。简单的方式是引入一个“标志位”：0表示该值来自一个新的记录，1表示该值来自相同记录的重复字段。然而当某个字段不仅重复而且嵌套时，相同记录的重复字段将会包含多种情况。如r1中Name.Language.Code字段的“en”和“en-gb”都是记录r1中的重复字段，若只用0和1作为标志位显然无法区分。所以，它们在记录中的位置还需要进一步区分。考虑到字段是用形如x.y.z…的平铺路径表示的，所以重复字段在记录中的位置可以表示为该重复字段出现在路径哪一级，即Repetition Level。如果记录用树表示，那么所谓“路径哪一级”指的就是树的深度，Document嵌套数据结构的树形表示如图9-4所示。需注意，路径中非repeated修饰的字段不参与深度计算。

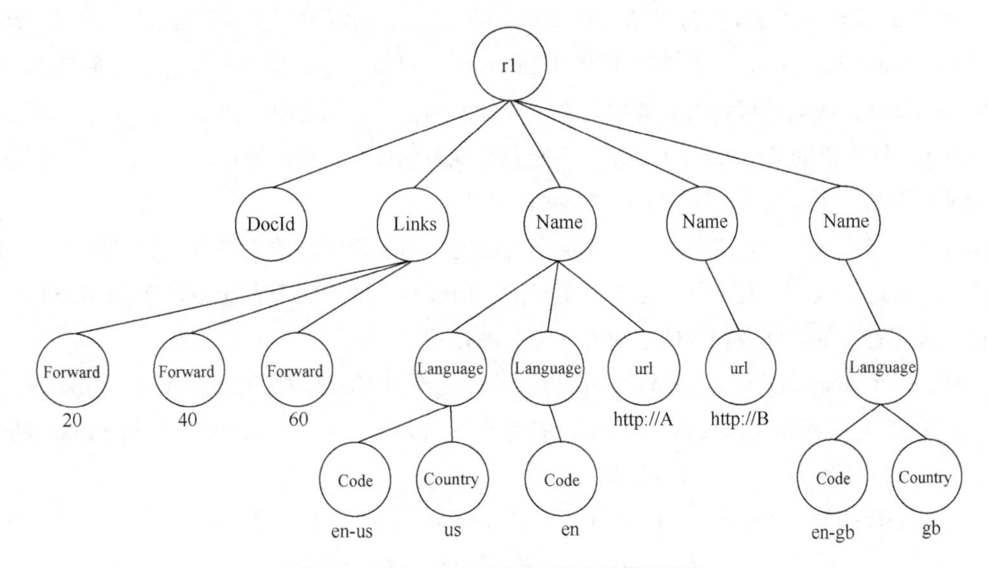

图9-4 Document嵌套数据结构的树形表示

Repetition Level用于记录列的值是在路径上哪一个字段级别上重复的。例如，对于r1中的Name.Language.Code字段，一共有3条非NULL的记录，我们怎么区分这3条记录呢？除此之外，还有两条值为NULL的记录，我们怎么表示这两条NULL记录呢？下面参照图9-3，依次计算Repetition Level值，即r值。

（1）第1行的值是en-us，出现在r1第1个Name的第1个Language的第1个Code里面。在此之前，这3个字段元素是没有重复过的，都是第1次出现，表明这是一条新记录的开始，所以r = 0。

（2）第2行的值是“en”，出现在r1第1个Name的第2个Language里面。也就是说，Language是重复的字段元素。Name.Language.Code中Language排在第2位，所以r = 2。

（3）第3行的值是“NULL”，出现在r1第2个Name中，并没有Language，所以设为NULL。其中，Name是重复的字段元素。Name.Language.Code中Name排在第1位，所以r = 1。之所以要插入一个NULL值，是为了在计算第4行的值en-gb时能保证其正确地出现在第3个Name中，否则就会被认为处在第2个Name中。

（4）第4行的值是“en-gb”，出现在r1第3个Name的第1个Language里面。其中，Name

是重复的字段元素。Name.Language.Code 中 Name 排在第 1 位，所以 r = 1。

（5）第 5 行的值是“NULL”，出现在 r2 第 1 个 Name 中，并没有 Language，所以设为 NULL。r=0 表明这是一个新的记录的开始。

大家可能还注意到 Name.Language.Code 字段中除了 en-us、en 和 en-gb 3 行，还有两行为 NULL。其中后一个 NULL 描述的是文档 r2，下面分析第 1 个 NULL 的含义。因为文档 r1 的第 2 个 Name 字段下没有 Code，而为了说明 en-gb 是属于第 3 个 Name 字段下的，所以在 en 和 en-gb 之间加了一行 NULL，其 r 值也为 1（Name 重复）。同时，由于 Code 被定义为 required 字段，所以这一行 NULL 也暗示了：在第 2 个 Name 字段下，Language 是不存在的。不然 Language 存在而其下面却没有 Name，这是不符合文档定义的。

以此类推，其他字段的 r 值都是这样计算出来的。需注意：我们只保存了有值的字段，如 DocId、Name.Url、Name.Language.Code 等，而像 Links、Name.Language 等字段是没必要保存的。有了 Repetition Level，我们就可以很好地用列表示嵌套的结构了。但是有一点不足，就是还需要表示数组 Group，仅仅借助 Repetition Level 还不能完整地表示嵌套结构的数据，也无法还原数据。所以我们又引入另一个变量——Definition Level。

Definition Level，称为定义层级，即定义的深度，用来表示值的完整路径上有几个字段是可以未定义（可选字段或重复字段）但却已定义的。所以对于非 NULL 的记录，Definition Level 值即 d 值是没有意义的，路径相同的字段其 d 值必然是相同的。

同样，以 Name.Language.Code 为例，显然若该值不为 NULL 时，由于 Name 和 Language 为 repeated 字段（可以不定义）、Code 为 required 字段（必须定义），故 Name.Language.Code 的 d 值恒为 2。下面参照图 9-3，依次计算 d 值。

（1）第 1 行的值是“en-us”，位于 r1 中，由于不为 NULL，所以 d = 2。

（2）第 2 行的值是“en”，位于 r1 中，由于不为 NULL，所以 d = 2。

（3）第 3 行的值是“NULL”，位于 r1 中，其中 Name 是有定义的，而 Language 是未定义假想出来的，所以 d =1。

（4）第 4 行的值是“en-gb”，位于 r1 中，由于不为 NULL，所以 d = 2。

（5）第 5 行的值是“NULL”，位于 r2 中，其中 Name 是有定义的，而 Language 是未定义假想出来的，所以 d =1。

d 值的计算相对简单一些，如果路径中有 required，可以直接忽略不必计数，因为 required 必然会定义，记录其数量没有意义。综合考虑上述几种情况不难发现，对于 Name.Language.Code 字段，由于 Code 为 required 类型，Name 和 Language 是 repeated 类型，所以 Code 字段的 d 值为 1 或 2，en-us、en、en-gb 的 d 值为 2，NULL 的 d 值为 1。

更进一步地，值为非 NULL 的情况，其 d 值为路径深度的最大值；值为 NULL 的情况，其 d 值都小于路径深度最大值。基于该特点，可以不用保存 NULL 值，仅保存其 d 值即可。

r 和 d 可以一起正确、无误地将物理存储的列式存储结构转换为原有的嵌套数据结构，便于程序计算、分析。我们已经讨论了如何通过 r 值和 d 值来唯一地对应数据记录，通过该方式正向拆解数据记录，并保证拆解得到的结果能正确地反向还原，如图 9-2 所示。我们也学习了 r 值和 d 值的计算方法，既然拆解得到了 r 值和 d 值，那么如何对复杂的嵌套数据结构进行存储呢？

通过观察图 9-2 我们可以发现，数据被拆解后按字段分组，而且每组中的行数并不一致，基于这样的特点，我们考虑采用列存储的方式存储数据。采用列存储方式，只需按树形结构找到需要查询列第一个值域的首地址，然后顺序读取数据，因为每条记录对应值域的地址偏移值都已经记录在元数据表中。不需要扫描其他不相干的列，不仅实现简单，而且磁盘顺序读取比随机读取要快得多，更容易进行优化，可大大提高效率。例如，可以把临近地址的数据预读到内存中，或者对连续的同类型数据进行压缩存放。在执行、分析的时候，我们可以仅扫描需要的那部分数据，以减少中央处理器（Central Processing Unit，CPU）和磁盘的访问量。同时列存储是压缩、友好的，通过压缩可使 CPU 和磁盘发挥最大的效能。

图 9-1 展示的是示例数据抽象的模型，而在 Dremel 中实际是按照列存储的方式进行存储的。图 9-2 展示了数据在 Dremel 中实际的存储格式，记录项 r1 和 r2 基于值域（列）被拆分成字码段，字码段名称保持了嵌套结构。我们从图 9-2 中可以发现，数据记录被拆分（按照字码段拆分）成了多个部分，每一个字码段都用一个表存储，每个表中存储所有数据记录中的该字码段，最终形成列存储的存储方式。在每个表中，除值（value）之外，还新增了 r 和 d 字段，它们是 Google 公司结合 Protocol Buffer 定义的辅助变量，使按字码段拆分、存储的列存储表最终能够按照原有数据结构重组成记录。同样，也正是因为新增的这两个字段，Dremel 实现了将记录转化成列，实现了数据的无损表示（Lossless Representation）。

9.4　数据重构方法

前面讨论的是如何将记录按列存储，本节介绍如何将列存储表重组为记录，这对面向记录的处理工具（如 MapReduce）来说是非常关键的。给定域的一个子集，Dremel 将只重组该记录被选定的域。Dremel 的思想是创建一个有限状态机（Finite State Machine，FSM）作为阅读器（Reader），其负责读取每个域的值和级别。FSM 的每个状态对应一个域，状态的跳转由重复层级决定：每读取一个值，Dremel 查看下一个重复层级来决定跳转到哪个状态。

图 9-5 以 Document 为例，展示 FSM 重组一条完整记录的过程。开始状态是 DocId。一旦 DocId 值被读取，FSM 跳转到 Links.Backward。获取完所有重复字段 Backward 的值，FSM 跳转到 Links.Forward，以此类推。

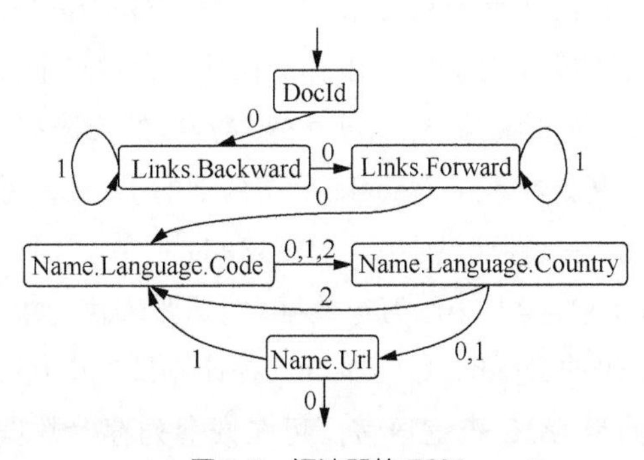

图 9-5　阅读器的 FSM

嵌套数据结构中的所有记录都是按照图 9-2 的形式按列划分成类似“列表”的形式存储的。在重组读取“列表”中的数据时，算法会结合模式按照一定次序一张张地读取某些“列表”，但并不一定每次都会读取所有的“列表”，而是根据查询需要进行按需读取，比如只需统计 Backward 就只会读取 Links. Backward 这一张列“表”。

在装配重组数据时，Dremel 是按记录的顺序不断循环的。比如当前数据按顺序存储着 r1,r2,…，那么进入第一个循环会读取并装配出 r1，第二个循环会读取并装配出 r2……一个循环就是一个状态机从开始到结束的生命周期。

而在每一个周期内，r 值的大小决定了 FSM 是否反复阅读或切换阅读器，r 值也确定了嵌套结构中值域的值（value），d 值的大小则可帮助我们确定某些值域的值是否是想象出来的，如 NULL。依照上述 FSM 法则，根据“列表”中数据的 r 值和 d 值，Dremel 即可通过扫描顺序存储结构的多个“列表”，正确、无误地重构嵌套数据结构。

为了适应各种不同的获取数据的需求，重构算法会结合模式动态地调整仅适用于当前模式的 FSM，如只需要读取字段 DocId 和 Name.Language.Country。图 9-6 展示了适应这种模式的简化版 FSM，并展示了输出记录 s1 和 s2，在 s1 和 s2 中仅包含 DocId 和 Name.Language.Country 字段，并不包含其他字段，且在重组的过程中无须关心其他字段，这体现了列存储显著的优势：查询时仅需扫描关心的那部分数据，从而减少 CPU 和磁盘的访问量。

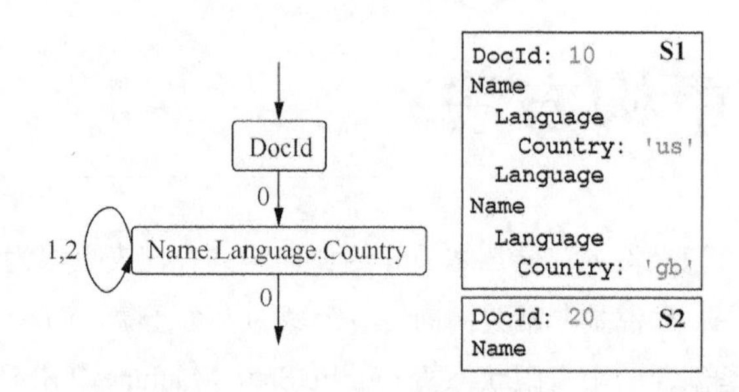

图 9-6　用于读取 DocId 和 Country 字段的 FSM 及输出记录

9.5 查询引擎

Dremel 和 MapReduce 一样，运行于 Google 文件系统（Google File System，GFS）之上，能够支持类似 SQL（SQL-Like）的查询语言。对于存储在几千台普通的商用服务器上的 PB 级数据，Dremel 通常能够在若干秒内返回查询结果。对于大规模数据的筛选和聚合运算，Dremel 的查询引擎相比 MapReduce 的执行速度更快。在 Google 公司内部的 Dremel 系统上，约 98%的查询能在 10s 内完成。Dremel 查询引擎的执行速度不仅比 MapReduce 快，还比 MySQL 快。例如，一个超大规模的事实表（Fact Table），包含约 1300 万行数据，对这张表执行求平均计算 Avg()，在 MySQL 中需 2min，而在同等硬件水平的 Dremel 中，执行这种计算只需要几秒。

Dremel 可以使用定制的类 SQL 查询语言，可在嵌套列存储数据结构上进行高效查询。这种类 SQL 查询语言以一个或多个嵌套数据结构及其模式作为输入，输出的是嵌套数据记录及模式定义。

那么，Dremel 的查询引擎到底有什么独到之处呢，凭什么能比 MySQL 更胜一筹？Dremel 能够基于 PB 级别的数据实现用户查询的快速响应，主要依赖于以下两点设计：

- Dremel 采用了多层服务树（Serving Tree）架构；
- Dremel 提供了类 SQL 的查询语言。

9.5.1 多层服务树架构

Dremel 借鉴了 Google 搜索引擎响应客户端查询请求时采用的“查询树”搜索技术的概念，采用了一种称为多层服务树的计算架构。即所有的服务器组织成若干深度的树形层级结构，用户查询被 Dremel 系统由上层服务器逐级下推，每层服务器在接收到查询后会对查询进行改写，并继续下推给下一层服务器，直到到达最底层服务器。同理，在返回结果时，结果将由底层服务器逐级上传，在上传过程中，各级服务器对部分结果进行局部聚集等操作，最后各部分结果汇集到最上层服务器，形成最终结果并返回给用户。

简单来说，多层服务树的基本思想就是将大量、复杂的查询分割成各种小量的查询，使其能并发地在大量集群节点上执行，如图 9-7 所示。

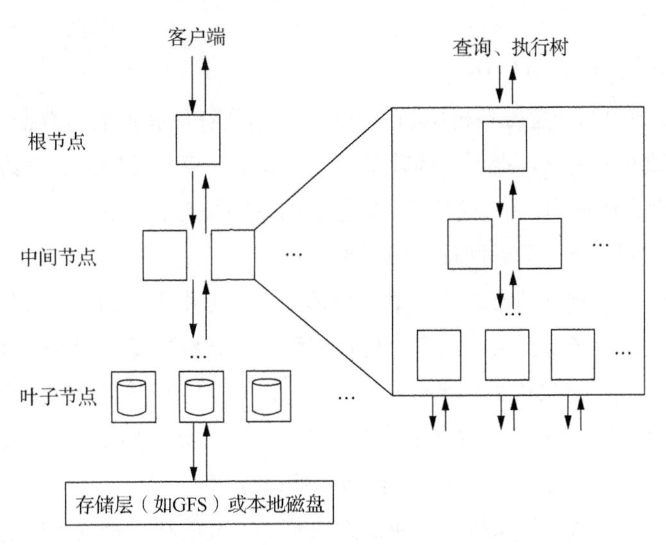

图 9-7　Dremel 多层服务树架构

根节点即根服务器（Root Server），位于整个服务树的最上层，它负责接收用户的查询请求，并根据类 SQL 命令找到命令中涉及的数据表，读取出相关数据表的元数据，改写原始查询后将其推入下一层级的服务器，即中间节点，又称中间服务器（Intermediate Server）。中间节点改写由上层服务器传递过来的查询并将其依次下推，直至推到最底层的叶子节点[即叶子服务器（Leaf Server）]。叶子节点可以直接访问存储层或者本地磁盘，通过扫描本地数据的方式来执行分配给自己的类 SQL 语句，在获得本地查询结果后依次按照服务树层级由低到高逐层返回结果，通过多次聚集操作形成最终结果，具体如下。

- 叶子节点执行查询后得到部分结果并将其向上层中间节点汇报。

- 中间节点再向上层中间节点汇报（根据实际架构重复几次或0次）。
- 中间节点向根节点汇报最终结果。

在实际场景中，可以根据服务器总数来规划整个服务树架构的层级数量以及各层级的节点数量。比如现在总共有3000台服务器，既可以规划成“1个根节点+2999个叶子节点”的两层服务树架构，也可以规划成“1个根节点+100个中间节点+2899个叶子节点”的三层服务树架构。实验表明，在上述规模的服务器集群中，三层架构的效率要优于两层架构，这是因为如果只有两层架构，所有叶子节点的结构需要在根节点串行地聚集，而三层架构可以在中间节点层进行分批、并行地局部聚集，然后汇总给根节点，所以可以明显提高查询效率。然而，这并不意味着层级越深效率越高，因为增加层级深度要付出额外的通信成本。

下面以一个具体例子来说明服务树的逐层查询下推与结果收集的过程。假设用户发起如下查询。

```
Select A, Count(B) From T Group By A;
```

根节点接收到上述查询请求后，通过查询元数据可知数据表T的所有子表及它们所对应的存储节点，此时即可改写原始查询为

Select A, Sum(c) From ($R_{1,1}$ Union All ⋯ $R_{1,n}$) Group By A;

其中$R_{1,1}$到$R_{1,n}$代表第一层服务树（即最高的中间节点层级）中第1个到第n个节点执行如下查询后的返回结果集合。

$R_{1,i}$ = Select A, Count(B) As c From $T_{1,i}$ Group By A;

$T_{1,i}$是数据表T中由第一层服务树中的第i个节点负责存储和处理的数据子表。其他中间层也类似地对查询进行改写并下推，直至推到叶子节点。叶子节点扫描自己负责的数据表T的子表数据，并将查询结果向上级返回，在逐级返回的过程中，中间节点对结果进行局部聚集操作（Union All操作），直到返回到根节点后返回最终结果给用户。

一般来说，SQL要处理的数据表子表数目会远远大于可用机器的节点数目。为了能够处理这种情况，Dremel在每个叶子节点上启动多个处理线程，每个SQL语句处理一个线程称为一个“槽位”（Slot）。比如，一个拥有5000个叶子节点的系统，每个叶子节点启动8个线程，即这个系统总共拥有40000个“槽位”。如果一个数据表包含20万个子表，那么每个“槽位”大约只用处理5个子表，并行处理能大大减少叶子节点的查询、处理时间。

在如此大规模的分布式计算系统中，决定系统整体性能的往往是极少数的“短板”任务，即完成这部分任务所需时间远远超出平均水平，从而成为系统的“瓶颈”，而这些完成速度很慢的若干任务在总体上延后了整个任务的完成。为了解决这样的问题，Dremel在多层服务树结构中加入了“短板再调度”机制。“查询分发器”（Query Dispatcher）负责维护子表执行时间的数据统计，当发现某个线程执行时间超出平均时间较多时，它会自动地将其再调度到另一个节点上执行。所以，在SQL语句查询完成的过程中，有些任务很可能会被多次调度，从而规避“短板”问题。

9.5.2 类SQL

Dremel的查询语言是类SQL，并且针对列式嵌套数据形式做了专门的性能优化。遗憾的是，Google公司发表的相关论文中并未对这种类SQL进行说明，下面我们直接以一个关于SQL的例

子来讲解它大致的思想。

假设我们继续以图 9-1 中的实例为例，查询的数据对象为图 9-1 中的 r1、r2，对应的 SQL 语句及结果如图 9-8 所示。

图 9-8 中的 SQL 语句涉及选择（Selecion）、投影（Projection）和聚集（Aggregation）操作。在嵌套数据中进行选择操作（如使用 WHERE 语句），不仅要像关系数据库一样对记录进行过滤，由于记录的内部还可能嵌套其他记录，所以还要对记录内嵌套的记录中的字段进行条件过滤。

更简单地，我们可以将嵌套数据想象成带标签的树形结构，标签即对应字段的名称，基于这种复杂数据的选择操作就是过滤掉不满足指定条件的子树分支。比如，图 9-8 的查询语句中的 WHERE 子句，REGEXP 要求满足指定条件的记录应该定义了 Name.Url 字段且其内容以“^http”开头，所以记录 r1 中的第 3 个 Name 字段被过滤掉了。对于嵌套数据，其聚集也包含记录内的聚集，比如该查询中的 COUNT 就是在 Name 字段内的局部聚集。

```
SELECT DocId AS Id,
  COUNT (Name.Language.Code) WITHIN Name AS Cnt,
  Name.Url+','+Name.Language.Code AS Str
FROM t
WHERE REGEXP(Name.Url,'^http') AND DocId < 20;
```

```
Id: 10                          t1
Name
  Cnt: 2
  Language
    Str: 'http://A,en-us'
    Str: 'http://A,en'
Name
  Cnt: 0
```

```
message QueryResult {
  required int64 Id;
  repeated group Name {
    optional uint64 Cnt;
    repeated group Language {
      optional string str;}}}
```

图 9-8　Dremel 多层服务树架构

综上所述，正是因为 Dremel 具有这些良好的特性，它才能够在 PB 级别的记录上进行快速交互式数据分析，引领着此类联机分析处理（Online Analytical Processing，OLAP）系统的发展方向，并催生了相关的很多其他开源系统，如 Drill、Impala 等。

9.6　适用场景

Dremel 可以实现对超大规模（PB 量级）数据的快速（秒级）查询，比如 3s 处理完对 1PB 数据的查询。

设想一个场景，某数据分析师现在有一个新的想法要验证。要验证他的想法，需要基于上亿条数据执行查询，看看结果和他的想法是否一样，但是他不希望等太长时间，最好几秒结果就出来。然而，他的想法不一定完善，还需要不断调整语句，接着再次验证想法，如此反复，直到发掘出数据中的价值。更进一步地，他希望将语句完善成能长期运行的任务。

在这个场景中，我们就可以考虑引入 Dremel。数据一开始是放在 GFS 上的，首先可以通过

MapReduce 将数据导入 Dremel，在 MapReduce 操作中还可以做一些预先的处理。然后我们就可以使用 Dremel，轻松、愉悦地分析数据、建立模型。最后可以将相关语句编制成长期运行的 MapReduce 任务。

Dremel 在超大规模数据实时查询上的性能大大优于 MapReduce，但它并不是 MapReduce 的替代品，而只是一些应用领域用于对 MapReduce 交互式实时查询功能不足的补充。Dremel 存在如下局限性。

- 中间数据集和最终结果集不能太大，要小于一个节点的内存容量。比如一个节点的内存容量是 8GB，中间数据集和最终结果集则需远小于 8GB，因为还需要考虑服务器的其他内存开销。如果中间数据集过大，查询将失败。相比之下 MapReduce 没有对中间数据集的限制，因为数据量增大，MapReduce 会输出到磁盘空间来存储（磁盘 I/O 也会造成性能下降）。
- Dremel 对于表连接的支持很有限，只支持一个大表和多个小表之间的连接（星型连接）。小表数据要小于一个节点的内存容量，实际上不能大于几百 MB。支持两个大表在任意一列上连接，对于任何分布式系统来说都是“死穴”。Dremel 采用的列存储方式决定了它不适合进行两个大表之间的连接操作，也不适合执行一般通用的 SQL 语句。
- 在一个大的分布式集群中执行并行计算，除了要考虑负载均衡问题，还需要考虑容错性。Dremel 运行在 3000 个节点上时，很难避免少数节点运行缓慢的情况。如图 9-9 所示，99%以上的分区（tablet）都可以在 5s 内处理完毕，但仍有不到 1%的分区拖的时间很长。因此，Dremel 提供了查询分发器来动态调整任务分配，改善延滞节点的性能。另外，在计算、处理数据时，Dremel 给出正确率接近 99%的结果要比给出 100%的正确结果快得多。

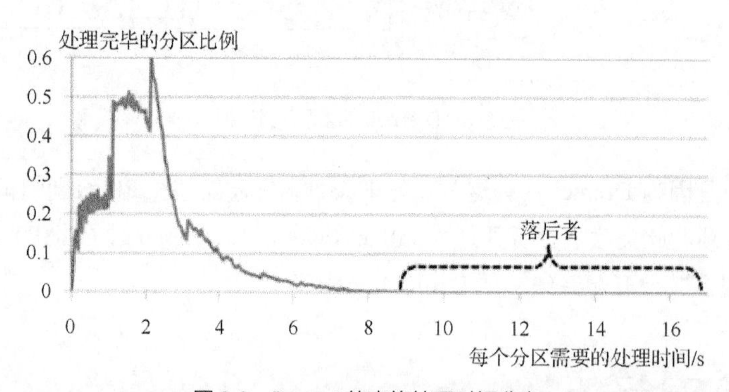

图 9-9 Dremel 的表格处理时间分布

本章小结

本章主要介绍了大数据计算中常用的嵌套数据结构的相关内容，首先介绍了嵌套数据结构的基本概念，由此引出本章的主要内容；然后介绍了嵌套数据结构的数据模型；接着介绍了嵌套数据结构在物理上的存储结构，同时基于该结构介绍了重构数据的方法及数据查询引擎；最后简要介绍了 Dremel 数据结构的主要适用场景。

本章习题

1．请列举几种常见的嵌套数据结构，并简要阐述它们的共同点、不同点及各自的适用范围。

2．在 Dremel 中进行实际的物理存储时，会将嵌套数据结构的数据通过一定方式映射成一维的存储结构。同时，在计算、分析的过程中常常需要将内存中的一维存储结构恢复成原有的数据结构。Dremel 是通过什么方法来实现数据结构的无损表达和高速组装的？请简要阐述。

3．请简要阐述 Dremel 中 Repetition Level 和 Definition Level 的具体含义与作用。

4．Dremel 能够基于 PB 级别的数据实现用户查询的快速响应，主要依赖于多层服务树架构，请简要阐述多层服务树架构的基本思想和具体查询过程。

5．为什么嵌套数据结构不适用于中间数据集或最终结果集很大的计算场景？请结合本章知识简要说明原因。

课程实验

1．数据格式如下。

```
message Document {
  required int64 DocId;
  optional group Links {
    repeated int64 Backward;
    repeated int64 Forward; }
  repeated group Name {
    repeated group Language {
      required string Code;
      optional string Country; }
    optional string Url; }}
```

请将下面的记录按列存储。

```
DocId: 10
Links
  Forward: 20
  Forward: 40
  Forward: 60
Name
  Language
    Code: 'en-us'
    Country: 'us'
  Language
    Code: 'en'
  Url: 'http://A'
Name
  Language
    Code: 'cn'
  Url: 'http://B'
Name
  Language
    Code: 'en-gb'
    Country: 'gb'
Name
  Url: 'http://C'
```

2．数据格式如下。

```
message Document {
  required int64 DocId;
  optional group Links {
    repeated int64 Backward;
    repeated int64 Forward; }
  repeated group Name {
    repeated group Language {
      required string Code;
      optional string Country; }
    optional string Url; }}
```

请将下面按列存储的数据重组为记录。

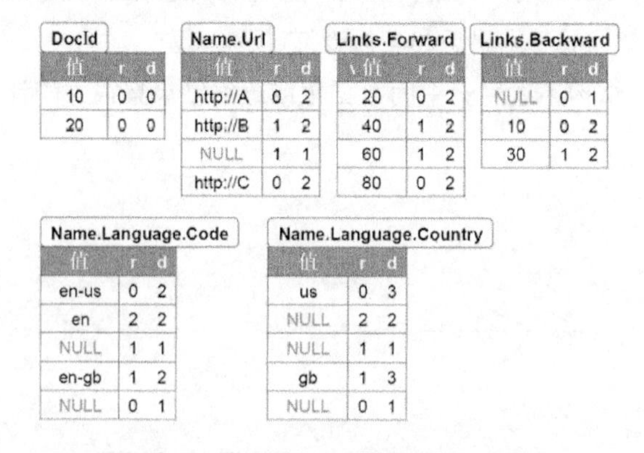

DocId

值	r	d
10	0	0
20	0	0

Name.Url

值	r	d
http://A	0	2
http://B	1	2
NULL	1	1
http://C	0	2

Links.Forward

值	r	d
20	0	2
40	1	2
60	1	2
80	0	2

Links.Backward

值	r	d
NULL	0	1
10	0	2
30	1	2

Name.Language.Code

值	r	d
en-us	0	2
en	2	2
NULL	1	1
en-gb	1	2
NULL	0	1

Name.Language.Country

值	r	d
us	0	3
NULL	2	2
NULL	1	1
gb	1	3
NULL	0	1

3．请设计并实现一个程序，使之能够解析 Dremel 格式的数据。

第 10 章

列存储结构

传统的基于关系数据库的存储结构是基于行存储结构的，有利于对数据个体的管理及操作，但不利于对大规模数据的计算、处理，也不利于数据分区。本章介绍大数据计算使用的列存储结构，重点介绍列存储结构如何更好地支持数据分区及读写数据操作。

列存储结构与
索引方法

10.1 列存储结构的概念

列存储结构指采用列存储方式将二维表的数据存储在物理介质上时使用的数据结构，该概念侧重于强调物理存储结构为列式存储。将二维表数据存储在存储空间中有两种常用的方式：行存储（Row-Oriented Storage）和列存储（Column-Oriented Storage）。这两个概念在前文已经介绍过，此处再复习一下。行存储通常以数据表的主键为基准、以数据记录为单位进行存储，每一行数据包含一个对象的完整记录，每一行记录包含多个值域。列存储则是将不同记录的相同值域放入列进行存储，采用的是树状存储结构。

相对应地，行式数据库（即以行存储结构存储数据的数据库）是按照“行”的方式将一行各个字段的数据存储在一起，一行一行地连续存储，几乎所有的关系数据库都是行式数据库，常见的行式数据库有 MySQL、Oracle 等；列式数据库（即以列存储结构存储数据的数据库）是按照“列”的方式将同一数据列的各个值存储在一起，常见的列式数据库有 Apache 社区开源的基于列的分布式数据库 HBase、我国自主设计和研发的新型分析型数据库 GBase、Google 公司设计和研发的 BigTable 等。

HBase 是建立在 Hadoop 分布式文件系统（Hadoop Distributed File System，HDFS）之上的面向列的分布式数据库。它是一个开源项目，是横向扩展的。HBase 的设计类似于 Google 公司的 BigTable 的设计，支持快速随机访问海量结构化数据的功能，底层可直接依赖于 HDFS 的容错功能。本章后续部分将基于开源的 HBase 数据库详细介绍列存储结构的相关内容。

10.2 列存储数据模型

10.2.1 重要概念

HBase 是一种列式存储的分布式数据库，和传统的关系数据库类似，HBase 也是以表的方式组织数据的，表由行（Row）和列（Column）共同构成，但 HBase 的同一列可以存储不同时刻的多个值。与关系数据库不同的是，HBase 中有列族的概念，它将多个相关的列组织在一起，而且 HBase 中的每一个列都从属于一个特定的列族，列不会独立存在。只有理解了 HBase 的这些概念，才能更进一步地理解 HBase 数据模型，本小节我们将介绍这些概念。

1．表

HBase 中数据以表（Table）的形式组织并存储。使用表的主要原因是把某些列组织起来访问的时候，通常同一个表中的数据是相关的，通过列族可以进一步把一些列组织起来一起访问。

HBase 得益于其列式存储方式，允许用户存储海量数据到相同的表中，而在传统关系数据库中，大规模的数据往往不能被容纳，通常需要切分成多个表来存储。也是因为这一点，我们熟悉的关系数据库管理系统（Relational Database Management System，RDBMS）范式将不适用于 HBase。

因此，HBase 表的数量相对较少。

2．行键

行键（Rowkey）是 HBase 中较为重要的概念之一，它是不可分割的字节数组，任何字符串都可以作为行键。数据按照行键的字典序由低到高存储在存储空间中。所有对表的访问都要通过行键完成，包括根据行键访问、分段扫描和全表扫描。

在 HBase 中行键是唯一的索引。为了高效地检索数据，我们需要精心地设计行键的模式以使查询性能最优。首先，由于行键通常是作为冗余存在的，所以其不宜过长，过长的行键将会占用大量的空间，同时会降低检索的效率；其次，行键应该尽量均匀分布，这样集群中才不会形成“热点”；最后，应该遵循行键的唯一性原则，其必须在设计上保证唯一性。

3．列族

列族（Column Family），顾名思义就是一些列的集合。一个列族中的所有列成员有着相同的前缀。比如，列 staff:name 和 staff:sex 都是列族 staff 的成员。冒号（:）是列族的分隔符，用来区分列族前缀（列族名）和列名。列名也称列限定符（Column Qualifier），用来标识列族内部不同的列。

在物理上，一个列族的成员在文件系统上都是存储在一起的。因此，存储优化都是针对列族级别的，进而一个列族的所有成员都是通过相同的方式访问的。

在创建表的时候至少需要一个列族，对于新的列族，可以随时按需动态地添加。由于一个列族的成员是存储在一起的，所以在设计数据模型时，应该将经常一起查询的列放入同一个列族，合理地划分列族将减少查询时数据加载到缓存的次数，可提高查询的效率。

4．时间戳

在 HBase 中，由行键、列族、列可以索引到一个确定的位置，而每个位置都保存同一份数据的多个版本。数据版本通过时间戳（Timestamp）来索引。时间戳的类型是 64 位整型。时间戳可以由 HBase 自动赋值，时间戳是精确到毫秒的当前系统时间。时间戳也可以由客户端显式赋值。如果应用程序要避免数据版本冲突，就必须自己生成具有唯一性的时间戳。在每个位置上，不同版本的数据按照时间顺序倒序排序，即最新的数据排在最前面。

5．单元格

HBase 中的单元格（Cell）由行键、列族、列、时间戳组成的四元组唯一地确定。单元格的内容是没有类型的，由不可分割的字节数组组成。

10.2.2　逻辑模型

HBase 的表可以理解为一种稀疏的、持久化的、多维度的和有序的映射表，表中的每一行可以有不同的列。HBase 与关系数据库不同，关系数据库要求在创建表时明确定义列及列的数据类型，而在 HBase 中同一个表的记录可以有不一样的列，只需要有相同的列族即可。

HBase 中的表有若干行，每行有很多列，列中的值又有多个版本，各版本有不同的时间戳，每个版本的值构成一个单元格，每个单元格存储的是不同时刻该列的值。图 10-1 展示的是 Google 公司发表的有关 BigTable 的论文中 Webtable 的逻辑模型，其中 t 代表时间戳，索引越小，表示记录的时间越早，图中是数据写入过程中的 3 个时间戳，$t_8<t_9<t_{10}$。由于 HBase 是 BigTable 的开源实现，所以图 10-1 所示的模型对 HBase 完全适用。该表的表名为 Webtable，它包含 2 个列族，列族名分别为“contents”和“anchor”。列族 contents 只含有 1 个列，列限定符为“html”；列族 anchor 含有 2 个列，列限定符分别为“annsi.com”和“my.look.ca”。在提到 HBase 的列的时候，使用“列族名:列限定符”的方式描述才准确。

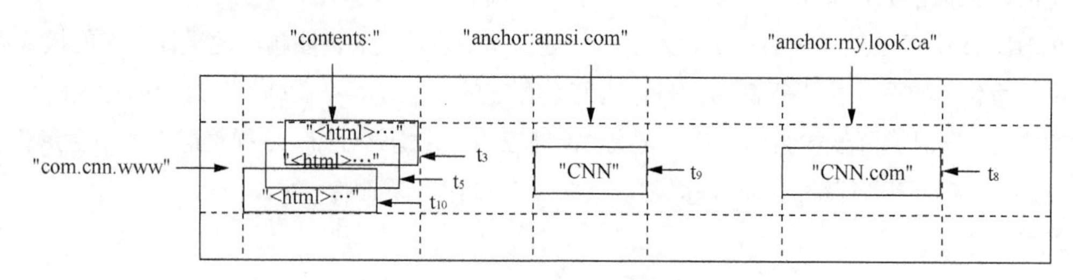

图 10-1　Webtable 的逻辑模型

如图 10-1 所示，在 Webtable 的逻辑模型中，所有的列族和列都紧凑地聚集在一起，这里暂时不考虑物理的存储方式。图 10-1 所示的逻辑模型可使读者更好、更直观地理解 HBase 的数据模型，并不代表实际的物理存储也是这种形式。

下面我们将图 10-1 所示的 Webtable 中的数据整理成表格的形式，如表 10-1 所示。可以看到，这张表共有 5 行，行键均为“com.cnn.www”。

表 10-1　Webtable 逻辑模型的表格形式

行键	时间戳	列族 contents	列族 anchor
"com.cnn.www/"	t9		anchor:annsi.com="CNN"
"com.cnn.www/"	t8		anchor:my.look.ca="CNN.com"
"com.cnn.www/"	t6	contents:html="<html>…"	
"com.cnn.www/"	t5	contents:html="<html>…"	
"com.cnn.www/"	t3	contents:html="<html>…"	

由 Rowkey="com.cnn.www"、ColumnFamily="contents"、Qualifier="html"确定的单元格所存储的数据有 3 个版本，对应的时间戳分别为 t3、t5、t6，空值可以忽略。

由 Rowkey="com.cnn.www"、ColumnFamily="anchor"、Qualifier="annsi.com"确定的单元格所存储的数据只有 1 个版本，对应的时间戳为 t9，空值可以忽略。

由 Rowkey="com.cnn.www"、ColumnFamily="anchor"、Qualifier="my.look.ca"确定的单元格所存储的数据也只有 1 个版本，对应的时间戳为 t8，空值可以忽略。

在 HBase 数据模型中，四元组{Rowkey,ColumnFamily,Qualifier,Timestamp}可以唯一地确定存储在单元格中的一条数据。其实可以将 HBase 看作以键值对的形式存储数据，这里的键实际上是这个四元组{Rowkey,ColumnFamily,Qualifier,Timestamp}，而值就是由这个四元组定位的数据值。以表 10-2 为例，行键"com.cnn.www"、列族"contents"、列限定符"html"、时间戳 t3 构成了一个四元组["com.cnn.www","contents","html", t3]，它可以唯一地确定存储数据值"<html>…"。同理，行键"com.cnn.www"、列族"anchor"、列限定符"annsi.com"、时间戳 t9 构成了一个四元组["com.cnn.www","anchor","annsi.com", t9]，它可以唯一地确定存储数据值"CNN"。

表 10-2　HBase 的键值对形式

键	值
["com.cnn.www","contents","html",t3]	"<html>…"
["com.cnn.www","contents","html",t5]	"<html>…"
["com.cnn.www","contents","html",t6]	"<html>…"
["com.cnn.www","anchor","annsi.com",t9]	"CNN"
["com.cnn.www","anchor","my.look.ca",t8]	"CNN.com"

综上所述，HBase 以表的形式存储数据。表由行和列组成，多个列组成一个列族，由行键、列族和列确定的存储单元称为单元格，每个单元格保存同一份数据的多个版本，由时间戳来区分。HBase 是稀疏的，因此某些列可以是空白的，各行可能包含不一致的列。HBase 在逻辑上把数据组织成嵌套的映射集合。每层映射集合里，数据按照映射集合的键字典序排列。

10.2.3　物理模型

虽然在逻辑模型中，表可以被看成稀疏的行的集合。但在物理上，HBase 其实是按列分开存储的。以图 10-1 中的 Webtable 为例，HBase 在存储此表时顺着行的方向基于列族将表划分为 2 个部分，这种物理存储上的特点可以通过表 10-3 和表 10-4 更加直观地看出。表 10-3 展示了列族 anchor 的存储模型，表 10-4 展示了列族 contents 的存储模型。

表 10-3　列族 anchor 的存储模型

行键	时间戳	列族和单元格值
"com.cnn.www"	t9	anchor:annsi.com="CNN"
"com.cnn.www"	t8	anchor:my.look.ca ="CNN.com"

表 10-4　列族 contents 的存储模型

行键	时间戳	列族和单元格值
"com.cnn.www"	t6	contents:html="<html>…"
"com.cnn.www"	t5	contents:html="<html>…"
"com.cnn.www"	t3	contents:html="<html>…"

由表 10-3 和表 10-4 可知，HBase 的每个表是由许多行组成的，但是从物理存储层面来看，它采用了基于列的存储方式，而不像关系数据库那样采用基于行的存储方式。这也正是 HBase 与关系数据库的重要区别之一。

图 10-1 所示的逻辑模型在进行物理存储的时候，会分别存储为表 10-3 和表 10-4 所示的两个“片段”。也就是说，HBase 表会按照 contents 和 anchor 两个列族的形式分别存放。属于同一个列族的数据将会保存在一起，同时，和各列族一起存放的还包括行键和时间戳。

在图 10-1 所示的逻辑模型中，我们可以看到许多列是空的，也就是说这些列中并不存在实际的值。所以在物理模型中，这些空的列不会再以 NULL 的方式存储，而是直接不进行存储，从而节省大量的存储空间，减少不必要的空间开销。

10.2.4　存储机制

HBase 表中的所有行都是按照行键的字典序排列的。因为一张表中包含的行的数量非常多，有时候会多达几亿行，所以需要分布存储到多台服务器上。

因此，当一张表的行太多的时候，HBase 就会根据行键的值对表（Table）中的行进行分区，每个行区间构成一个分区（Region），包含位于某个值域内的所有数据，如图 10-2 所示。

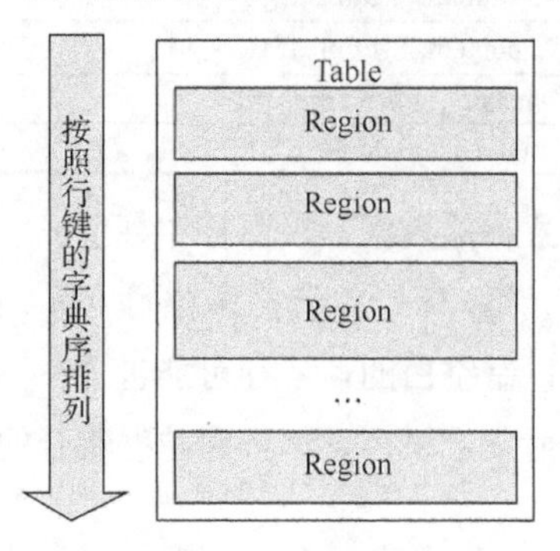

图 10-2　HBase 的 Region 存储模式

Region 是按大小分割的，每个 Table 一开始只有两个 Region，随着数据不断插入 Table，Region 不断增大，当增大到某个阈值的时候，Region 就会等分为两个新的 Region。当 Table 中的行不断增多时，就会有越来越多的 Region，如图 10-3 所示。

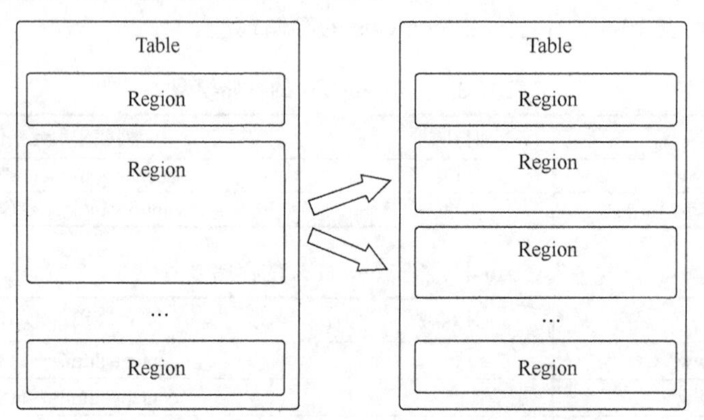

图 10-3　HBase 的 Region 分割示意

Region 是 HBase 中数据分发和保持负载均衡的最小单元，默认大小是 100MB～200MB。不同的 Region 可以分布在不同的 Region Server 上，但一个 Region 不会被拆分到多台 Region Server 上。每台 Region Server 负责管理一个 Region 集合。HBase 的 Region 分布模式如图 10-4 所示。

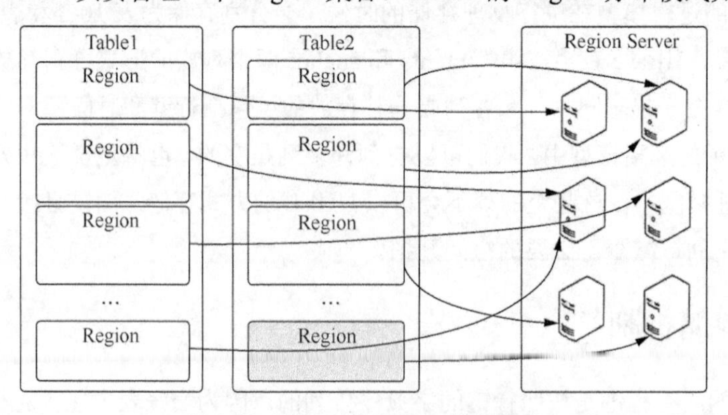

图 10-4　HBase 的 Region 分布模式

Region 是 HBase 在 Region Server 上进行数据分发的最小单元，但它并不是存储数据的最小单元。事实上，每个 Region 由一个或者多个 Store 组成，每个 Store 保存一个列族的数据。每个 Store 又由一个 memStore 和 0 至多个 Store File 组成，如图 10-5 所示。Store File 以 HFile 格式保存在 HDFS 上。

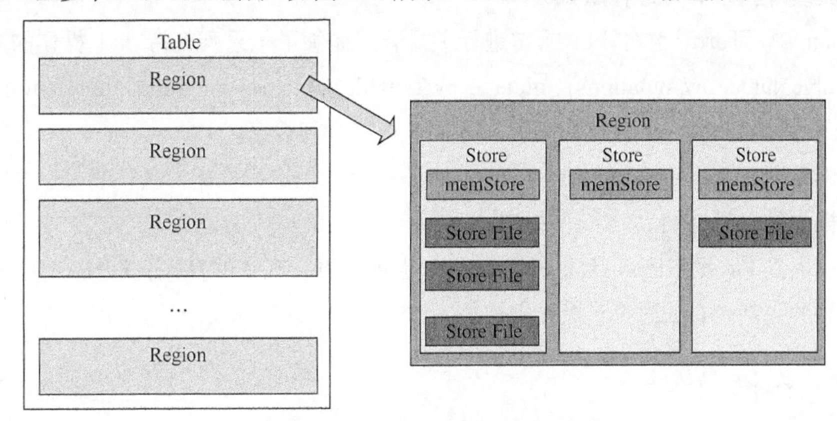

图 10-5　HBase 的 Region 存储模式

10.3　列存储的数据操作

10.3.1　读操作

读操作 Get 指的是获取已存储数据的方法。Get 操作可以返回一行或多行数据。

在 Python 中操作 HBase 需要借助 Thrift。首先安装 Thrift，然后通过 pip 安装 thrift 和 hbase-thrift 两个依赖，它们对 Get 操作进行了封装，提供了一系列支持 Get 操作的方法，包括 get(tableName,row,column)、getRow(tableName,row)、getRowTs(tableName,row,timestamp)等。其中 getRow()方法默认一次取回指定行全部列的数据。我们可以使用 get()方法进一步限定只取回某个列族中特定的列的数据。之前说过 HBase 的列的数据是多版本的，我们可以使用 getRowTs()方法限定取回指定行全部版本的数据或者限定只取回小于某个时间戳版本的部分数据。

当用户使用这些方法获取数据时，HBase 返回的结果会包含所有匹配的单元格数据。这些数据将被封装在 TCell 对象列表中返回给用户，用户可以使用 TCell 类提供的方法从服务端获取对象的特定返回值，包括列族、列限定符、时间戳、值等。

10.3.2　写操作

写操作 Put 可以向表中增加新行，也可以更新已有的行。可以一次向表中插入一行数据，也可以一次操作一个集合，同时向表中写入多行数据。如果要频繁地修改某些行的数据，用户应该借助行锁来防止其他用户对这些行的数据进行修改，避免发生不可预知的错误。

Put 操作每次都会发起一次请求服务器的 RPC 操作，如果有大量的数据要写入表，就会有大量的 RPC 操作，这样效率非常低。HBase 客户端有一个缓冲区，其负责将数据批量地仅通过一次 RPC 操作就全部发送到客户端，这样可大大提高写入性能，但是默认情况下写缓冲区是关闭的，需要设置打开写缓冲区。

一个 Put 集合被提交到服务端后，可能会出现“部分成功部分失败”的情况，提交失败的数据会被保存到缓冲区中等待进行重试。

在 Python 中，Thrift 也对 Put 操作进行了封装，提供了一系列支持 Put 操作的方法，包括 mutateRow(tableName,row,mutations)、mutateRowTs(tableName,row,mutations,timestamp)等方法。其中 mutations 参数是 mutations 对象的列表，允许一次写多行数据。

HBase 还提供了 compare-and-set 操作，这个操作允许先进行检查，条件满足后再执行。对行来说，这个操作是原子性的。

上面已经提到 Put 操作既可以向表增加新行，也可以更新已有的行，所以 HBase 中没有 Update 操作，对数据的更新也是通过 Put 操作完成的。

10.3.3 扫描操作

扫描操作 Scan 允许在多行中实现特定属性的迭代，工作方式类似于迭代器，可以全表扫描，也可以指定 startRow 参数来定义扫描读取 HBase 表的起始行键，或指定 stopRow 参数来定义扫描读取 HBase 表的终止行键，以实现部分扫描。

在 Python 中，Thrift 也对 Scan 操作进行了封装，提供了一系列支持 Scan 操作的方法，包括 scannerOpen(tableName,startRow,columns)、scannerOpenTs(table-Name,startRow,columns,timestamp)、scannerOpenWithStop(tableName,startRow,stopRow,columns)、scannerOpenWithPrefix(tableName, startAndPrefix,columns)等方法。其中，scannerOpen()方法允许程序在指定表中，从指定行开始至最后一行结束来扫描指定列的数据。它会返回一个 ScannerID 实例。获取 ScannerID 后，可以通过调用 scannerGet(id)方法，根据 ScannerID 来获取所需的数据结果。上述的其他方法只是较 scannerOpen()添加了更多的限定条件，比如添加了终止行键、时间戳约束等。在 scannerOpenWithPrefix()方法中更是加入了 startAndPrefix 参数，允许根据行键前缀来模糊搜索表中的数据。

需要注意的是，使用 Scan 操作进行模糊查询的效率比较低，在大规模的数据表中使用它效率得不到保障，所以应尽量采取其他的方案来替代。比如，可以通过对行键进行特殊的定制设计来满足各种模糊查询的需求。

10.3.4 删除操作

删除操作 Delete 用于从表中删除数据，用户可以通过添加多种约束来限定要删除的列。与关系数据库的 Delete 操作不同，HBase 的 Delete 操作可以指定删除某个列族或者某个列，或者指定一个时间戳，删除该时间之前的数据。

在 Python 中，Thrift 对 Delete 操作同样进行了封装，提供了一系列支持 Delete 操作的方法，包括 deleteAll(tableName,row,column)、deleteAllTs(tableName,row,column,timestamp)、deleteAllRow(tableName,row)、deleteAllRowTs(tableName,row,timestamp)等方法。其中 deleteAll()方法将删除指定表的指定行与指定列的所有数据，deleteAllTs()方法支持删除指定表的指定行与指定列中小于或等于指定时间戳的所有数据。

10.4　列存储的索引

10.4.1　二级索引

HBase 作为分布式数据库，在生产环境中已经得到了广泛使用。用户可以根据 Rowkey 快速检索数据，但是 HBase 对非标准主键的查询并不友好，往往需要全表扫描，效率较低。为了提高非主键的查询效率，许多工作者从数据模型和二级索引方面提出了各自的解决方案。数据模型层面的方法通常是调整数据的存储结构，使在查询场景中可以充分利用 HBase 数据模型缩小查询范围，但是这种方法一般只能提高特定场景下的检索效率。二级索引是一种更为常用的解决方法，它借助索引表可以实现同时提高多个维度的查询效率。

HBase 里面只有 Rowkey 是一级索引，如果要对数据库里的非 Rowkey 字段进行数据检索和查询，往往要通过 MapReduce/Spark 等分布式计算框架进行，硬件资源消耗和延时都会比较多。

为了使 HBase 的数据查询更高效、适应更多的场景，诸如使用非 Rowkey 字段检索也能做到秒级响应，或者支持各个字段的模糊查询和多字段组合查询等，需要基于 HBase 构建二级索引，以满足现实中更复杂多样的业务需求。

HBase 这种基于 Rowkey 的单一的、全局式索引方式已很难满足应用程序的需求。对 HBase 表执行查询操作时，多数情况下我们并不知道 Rowkey 的值，常常针对的是列数据的查询，如果不使用 Rowkey 来查询就会使用过滤器来对全表进行扫描，查询速度非常慢。数据分析工程师通常会希望 HBase 能够像 SQL 一样检索数据，可是 HBase 主要用于大表存储，要进行这样的查询，往往要使用 Hive、Pig 等工具进行全表的 MapReduce 计算，这种方式既会浪费机器的计算资源，又会因高延时而导致应用效果难以令人满意。这就引发了人们对研发 HBase 二级索引的兴趣。

以图 10-6 为例，当要对 F:C1 这一列建立索引时，只需要建立 F:C1 各列的值到其对应行键的映射关系，如 C11→RK1 等，这样就完成了对 F:C1 列值的二级索引的构建。当要查询 F:C1=C11 对应的 F:C2 的列值时（即根据 C1=C11 来查询 C2 的值），具体步骤如下：首先根据 C1=C11 到索引数据表中查找其对应的 RK，查询得到其对应的 RK=RK1；然后根据 RK1 的值查询 C2 的值。这是构建二级索引的大概思路，其他组合查询的联合索引的构建与之类似。

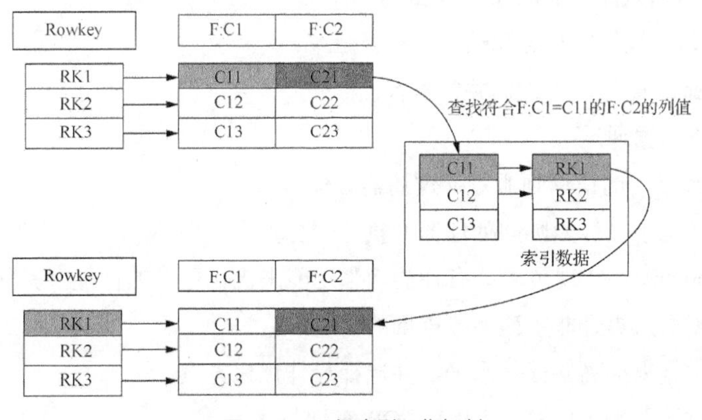

图 10-6　二级索引工作机制

10.4.2 索引方案

目前 HBase 二级索引主要分为基于 Coprocessor 的方案和基于非 Coprocessor 的方案两大类。前者采用基于 HBase 提供的协处理器机制，包括华为的 HIndex 方案、Apache Phoenix 方案等；后者大多采用底层基于 Apache Lucene 的 Elasticsearch 或 Apache Solr 技术来构建强大的索引功能、搜索功能，如支持模糊查询、全文检索、组合查询、排序等，比如 Lily HBase Indexer、CDH Search 等方案。下面分别基于 Apache Phoenix 和 CDH Search 进行详细介绍。

1. Apache Phoenix 方案

Apache Phoenix 在目前开源的方案中，是一个比较优异的选择。其主打 SQL on HBase，基于 SQL 能完成 HBase 的 CRUD 操作，支持 Java 数据库互联（Java Database Connectivity，JDBC）协议。图 10-7 展示了 Apache Phoenix 在 Hadoop 生态中的地位。

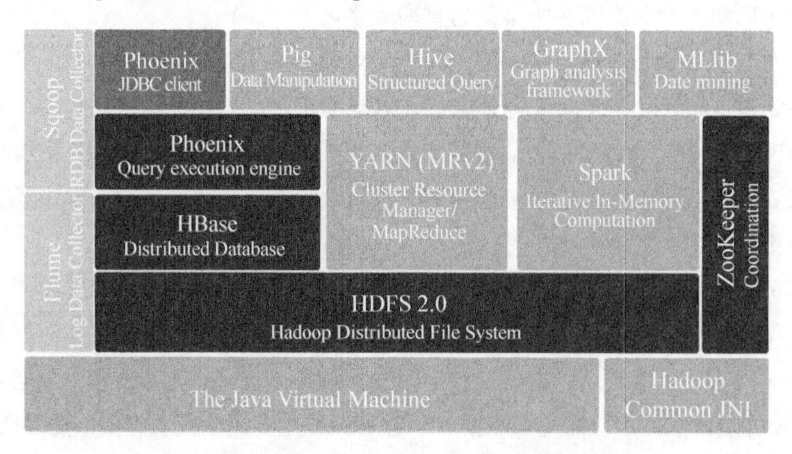

图 10-7 Apache Phoenix 在 Hadoop 生态中的地位

Phoenix 是一个 HBase 的开源 SQL 引擎。你可以使用标准的 JDBC API 代替 HBase 客户端 API 来创建表、插入数据、查询 HBase 数据。

Phoenix 是构建在 HBase 之上的 SQL 引擎。你也许会存在“Phoenix 是否会降低 HBase 的效率”或“Phoenix 效率是否很低”这样的疑虑，事实上答案是否定的，Phoenix 通过以下方式实现了与你手写的方式相同或者更好的性能（更不用说可以少写很多代码）：

- 编译 SQL 语句为原生 HBase 的 scan 语句；
- 检测 scan 语句最佳的开始和结束的键；
- 精心编排 scan 语句，让它们并行执行；
- 让计算接近数据通过；
- 推送 Where 子句的谓词到服务端过滤器处理；
- 通过服务端钩子（称为协同处理器）执行聚合查询。

除此之外，Phoenix 还实现了一些有趣的增强功能来优化更多的性能，具体如下：

- 实现二级索引来提升非主键字段查询的性能；
- 统计相关数据来提高并行化水平，并选择最佳优化方案；
- 跳过扫描过滤器来优化 IN、LIKE、OR 查询。

这里我们重点关注 Phoenix 提供的二级索引方案，Phoenix 提供了多种索引模式，具体如下。

- Covered Index（覆盖索引）：把关注的数据字段附在索引表上，只需要通过索引表就能返回所要查询的数据（列），所以索引的列必须包含所需查询的列（SELECT 的列和 WHERE 的列）。
- Function Index（函数索引）：索引不局限于列，支持用任意的表达式来创建索引。
- Global Index（全局索引）：适用于读多写少的场景。通过维护全局索引表，所有的更新和写操作都会引起索引的更新，写入性能会受到影响。在读数据时，Phoenix SQL 会基于索引字段执行快速查询。
- Local Index（本地索引）：适用于写多读少的场景。在写入数据时，索引数据和表数据都会存储在本地。在读取数据时，由于无法预先确定分区的位置，所以在读取数据时需要检查每个分区（以找到索引数据），这会带来一定的性能（网络性能）开销。

2．CDH Search 方案

CDH Search 是 Hadoop 发行商 Cloudera 公司开发的基于 Solr 的 HBase 检索方案，集成了部分 Lily HBase Indexer 的功能。图 10-8 展示了 CDH Search 的核心组件交互，体现了在单次客户端查询过程中，核心的 ZooKeeper 和 Solr 等的交互流程。

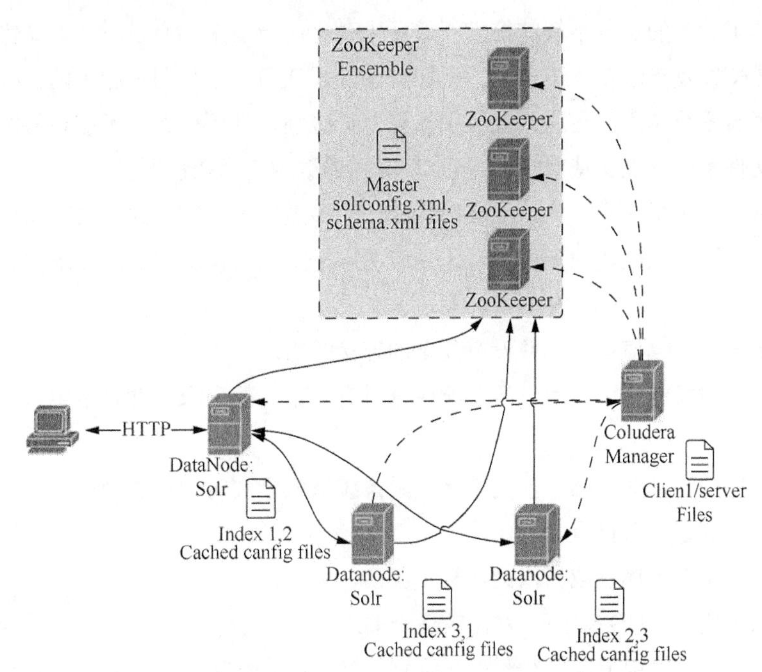

图 10-8　CDH Search 核心组件交互

同样，CDH Search 方案也支持多种索引方式，具体如下。

- 批量索引。
- 使用 Spark：CDH 自带 Spark 批量索引工具。
- 使用 MapReduce：集成 Lily HBase Indexer、自带 MR index 等工具。
- 近实时索引（增量场景）。

- 使用 Flume 近实时（Near Real Time，NRT）索引。
- 集成 Lily 近实时索引。
- 基于 Solr REST API 自定义索引场景。

10.5 列存储的适用场景

在讨论列存储的适用场景之前，我们应该首先思考：在关系数据库“遍地开花”的现实情况下，为什么我们要引入 HBase，甚至用它替代已有的 RDBMS？

传统的 RDBMS（如 SQL）存储一定量数据时进行数据检索没有问题，可当数据量上升到巨大规模（TB 或 PB 级别）时，传统的 RDBMS 已无法支撑，这时候就需要一种新型的数据库系统来更好、更快地处理这些数据。

以淘宝网（简称淘宝）为例，淘宝在 2011 年之前的所有后端持久化存储基本上是在以 MySQL 为主力的传统关系数据库上进行的，因为 MySQL 是开源的，并且其生态系统良好，同时它拥有分库、分表等多种解决方案。因此很长一段时间内它都能满足淘宝大量业务的需求。随着业务的多样化发展，越来越多的业务系统的需求开始发生变化。一般来说有以下几类变化。

（1）数据量变得越来越多。事实上，现在淘宝几乎任何一个与用户相关的在线业务的数据量都非常庞大，每日系统调用次数达到亿级别甚至百亿级别，且历史数据不能轻易删除。这需要一个海量分布式文件系统，能支持对 TB 甚至 PB 级别的数据提供在线服务。

（2）数据量的增长很快且不一定能准确预计。大多数应用系统上线一段时间后数据量都呈非常快的上升趋势，因此从成本的角度，对于系统的水平扩展有比较强烈的需求，且不希望存在单点限制。

（3）只需要简单的键值读取，并没有复杂的连接等需求。

（4）对系统的并发能力以及吞吐量、响应延时有非常高的需求，并且希望系统能够保持高一致性。

（5）通常系统的写入非常频繁，尤其是大量系统依赖于实时的日志分析。

（6）希望能够快速读取批量数据。

（7）可能经常更新列属性或新增列，模式灵活、多变。

综合考虑以上需求，HBase 是一种比较适合的选择。

首先，HBase 的数据由 HDFS“天然”地做了数据冗余处理，且 HBase 拥有服务于海量数据的能力。其次，HBase 本身的数据读写服务没有单点限制，服务能力可以随服务器的增多而提高，达到几十上百台服务器的规模。HBase 的写入性能良好，单次写入通常只需 1～3ms，且性能不随数据量的增长而下降。分区可以实现毫秒级的动态切分和移动，能保证负载均衡。最后，由于 HBase 上的数据模型是按行键字典序存储的，而读取时会一次读取连续的整块数据作为缓冲，因此良好的行键设计可以让批量读取变得十分容易，甚至只需要一次 I/O 就能获取几十条或上百条用户想要的数据。

综上所述，HBase 适用于以下场景。

（1）数据量巨大（PB级数据），且有快速随机访问需求的场景。例如，淘宝的交易历史数据处理。

（2）希望系统容量能优雅地水平扩展的场景。在大数据背景的影响下，动态扩展系统容量是必需的。

（3）业务场景简单、不需要使用关系数据库的很多特性的场景。例如表连接查询等。

（4）数据格式多样的场景。HBase对数据结构无限制，支持半结构化或非结构化的数据。

（5）需要存储数据变动历史记录的场景。HBase的每个单元格支持有任意数量的不同时间戳的版本值。

过去几年，越来越多的用户愿意使用HBase，因为HBase产品一直在不断地变得更加可靠、性能更好。随着越来越多的商业服务供应商提供支持，用户越发自信地把HBase应用于关键业务场景。下面通过实际案例来介绍非常适合应用HBase的场景。

1．搜索引擎应用

搜索是定位用户感兴趣的信息的行为。例如，搜索“山阴路的夏天”，用户可能非常想听这首歌，或者想了解这首歌的创作背景，或者想了解这首歌的创作者李志的相关信息。搜索含有特定词语的文档，需要查找索引，索引提供了特定词语和包含该词语的所有文档的映射。为了能够搜索，首先必须建立索引。百度搜索引擎及其他搜索引擎都是这么做的。其中涉及的文档库是互联网的Web页面。

HBase为这种文档库提供存储、行级访问功能。网络爬虫可以基于HBase非常方便地插入和更新单个文档。同时搜索索引可以基于HBase通过MapReduce计算高效生成。如果要访问单个文档，可以直接从HBase随机获得单个文档，并且HBase支持多种访问模式。

HBase应用于网络搜索的整个逻辑过程如下：

（1）网络爬虫持续不断地抓取新页面并将其存储到HBase中；

（2）在整张表上使用MapReduce计算并生成索引，供网络搜索应用使用；

（3）用户发起网络搜索请求；

（4）网络搜索应用查询建立好的索引，或者直接从HBase得到单个文档；

（5）将搜索结果提交给用户。

2．增量广告点击数据——电商、广告监控行业

如今，在线广告已经一跃成为互联网产品的一种重要收入来源。绝大部分的互联网产品为用户提供免费的服务，但会在用户使用产品期间给目标用户投放广告。这种精准投放需要针对用户交互数据进行详细的采集和分析，以便理解用户的特征。精细的用户交互数据能带来更好的模型，进而会带来更好的广告投放效果和更多的收入。这类数据有两个特点：以连续流的形式出现；很容易按用户特征分类。在理想情况下，这种数据一旦产生就能够马上使用，用户特征模型可以无延时地持续优化。

国内的电商和广告监控等行业的非常前沿、活跃的互联网公司已经在熟练地使用类似Hadoop和HBase这样的新技术。例如淘宝的实时个性化推荐服务，中间推荐结果的存储使用HBase，并且与广告相关的用户建模数据也存储在HBase中。广告监控行业中的AdMaster（精硕科技）、缔元信等公司在实时广告数据监控和部分报表业务方面已经在使用 HBase。

3．内容推荐引擎系统——搜狐推荐引擎系统

传统数据库的一种主要应用是为用户提供内容服务。各种各样的数据库支撑着提供各种内容服务的应用系统。多年来，这些应用在发展，它们所依赖的数据库也在发展。用户希望使用和交互的内容种类越来越多。

搜狐推荐引擎系统接入几亿用户的行为日志，每日数据量达到百万级别，每秒约有几万条用户日志被实时处理入库。在这种数据量上，要求推荐请求和相关新闻请求每秒支持的访问次数在万次以上，推荐请求的响应延时控制在 70ms 以内，同时系统要求 10s 左右完成从日志到用户模型的修正过程。

达到这些性能需求指标对整个系统来说是难点，需要维护几亿用户约 200GB 的短期属性信息，同时依靠这些随用户行为实时变化的属性信息来更新用户感兴趣的文章主题，还要实时计算得出用户所属的兴趣小组，完成由短期兴趣主导的内容推荐和用户组协同推荐。记录用户浏览历史、周期性计算热门文章等都是在 HBase 上完成的，由此可见 HBase 在高性能上具有的优势。

但是，HBase 也不是“万金油”，不可能适用于所有应用场景，它仍有很多局限性。比如由于 HBase 的查询方式单一，不适用于业务复杂、存在许多表连接查询的场景，不支持 SQL 处理，也不会具有关系数据库的 ACID 性质[原子性（Atomicity）、一致性（Consistency）、隔离性（Isolation）、持久性（Durability）]。另外，HBase 在监控方面有一些欠缺，其监控粒度太粗，部分有价值的信息无法提供，所以运维起来有很多困难。

总之，目前 HBase 还是存在一些问题的，但 HBase 是在不断发展和优化的，相信未来版本的 HBase 会给我们带来更好的体验。任何一种框架或者软件都有其特定的应用场景，所以 HBase 也有自己特定的应用场景。通过本节的学习，相信大家已经明白了 HBase 能用来做什么及不能用来做什么。

本章小结

本章主要介绍了大数据分布式存储场景下常用的列存储结构的相关内容，首先介绍了列存储结构的概念，由此引出本章的主要内容；然后介绍了列存储的数据模型，分别介绍了列存储的逻辑模型、物理模型和存储机制；接着介绍了列存储中常见的基本数据操作，包括读操作、写操作、扫描操作和删除操作等，详细介绍了列存储中的索引机制；最后简要介绍了列存储的主要适用场景。

本章习题

1．什么是列存储结构？列存储结构和行存储结构的主要区别是什么？请简要阐述。

2．为什么说列存储结构的查询效率要明显高于基于行存储结构的关系数据库的查询效率？请简要阐述。

3．请分别解释说明 HBase 中行键、列族、列限定符和时间戳的概念。

4．在 HBase 中，每个分区服务器维护一个 HLog，而不是每个分区都单独维护一个 HLog。请简要阐述这种做法的优缺点。

5．请简要阐述 HBase 系统的基本架构及其每个组成部分的作用。

课程实验

1．Linux 集群上 HBase 数据库的安装实验

（1）环境配置

CentOS 版本：centos-release-7.3.1611.e17.centos.X86.64。

Java 版本：Java 1.8.0_111-b14。

Hadoop 版本：Hadoop-2.7.3。

ZooKeeper 版本：ZooKeeper 3.4.8。

HBase 版本：HBase 1.2.4。

（2）安装说明

- 在搭建完 Hadoop 集群的基础上进行 HBase 的搭建。
- 默认安装过程在目标 master 机器上进行，根据提示在其他机器上执行操作。若无提示，所有 ZooKeeper 和 HBase 配置操作过程均在 Hadoop 用户下执行。
- 若操作命令权限不够，在命令前加 sudo。

（3）安装步骤

- 下载

从官网下载 HBase 1.2.4，务必在官网查询各版本 HBase 对 Hadoop 的要求，下载合适的 HBase 版本。

- 解压缩

进入压缩包所在的文件夹解压缩，命令形式如下。

```
tar -zxvf 压缩包名 -C /usr
```

- 配置环境变量

打开/etc/profile 配置文件，执行命令 sudo vi /etc/profile，在最后添加以下内容。

```
#habse environment
export HBASE_HOME=/usr/habse-1.2.4
export PATH=$PATH:$HABSE_HOME/bin
```

2．HBase 操作实验

（1）实验要求

用 HBase Shell 创建一个 student 表，其结构如下所示。

Rowkey	address			score		
	province	city	street	Java	Hadoop	Math
zhangsan	guangdong	guangzhou	yinglonglu	85	80	90
lisi	guangxi	guilin	putuolu	87	82	78

查询“zhangsan”的地址（address）。

查询“lisi”的“Hadoop”成绩。

（2）实验步骤

- 创建表

```
create '表格名称','列族名 1','列族名 2',…
```

- 插入数据

```
put '表格名称','行名','列族名:列限定符',内容
```

- 查询数据

显示整个列族下的信息

```
get '表格名','行名',{COLUMN=>'列族名'}
```

第11章 排序算法

排序是计算机程序设计中的重要操作，其功能是将数据元素集合或序列重新排列成按数据元素相对有序排列的序列。排序便于查找和统计，在很多算法的初始化过程中都需要排序，排序可以分为内部排序和外部排序。

内部排序法

11.1 内部排序

内部排序是指待排序的序列完全存储在内存中进行排序的过程，适合不太大的元素序列。内部排序在我们的生活中经常用到，外部排序也是间接通过内部排序实现的，内部排序可以说是排序算法的基石。

11.1.1 插入排序

插入排序（Insertion Sort）是一种简单、直观的排序算法。它的工作原理是通过构建有序序列，对于未排序数据，在已排序序列中从后向前扫描，找到相应位置并将其插入。插入排序在从后向前扫描的过程中，需要反复把已排序元素逐步向后移位，为最新元素提供插入空间。插入排序的时间复杂度为 $O(n^2)$，空间复杂度为 $O(1)$。

插入排序示意如图 11-1 所示。

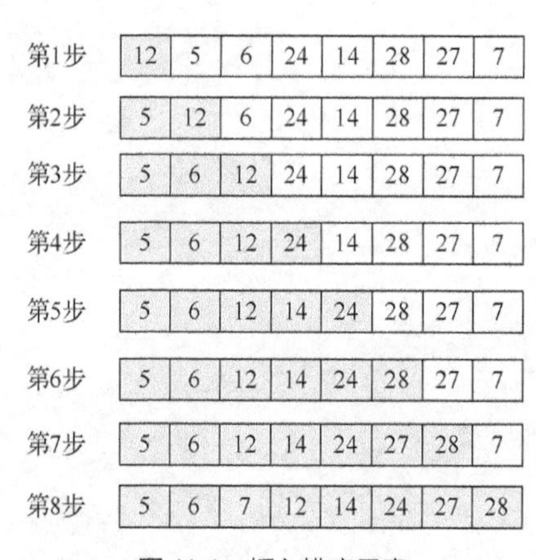

图 11-1 插入排序示意

插入排序的代码实现如代码 11-1 所示。

代码 11-1 插入排序的代码实现

```
def InsertSort(myList):
    #获取列表长度
    length = len(myList)
    for i in range(1,length):
        #设置当前值前一个元素的标识
        j = i - 1
        #如果当前值小于前一个元素的值，
        #则将当前值作为临时变量存储，将前一个元素后移一位
        if (myList[i] < myList[j]):
            temp = myList[i]
            myList[i] = myList[j]
            #继续往前寻找，如果有比临时变量大的元素，则将相应元素后移一位，
```

```
            #直到找到比临时变量小的元素或者达到列表第一个元素的位置
            j = j - 1
            while j >= 0 and myList[j] > temp:
                myList[j + 1] = myList[j]
                j = j - 1
            #将临时变量放到合适的位置
            myList[j + 1] = temp
myList = [12,5,6,24,14,28,27,7]
InsertSort(myList)
print(myList)
```

11.1.2　希尔排序

希尔排序的实质就是分组插入排序，该方法又称为缩小增量排序或递减增量排序，其因唐纳德·希尔于 1959 年提出而得名。希尔排序是插入排序的一个更高效的改进版本。希尔排序是非稳定排序算法，它是基于插入排序的两点性质而提出的改进方法。插入排序在对几乎已经排好序的数据操作时效率高，可以达到线性排序的效率；但插入排序一般是低效的，因为插入排序每次只能将数据移动一位。

希尔排序的描述如下：已知一组无序数据 $a_1,a_2,\cdots,a_n$，需将其按升序顺序排列。首先取一增量 d（$d<n$），选择增量有很多种方式，常用的是用数组的长度整除 2，之后不断地整除 2，直至增量为 0，然后将 $a_0,a_d,a_{2d},\cdots$列为第一组，$a_1,a_{1+d},a_{1+2d},\cdots$列为第二组，$a_d,a_{2d},a_{3d},\cdots$列为最后一组，在各组内应用插入排序，然后取 d'，使之小于 d，重复上述操作，直到 $d=0$。

可以看到局部调整的过程中，数组已经局部有序，在最终使用插入排序的时候基本上只需要微调就可以了，可提高排序效率。

希尔排序示意如图 11-2 所示。

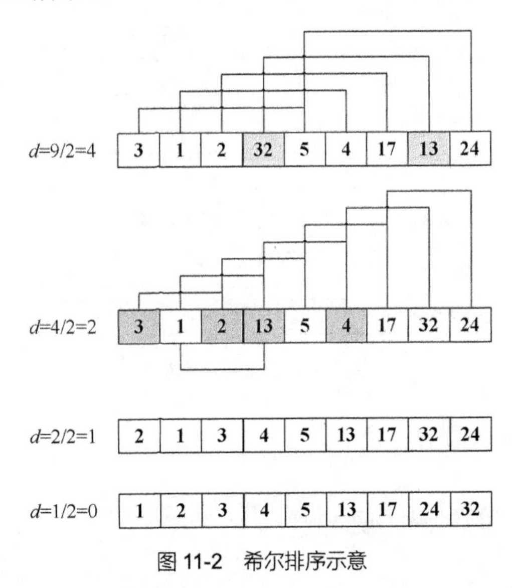

图 11-2　希尔排序示意

希尔排序的代码实现如代码 11-2 所示。

代码 11-2　希尔排序的代码实现

```
L = [3,1,2,32,5,4,17,13,24]
def Shell_sort(L):
    step = len(L) // 2
    while step > 0:
        #从索引 step 到 len(L)，比较 L[i]和 L[i-step]的大小
        for i in range(step,len(L)):
            #这里可以调整 step 按从小到大或者从大到小的顺序排列
            while(i >= step and L[i] < L[i-step]):
                L[i],L[i-step] = L[i-step],L[i]
                i -= step
        step //= 2
    print(L)
Shell_sort(L)
```

11.1.3　冒泡排序

冒泡排序的思想是每次比较两个相邻的元素，如果它们的顺序错误就交换它们的位置。冒泡排序是一种具有稳定性特点的算法，当序列中出现两个相同的值的时候，无论是选取最大值还是选取最小值进行排序，最后两个相同值的前后位置都是不变的。

冒泡排序示意如图 11-3 所示。

初始序列	12	5	6	24	14	28	27	7
1次冒泡	5	6	12	14	24	27	7	28
2次冒泡	5	6	12	14	24	7	27	28
3次冒泡	5	6	12	14	7	24	27	28
4次冒泡	5	6	12	7	14	24	27	28
5次冒泡	5	6	7	12	14	24	27	28
6次冒泡	5	6	7	12	14	24	27	28
7次冒泡	5	6	7	12	14	24	27	28
最终序列	5	6	7	12	14	24	27	28

图 11-3　冒泡排序示意

冒泡排序的代码实现如代码 11-3 所示。

代码 11-3　冒泡排序的代码实现

```
def bubbleSort(myList):
    #首先获取列表的总长度，为之后的循环比较做准备
    length = len(myList)
```

```
        #一共进行 length-1 轮列表比较
        for i in range(0,length-1):
            #每一轮比较，注意 range 的变化
            for j in range(0,length-1-i):
                #交换
                if myList[j] > myList[j+1]:
                    tmp = myList[j]
                    myList[j] = myList[j+1]
                    myList[j+1] = tmp
        print(myList)
    print("Bubble Sort: ")
    myList = [12,5,6,24,14,28,27,7]
    bubbleSort(myList)
```

11.1.4　快速排序

快速排序的思想：首先任意选取一个数据（通常选取数组的第一个数）作为关键数据，然后将所有比它小的数都放到它前面，所有比它大的数都放到它后面，这个过程称为一次快速排序。一次快速排序之后能够保证第一个元素已经放到了正确的位置上，并且该元素值大于或等于左边的元素值，小于或等于右边的元素值。于是根据该元素将待排序序列分成左右两部分，同样采用这样的方式排序，直到不能分为止，这样就可得到排序之后的结果。快速排序采用了分治的思想，时间复杂度为 $O(N\log_2 N)$。

快速排序示意如图 11-4 所示。

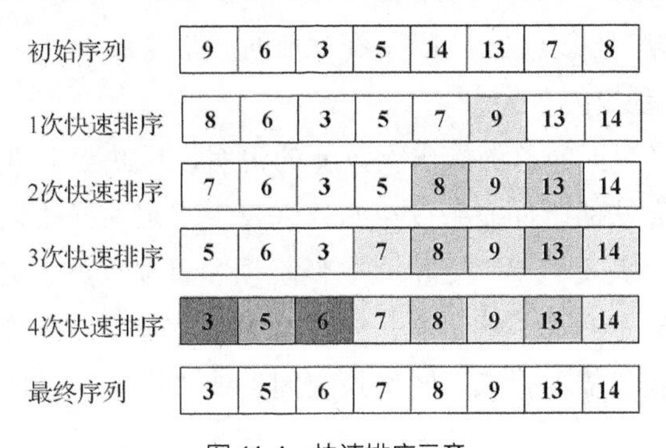

图 11-4　快速排序示意

快速排序的代码实现如代码 11-4 所示。

代码 11-4　快速排序的代码实现

```
def QuickSort(myList,start,end):
    #判断 start 是否小于 end，如果值为 False，则直接返回
    if start < end:
        i,j = start,end
        #设置基准数
        base = myList[i]
        while i < j:
```

```
            #如果列表后边的数比基准数大或与它相等,
            #则前移一位,直到有比基准数小的数出现
            while (i < j) and (myList[j] >= base):
                j = j - 1
            #如果找到,则把第j个元素赋值给第i个元素
            myList[i] = myList[j]
            #用同样的方式比较前半区
            while (i < j) and (myList[i] <= base):
                i = i + 1
            myList[j] = myList[i]
        #做完第一轮比较之后,列表会被分成两个半区,
        #并且 i = j,需要将这个元素的值设置回 base
        myList[i] = base
        #递归前、后半区
        QuickSort(myList,start,i - 1)
        QuickSort(myList,j + 1,end)
    return myList
myList = [9,6,3,5,14,13,7,8]
QuickSort(myList,0,len(myList)-1)
print(myList)
```

11.2 内部排序算法比较

这里需要理解一些概念，首先来说明稳定排序。如果 a 在 b 前面，并且 a==b，排序之后 a 仍然在 b 的前面，这样的排序是稳定的。如果 a 在 b 前面，并且 a==b，排序之后 a 可能会出现在 b 的后面，这样的排序是不稳定的。

时间复杂度是对排序数据的总的操作次数 n 的说明，反映当 n 变化时操作次数呈现的规律。在计算机科学中，算法的时间复杂度用函数来表示，定性描述该算法的运行时间。时间复杂度常用 O 符号标识，其不包括这个函数的低阶项和首项系数。空间复杂度是对算法在运行过程中临时占用的存储空间大小的量度。一般情况下，时间复杂度和空间复杂度是相互制约的，必要的情况下，我们需要采取“时间换空间”或“空间换时间”的方法来解决相应的问题。

内部排序算法比较如表 11-1 所示。

表 11-1　内部排序算法比较

排序算法	平均时间复杂度	最坏时间复杂度	最好时间复杂度	空间复杂度	稳定性
插入排序	$O(n^2)$	$O(n^2)$	$O(n)$	$O(1)$	稳定
希尔排序	$O(n^{1.3})$	$O(n^2)$	$O(n)$	$O(1)$	不稳定
冒泡排序	$O(n^2)$	$O(n^2)$	$O(n)$	$O(1)$	稳定
快速排序	$O(n\log_2 n)$	$O(n^2)$	$O(n\log_2 n)$	$O(\log_2 n)/O(n)$	不稳定

11.3　外部排序

外部排序指的是对大文件的排序，即待排序的记录存储在外存储器（以下简称外存）中，待排序的文件无法一次装入内存，需要在内存和外存之间进行多次数据交换，以达到对整个文件排序的目的。外部排序就是同时动用了计算机内存和外存的排序方式。外部排序常用的算法是多路归并排序，即将原文件分解成多个能够一次性装入内存的部分，分别把每一部分调入内存完成排序，然后对已经排序的子文件进行多路归并排序。

按可用内存的大小，把外存上含有 *n* 条记录的文件分成若干个长度为 *l* 的子文件。把这些子文件依次读入内存，并利用有效的内部排序方法对它们进行排序，再将排序后得到的有序子文件重新写入外存。对这些有序子文件逐次归并，使其逐渐由小变到大，直至整个文件有序。

11.3.1　二路归并排序

简单的外部排序可以使用二路归并排序，将一个数据集分成 *L* 份，对每一份使用相应的算法进行排序，之后在归并的时候进行两两归并直至最终的结果集有序。因为每次只归并两个结果集，所以会导致频繁进行磁盘读写和数据比较等操作，会提升时间复杂度。代码 11-5 采用了直接归并和递归归并的方式完成二路归并排序。

代码 11-5　二路归并排序的算法实现

```
import random
import copy
number1 = random.sample(range(100),10)
number2 = random.sample(range(100),10)
number1.sort()
number2.sort()
def recursive_sort(listA,listB):
    if len(listA) == 0:
        return listB
    elif len(listB) == 0:
        return listA
    elif listA[0] < listB[0]:
        return [listA[0]] + recursive_sort(listA[1:],listB)
    else:
        return [listB[0]] + recursive_sort(listB[1:],listA)
def sort(listA,listB):
    len_A = len(listA)
    len_B = len(listB)
    if len_A == 0:
        return listB
    elif len_B == 0:
        return listA
    else:
        i = 0
```

```
        j = 0
        listC = []
        while i < len_A and j < len_B:
            if listA[i] <= listB[j]:
                listC.append(listA[i])
                i += 1
            else:
                listC.append(listB[j])
                j += 1
        while i < len_A:
            listC.append(listA[i])
            i += 1
        while j < len_B:
            listC.append(listB[j])
            j += 1
    return listC
print(number1)
print(number2)
listC = recursive_sort(number1,number2)
print(listC)
listC = sort(number1,number2)
print(listC)
```

11.3.2 多路归并排序

多路归并排序算法从二路到多路（k 路），增大 k 可以减少外存数据的读写时间，但从 k 个归并段中选取最小的记录需要比较 $k-1$ 次。为得到 u 条记录的一个有序段共需要比较 $(u-1)(k-1)$ 次，若归并次数为 s，那么对 n 条记录的文件进行外部排序时，内部归并过程中进行的总的比较次数为 $s(n-1)(k-1)$。内部归并时间随 k 增长而增长，抵消了外存读写减少的时间，因此可以使用“败者树”（Tree of Loser）来进行多路归并。在内部归并过程中，利用败者树实现从 k 个归并段中选取最小记录的比较次数减少，使比较次数与 k 无关。不同于堆排序中自上而下的筛选方式，败者树是自下而上的。败者树的所有节点存储的都是待筛选数据的位置（如数组索引等）。而且，除根节点用于存储最终的胜者之外，其余节点存储的都是进行比较的二者中的败者。类似堆排序，败者树的实现需要两个过程：建立和调整。败者树的功能是从 n 个节点中选出键值最小的节点，当新的节点替换掉键值最小的节点之后，能够有效地重新筛选出新的键值最小的节点。

败者树是完全二叉树，因此数据结构可以采用一维数组。其包括 k 个叶子节点、k-1 个比较节点、1 个冠军节点，共 $2k$ 个节点。ls[0]为冠军节点，$\text{ls}[1]-\text{ls}[k-1]$ 为比较节点，$\text{ls}[k]-\text{ls}[2k-1]$ 为叶子节点。另外，用一个指针索引 $\text{b}[0]-\text{b}[k-1]$ 来指向，其中 $\text{b}[k]$ 为一个附加的辅助空间，不属于败者树，初始化时存储 MINKEY 的值。

多路归并排序算法的实现过程大致如下。

首先将 k 个归并段中的首元素值依次存入 b[0]至 b[k-1]的叶子节点空间里，然后调用 CreateLoserTree 创建败者树，创建完毕后最小的元素索引（即其所在归并段的序号）便被存入 ls[0]。

然后不断循环，把 ls[0]所存最小键对应的归并段的序号记为 q，将该归并段的首元素输出到有序归并段里，然后把下一个元素键值放入上一个元素原本所在的叶子节点 b[q]中，调用 Adjust 顺着 b[q]这个叶子节点往上调整败者树直到新的最小键值被选出来，其索引同样存储在 ls[0]中。循环执行这个操作过程，直至所有元素被写到有序归并段里。

败者树可以在 log(n) 的时间内找到最值，n 为多路归并的路数。任何一个叶子节点的值改变后，利用中间节点的信息，还是能够在 log(n) 的时间内找到最值。假设总共有 k 组，共 n 个数据，每组有 n/k 个元素，一开始对每组进行排序的时间是 $k\log(n/k)\cdot n/k = n\log(n/k)$，进行败者树归并排序的时间为 $n\log(k)$，总共时间为 $n[\log(n/k)+\log(k)] = n\log(n)$，最好的时间复杂度为 $O(n\log n)$，空间复杂度为 $O(k)$。具体的算法实现如代码 11-6 所示。

代码 11-6　多路归并排序的算法实现

```
import random
def createLoserTree(loserTree,dataArray,n):
        for i in range(n):
                loserTree.append(0)
                dataArray.append(i-n)
        for i in range(n):
                adjust(loserTree,dataArray,n,n-1-i)
def adjust(loserTree,dataArray,n,s):
        t = (s + n) // 2
        while t > 0:
                if dataArray[s] > dataArray[loserTree[t]]:
                        s,loserTree[t] = loserTree[t],s
                t //= 2
        loserTree[0] = s
if _name_ == '_main_':
       a = 10
       loserTree = []
       dataArray = []
       createLoserTree(loserTree,dataArray,a)
       print('At first,the loser tree and the data array are at below.')
       print('Loser Tree:')
       print(loserTree)
       print('Data Array:')
       print(dataArray)
       for i in range(a):
               dataArray[i] = random.randint(0,500)
               adjust(loserTree,dataArray,a,i)
       print('\nAfter change the data array is:')
       print(dataArray)
       print('And the loser tree is:')
       print(loserTree)
       print('The least number now is the dataArray[%d] and it is %d.' % (loserTree[0],dataArray[loserTree[0]]))
       print('\nChange the %d number to a random number between 0 and 500.' % (loserTree[0]+1))
       dataArray[loserTree[0]] = random.randint(0,500)
       print('Now the data array is:')
       print(dataArray)
       print('Adjust it…')
```

```
    adjust(loserTree,dataArray,a,loserTree[0])
    print('Now the loser tree is:')
    print(loserTree)
    print('The new least number now is the dataArray[%d] and it is %d.' % (loserTree[0],dataArray[loserTree[0]]))
```

本章小结

本章主要讲述计算机中的排序算法，排序算法主要分为内部排序和外部排序两种。其中内部排序是将数据都放到内存中使用某种排序算法进行排序，内部排序算法有插入排序、希尔排序、冒泡排序、快速排序等，除了本章中介绍的，还有选择排序、基数排序、计数排序、桶排序、归并排序等。然后我们比较了相应的排序算法的时间复杂度和空间复杂度，读者应该对基本的排序算法有了一定的了解。之后我们介绍了外部排序算法，因为数据量比较大，不能一次读入内存进行排序，这个时候我们可以将元素进行二路归并排序或者多路归并排序，其中用到了分而治之的思想，可以更加充分地利用计算机的计算和存储资源。

本章习题

1．分析各种排序算法的时间复杂度和空间复杂度，讨论各种排序算法的使用条件和场景，思考是否有其他排序算法。

2．试求两个排完序的数组的中间元素，其中数组的长度分别为 m 和 n。

3．现有一个排完序的升序数组，将数组从中间的某一点分成两部分，将前半部分放到数组的末尾，组成新的数组，叫作旋转数组，如[0,1,2,4,5,6,7]旋转之后可能变成[4,5,6,7,0,1,2]。试求旋转数组中的最小元素，要求算法的时间复杂度为 $O(\log N)$ 。

4．给定一个字符串，要求按照字符串中字符出现的频率从高到低排序，比如输入为“tree”，输出为“eert”，当然“eetr”也是正确答案。

5．在内部排序算法中有没有比 $O(N\log N)$ 时间复杂度更低的排序算法？如果有，这些算法的局限性是什么？

课程实验

给出一个区间的集合，请合并所有重叠的区间。

示例 1：

输入：[[1,3],[4,9],[8,10],[15,18]]。

输出：[[1,3],[4,10],[15,18]]。

解释：区间[4,9]和[8,10]重叠，将它们合并为[4,10]。

示例 2：

输入：[[1,6],[6,8]]。

输出：[[1,8]]。

解释：区间[1,6]和[6,8]可视为重叠区间。

第 12 章

查找算法

查找算法的基本目标为对给定的一个或多个元素和一个存储该类型元素的数据结构，求解给定的元素是否在该数据结构之中。查找算法可以说是软件工程中一个比较常用和比较基础的算法，也属于一个非常有深度的算法研究方向。各大门户网站的搜索功能，各个网站、App 内的查找功能，都可以看作对查找算法的应用。查找算法可以分为顺序表查找、折半查找、索引顺序查找、散列表查找等。

查找算法

12.1 查找概述

在讨论查找算法之前，我们需要明白两个重要的概念：时间复杂度（Time Complexity）和空间复杂度（Space Complexity）。它们分别用来衡量算法在时间上和空间上所耗费的资源大小。从严格意义上来说，一个算法具体会耗费多长时间、占用多大的内存空间，无法具体计算。这些与算法本身需要解决的问题、数据量甚至计算机本身的硬件配置等都有关系。因此，时间复杂度和空间复杂度也仅仅是估值。一般而言，衡量一个算法在时间和空间上耗费资源的多寡，可以粗略地在数量级上进行划分。

有的算法耗费的时间（或者空间）资源是常数级别的，即耗费的资源不会随着问题或数据量规模不断增大而增多。此时我们称这个算法的时间（或者空间）复杂度为 $O(1)$级别，这当然是最快、最理想的情况。我们自然希望我们设计的算法在空间复杂度和时间复杂度上都能够尽可能达到这个级别，但是往往情况不允许。我们不得不在时间复杂度和空间复杂度之间做出取舍，即算法中比较核心的一个思想：要么以空间换时间，要么以时间换空间。

限于篇幅，本章将对查找算法进行基础介绍，并会对常见的查找算法进行简单介绍。

12.2 顺序表查找

顺序表是一种较为基础的存储结构，其在计算机内存中以数组形式存储数据。注意，这里的数组形式指的是软件意义上的数组，即用一组地址连续的存储单元依次存储数据元素的线性结构，数组内部可以存储包括数字、字符甚至对象在内的各种元素，只要求其在内存中的地址连续。

不同于其他类型的表，顺序表用较高的空间要求[尤其当数据量增大的时候，顺序表会要求用一块较大的连续内存空间，这对计算机来说是一个不小的要求）换取了对其内部元素极快的查找速度[$O(1)$级别]。比如当系统需要查找数组中的第 i 个元素时，可以将 i 看作偏移量，直接取从数组第一个元素开始往后偏移 i 个存储单元之后的那个元素，十分利于查找。

在顺序表中查找元素的方法有很多，很容易想到的就是从头开始遍历查找，给定一个顺序表 list，长度为 list.length，要求查找 list 中是否有 q，若有则返回其索引，若无则返回-1，代码如下。

```
def simpleSearch(list,q):
    for index in range(len(list)):
        if list[index]==q:
            return index
    return -1
```

12.3 折半查找

与顺序表查找相类似，折半查找也针对一类特殊的数据结构，它要求数据结构内存储的元素必须是“有序”排列的。值得注意的是，这里的“有序”并不一定指的是数字方面的大小，实际上它可以是任何自定义的比较规则，只要该比较规则能够准确地比较出数据结构内任意两个元素之间的“大小”关系即可。假设有如下所示的一个数据结构。

```
s={
  "abcd",
  "bcd",
  "cd",
  "d"
}
```

要判断这样的一个数据结构 s 是否有序，依照不同的自定义“规则”，我们可以得出截然不同的结论。假如我们的“规则”是首字母在 26 个字母中排名越靠前的元素越“小”，那么这个数据结构 s 为升序的，因为其 4 个元素的首字母依次为 a、b、c、d。因此，其元素间大小顺序为 s[0]<s[1]<s[2]<s[3]。但是，假如我们的“规则”是字符串长度越短的元素越“小”，那么这个数据结构 s 为降序的，因为其 4 个元素的长度大小依次为 4、3、2、1。因此，该数据结构 s 的元素间大小顺序为 s[0]>s[1]>s[2]>s[3]。

了解了“有序”的定义之后，我们就可以进一步讨论折半查找了。给定一个有序且为升序的数据结构 s，其长度为 s.length，其第 *i* 个元素为 s[*i*]，要查找的元素为 q，我们需要知道该元素 q 是否在 s 中，如果在则返回其索引，不在则返回-1。折半查找的代码如下。

```
def binarySearch(s,q):
    head=0
    tail=s.length
    while head<tail:
        mid=(head+tail)/2;
        if q<s[mid]:
            tail=mid
        if q>s[mid]:
            head=mid
        if q==s[mid]:
            return mid
    return -1
```

简单来说，在一个有序的数据结构 s 中查找元素 q 的位置，我们可以先确定 s 的第一个元素位置作为头（head），最后一个元素位置作为尾（tail），查找这个数据结构最中间的元素 s[mid]，其中 mid=(head+tail)/2。将其与 q 进行比较，如果 q 比中间元素 s[mid]大，则说明 q 如果存在的话一定在第 mid 个元素位置之后，因此我们只需要在 s[head]和 s[mid]之间去寻找 q 即可。此时更新头 head 的值为 mid，重复上述操作，即可一步一步缩小查找范围，直到最后 head 和 tail 重合为止，从而最终确定 q 的位置。

举例来说，给定一个升序的数据结构 s=[1,2,3,4,5,6,7]，我们需要查找元素 q=5 是否在 s 中，则我们先确定 s 的第一个元素位置作为头（head=0），最后一个元素位置作为尾（tail=6），则 mid=(head+tail)/2=3。因此，我们进行 s[3]与 q 的比较，得出 q>s[3]，我们后续就应当在 s[3]到 s[6]之间进行查找，使 head=3，重复上述操作，此时 mid=(head+tail)/2=4。我们进行 s[4]与 q 的比较，得出 q==s[4]，因此我们就找到了 q 在 s 中的索引 4。

折半查找也可以通过迭代的方式来实现，示例代码如下。

```
def binarySearch (arr,l,r,x):
  #检查基本情况
  if r >= l:
        mid = l + (r - l)/2
        if arr[mid] == x:
              return mid
        elif arr[mid] > x:
              return binarySearch(arr,l,mid-1,x)
        else:
              return binarySearch(arr,mid + 1,r,x)
  else:
        return -1
```

12.4　索引顺序查找

索引顺序查找这一名字或许有些不够形象，其核心思路可以从它的另一个较为通俗易懂的名字中看出：分块查找算法。

我们在日常生活中查字典的时候，通常不会直接去字典正文中查找想要的字。假如我们要查找“装”字，我们可以先从字典前面的一级目录里面查找，从 a～z 这 26 个字母中找到 z，跳至 z 对应的二级目录的页码，找到 zh 对应的三级目录页码，以此类推。

在上述例子中，一级目录、二级目录等即本节中要提到的索引。

简单来说，索引的作用即类似字典里面的目录。索引顺序查找的操作对象是一种特殊的顺序表，该顺序表通过特定的规则进行了分块处理，使该顺序表具有“块间有序，块内无序”的特性。而索引即块间的查找标识。

举例来说，现在有 100 个数字组成的集合 N，集合内的任意一个数字 n 均满足 $0 \leqslant n < 100$。现将其分为 10 组，使在这 10 组中第 i 组 C_i 内任意一个数字 x_i 均满足 $10(i-1) \leqslant x_i < 10i$，如数字 57 肯定在第 6 组中。因此，对于第 i 组，我们可以用该组的序号 i 来标识这一组。如此一来，则可以得到 10 个标识数字，这 10 个数字即 N 的索引。

上述结构即满足了“块间有序，块内无序”的特点，对块间元素而言，其索引有序排列，而块内元素的索引则可以无序排列。对上述结构而言，给定一个数字 t，则可以通过计算获得该数字所在块的索引 $\text{index}_t = t/10-1$，随后直接去第 index_t 组中进行顺序查找即可。块间因为其有序的特性，可以采用诸如折半查找之类的算法，而块内则使用索引顺序查找算法。

在 Python 中，比较常见的顺序表结构一般支持索引顺序查找，包括数组、列表等。通用做法即 list[i]，其中 list 为顺序表对象，i 为索引，用此即可取出顺序表 list 中的第 i 个元素。值得注意的是，与其他语言类似，Python 的索引也是从 0 开始的，即顺序表中的第 i 个元素的索引其实是 $i-1$，比如我们想要获取顺序表对象 list 中的第 5 个元素，则应当使用 list[4]而非 list[5]。

顺序表查找固然有其时间复杂度极低的特性，但很明显，它也有两个比较“致命”的缺点。

（1）它仅能在以索引来查找元素时实现 $O(1)$级别的时间复杂度。也就是说，当仅知道一个元素而不知道该元素在顺序表中的索引时，我们将无法直接获取其位置。

一个比较常见的解决办法为：在构建顺序表的时候，建立起索引与元素本身的映射关系。举个简单的例子，我们现在有一个字符串 s，现在我们要记录下每个字符在字符串 s 里面第一次出现的位置，一个比较容易想到的解决办法是采用 Python 中的字典数据结构，用键存储字符，用值存储该字符出现的位置。我们也可以用顺序表来存储上述信息。我们需要明白，在编程语言中，每个字符其实都可以强制转化为 int 型，而顺序表的索引恰好也是 int 型的，这就为我们建立起了从元素到索引的映射关系。因此，我们可以建立一个顺序表 list，其中的每一个元素 list[i]，表示 i 所对应的字符在字符串 s 中第一次出现的位置。比如字符 a，以 Unicode 编码规则来看的话，其对应的 int 型数字为 97，所以我们如果想要查找 a 在字符串 s 中第一次出现的位置，只需要找到 list[97]的值即可，这就仅需要 $O(1)$级别的时间复杂度。

（2）顺序表需要连续的存储空间作为支撑，因此，一旦需要对顺序表进行增、删、扩容等操作，将会有非常大的资源开销。比如 Python 的顺序结构 List，在建立空表时，系统会默认分配 8 个元素的存储区间；在执行插入操作时，如果元素区满就换一块 4 倍大的存储区；如果表已经过大，换存储区时容量将加倍。这就会导致当顺序表本身存储的数据量越大时，对其进行更改所需要的空间上的开销也就越大，即某种意义上的以空间换时间。

一个比较常见的解决办法为：将顺序表以某种自定义规则拆分成多个顺序表。当需要进行增、删等操作时，可以只对其中的某一个表进行。但是这个解决办法只能减少这种开销，属于“治标不治本”的操作。

12.5 散列表

12.5.1 散列表简介

在 12.4 节，我们提到了一个将大批量数据进行分组的例子。将 100 个数字依照取值范围来分成 10 组。这一分组方法虽然简单、明了，但有一个非常“致命”的缺点：当数字取值较为密集的时候，其组与组之间存储的数据量大小会出现较大差异。比如，这 100 个数字中有 70 个数字大小在[0,10)中，其余数字均匀分布在[10,100)中，则第一组的数组长度将达到 70。这会导致针对系统传入的一个数字 x，x∈[0,100)，若 x 的取值范围为[0,10)，我们将会耗费大量时间在一个长度为 70 的数组内进行顺序查找，当数据集分布越密集的时候，这种现象越严重，极端情况下，当 100 个数字全部分布在[0,10)中时，12.4 节介绍的索引顺序查找将会“退化”为在一个无序排列的顺序表内进行顺序查找。这在时间复杂度上是极为浪费的。

出现上述现象的一个重要原因是：我们使用的“分组方法”不够优秀，不能将所有数据尽可能“均匀”地分布在各个组中。为此，我们引入散列表的概念。

举个简单的例子，我们假定有 100 个学生，每个学生都有自己的姓名 name，分别从 1 到 100 依次给所有学生赋予一个编号 num，那么每个学生就具有一个“num-name”的键值对。显然，100 个编号所组成的键的集合太庞杂了，难以进行查找和管理。常常想到的一个解决办法就是，将 100 个 num 分成 10 组，个位数为 1 的一组，个位数为 2 的一组，以此类推，则正好将 100 个 num 分成 10 组。我们给每个组赋予一个编号，个位数为 0 的数组成的组为第 0 组，个位数为 1 的数组成的组为第 1 组，以此类推，我们就能获取一个“二级编号”s=[0,1,2,⋯,9]，且每个 num 都对应一个 s 中的元素，对应关系如下。

$$s = f(num) = num \% 10$$

其中%表示取余操作。

由此，我们便获取到了一个快速定位到 num 的函数，当我们需要找到一个学生编号 num 对应的名字 name 时，可以将其代入上述函数进行计算，得到 s 之后再去对应的组内查找即可。

比如要查找编号为 54 的学生，如果不进行上述分组操作，则可能要在一个长度为 100 的数组里面进行查找，最多可能要查找 100 次才能找到。而一旦采用分组的方法，则可以先将 54 代入上述函数进行计算，得出 54 号学生的 num 被分配在了第 4 组，由此，我们即可直接到第 4 组进行查找，最多查找 10 次即可找到对应的 num-name 键值对。

在上述例子中，f(num)即可视作一个比较简单的散列函数，num 即桶或者索引。

12.5.2　散列函数的构造

从 12.5.1 小节我们可以明白，散列表的核心目标是将索引（也就是 12.5.1 小节例子中的 num）尽可能均匀地分布在一个较短的表中。

比如一个简单的数组[0,1,2,3,4]，我们可以通过计算其中的每个值除以 2 的余数是否为 0 来将其均匀地分布在一个长度为 2 的表中，这一过程即散列。其中“计算每个值除以 2 的余数是否为 0”这一方法，可以成功将任意长度的整数数组映射到一个固定长度的表中。

衡量一个散列表是否设计得“优秀”，一个很重要的指标就是索引的分布是否足够均匀。比如通过上述介绍的除以 2 求余的方法构建的散列表，将[0,1,2,3,4]分成了两组，一组有 2 个元素，一组有 3 个元素，表现良好。但如果针对另一个数组[0,2,4,6,8]，仍然使用“计算每个值除以 2 的余数是否为 0”的方法，两组中的一组将会有 5 个元素，另一组则为空，显然散列效果很不好。

通过分析可以发现，决定散列效果的一个主要因素就是散列方法的选择，这里我们用一个比较正规的名称来称呼类似计算每个值除以 2 的余数是否为 0 这样的方法——散列函数。

很明显，针对不同的数据，散列函数的表现会不同，因此，原则上来说不存在所谓“绝对完美胜任一切情况”的散列函数。根据情况灵活选择不同的散列函数才是正确之道。

目前应用的散列函数种类繁多，这里仅选取常见、基本的几种散列函数进行介绍。

1．线性散列

通过对原始数据的线性计算（如与常数的加、减、乘等）来进行散列分布。函数表达式如下。

$$\text{hash} = a \cdot \text{key} + b$$

其中 a、b 均为常数。

这一方法的一个优点是计算方便、快速，而且分布绝对均匀，但是很显然，这一方法会导致 hash 值与原始数据的长度相近，也就是会造成以空间换时间的效果。

此外，也有通过将原始数据进行位移的方式来实现散列分布的，其效果与线性散列相类似。

2．取余散列

通过对原始数据的取余操作来进行散列分布。函数表达式如下。

$$hash = key \% a$$

其中%表示取余操作。

这种散列函数有很多优点，在保证计算方式简洁的情况下，会尽可能地使原始数据较为均匀地分布，且最终的散列表长度可控。因此，取余散列函数的变体已经被广泛应用于诸如 Java 应用场景在内的各种场景中。

3．平方散列

平方散列函数的核心思想是通过对原始数据求平方，得到一个较大的数，取该数的中间几位作为分组的散列值。

这种“平方取中”的方式是一种较为经典的取随机数的方式，它可以保证在数据量不过于庞大的时候，能尽可能地使散列值为不相同的随机数，从而保证原始数据的均匀分布。

散列表的关键统计量是负载因子，定义如下。

$$\text{load factor} = n / k$$

其中 n 是散列表中占用的条目数，k 是桶的数量。

随着负载因子变大，散列表的执行变慢，甚至可能无法工作（取决于使用的方法）。散列表的预期常量时间属性假定负载因子保持值低于某个范围。对于固定数量的桶，查找的时间随条目的增加而增加，因此不能实现期望的恒定时间。作为一个真实的例子，Java 10 中 HashMap 的默认负载因子是 0.75，该负载因子在时间和空间成本之间进行了良好的权衡。

另外，可以检查每个桶的条目数的方差。例如，两个表都有 1000 个条目和 1000 个桶；一个表在每个桶中只有一个条目，另一个表是同一个桶中有所有条目。显然，散列在第二个表中不起作用。

低负载系数不是特别有益。当负载因子接近 0 时，散列表中未使用区域的比例增加，但搜索成本不一定会降低。这会导致内存浪费。

12.5.3　解决冲突的方法

1．单独链接

在称为单独链接的方法中，每个存储桶是独立的，并且具有某种相同索引的条目列表。散列表操作的时间是查找存储桶的时间（这是常量）加上列表操作的时间。

在一个好的散列表中，每个桶一般有 0 个或 1 个条目，有时有 2 个或 3 个条目，但很少有更多的条目。因此，对于这些情况，应该优选在时间和空间上有效的结构，而并不需要对每个桶单元中相当多的条目都有效的结构。

2．使用链接列表单独链接

链式散列表很受欢迎，因为它只需要基本的数据结构与简单的算法，并可以使用不适合于其他方法的简单散列函数。

表操作的成本是扫描所选桶的条目以获得所需的密钥。如果密钥的分布足够均匀，则查找的平均成本仅取决于每个桶的平均密钥数，也就是说，它大致与负载因子成正比。

因此，即使表条目数 n 远远大于槽位数，链式散列表仍然有效。例如，具有 1000 个插槽和 10000 个存储密钥（负载因子为 10）的链式散列表比具有 10000 个插槽的表（负载因子为 1）的执行速度慢 1/10～1/5，但仍比普通顺序列表快 1000 倍。

对于单独链接，最坏的情况是所有条目都插入同一个桶，在这种情况下，散列表无效，并且成本是搜索桶数据结构的成本。如果所有条目都以线性列表的方式存储，则查找过程可能需扫描其所有条目，因此最坏情况下成本与表中条目的数量 n 成正比。

通常使用条目添加到桶中的顺序来搜索桶链。如果负载因子很大并且某些键比其他键更可能出现，那么使用从前到后的启发式重新排列链可能是有效的。对于更复杂的数据结构，如平衡搜索树，只有在负载因子很大（大约为 10 或更多），或者散列分布非常不均匀，或者必须保证良好性能时，才值得考虑所有条目都被插入同一个桶中的情况。但是，在这些情况下，使用更大的表和/或更好的散列函数可能更有效。

链式散列表还继承了链表的缺点。存储小的键和值时，每个条目记录中指针的空间开销可能很大。另一个缺点是遍历链表具有较差的缓存性能，会使处理器缓存无效。

3．与列表头单元格分开链接

此种方法通过单独链接与桶阵列中的头记录实现解决散列冲突。

一些链接实现将每个链接的第一条记录存储在槽数组中。对于大多数情况，指针遍历的数量减少了 1，目的是提高散列表访问的缓存效率。

缺点是空桶与具有一个入口的桶有相同的空间。为了节省空间，这样的散列表通常具有与存储的条目一样多的时隙，这意味着许多时隙具有两个或更多条目。

4．与其他结构分开链接

可以使用支持所需操作的任何其他数据结构来代替列表。例如，通过使用自平衡二进制搜索树，可以将常见散列表操作（插入、删除、查找）的理论最坏时间复杂度降低到 $O(\log n)$而不是 $O(n)$。然而，这在实现中会引入额外的复杂性，并且可能导致更小的散列表的性能更差，其中插入数据的时间和插入平衡树结构的时间大于对列表的所有元素执行线性搜索所需的时间。使用桶的自平衡二进制搜索树的散列表的真实示例是 Java 8 中的 HashMap 类。

称为数组散列表的变体使用动态数组来存储散列到同一个槽的所有条目。每个新插入的条目都附加到分配给插槽的动态数组的末尾。动态数组以精确拟合的方式调整大小，这意味着它只需要根据需要生成多个字节。诸如通过块大小或页面来增长阵列的替代技术可以改善插入性能，但是需要较多成本。这种变化可以更有效地使用 CPU 缓存和转换后备缓冲区（Translation Lookaside Buffer，TLB），因为插槽条目存储在顺序存储器的位置。它还省去了链表所需的指针，节省了空间。尽管频繁调整阵列大小，但操作系统带来的空间开销（如内存碎片）很小。

对这种方法的详细说明是所谓的动态完美散列，其中包含 k 个条目的存储桶被组织为具有 k^2 个时隙的完美散列表。尽管用动态数组来存储会占用更多的存储空间，但该数组散列表的变体保证了恒定的最坏情况下的查找时间和较低的摊销时间，还可以为每个桶使用融合树，以高概率实现所有操作恒定时间。

5．开放式寻址

在另一种称为开放寻址的策略中，所有条目记录都存储在桶阵列中。当必须插入新条目时，将检查存储桶，从散列到插槽开始并按某些探测顺序进行，直到找到未占用的插槽。搜索条目时，将以相同的顺序扫描存储区，直到找到目标记录，或找到未使用的阵列插槽，这表示表中没有此类密钥。“开放解决”是指所述项目的位置（地址）不受其散列值所限制。此方法也称为闭合散列，不应与“开放散列”或“封闭寻址”混淆。

众所周知的探针序列包括：

- 线性探测，其中探针之间的间隔是固定的（通常为 1）；
- 二次探测，其中通过将二次多项式的连续输出与原始散列计算给出的起始值相加来增加探测之间的间隔；
- 双重散列，其中探测之间的间隔由第二个散列函数计算。

这些开放寻址方案的缺点是存储的条目的数量不能超过桶阵列中的槽的数量。实际上，即使具有良好的散列函数，当负载因子增长超过 0.7 时，它们的性能也会显著降低。

开放寻址方案还对散列函数提出了更严格的要求：除了在桶上更均匀地分配密钥，该函数还必须最小化在探测顺序中连续的散列值的聚类。使用单独的链接，唯一的问题是太多的对象映射到相同的散列值，它们是相邻的还是附近的是完全无关紧要的。

如果条目很小（小于指针大小的 1/4）并且负载因子不是太小，则开放寻址仅节省存储器。如果负载因子接近于零（桶的单元数比存储的条目多得多），即使每个条目只有两个单词，开放寻址也是一种浪费。

开放寻址会避免出现分配每个新条目记录的时间开销，即使在没有内存分配器的情况下也可以实现。它还会避免访问每个桶的第一个条目（通常是唯一的一个）所需的额外间接操作。它还具有更好的参考局部性，特别是线性探测。对于小记录，这些因素会导致产生比链接更好的性能，尤其对于查找。具有开放寻址的散列表也更容易序列化，因为它们不使用指针。

另一方面，正常的开放寻址对大型元素来说是一个糟糕的选择，因为这些元素会填满整个 CPU 缓存行（否定了缓存优势），并且会在大的空表槽上浪费大量空间。如果开放寻址表仅存储对元素的引用，即外部存储，则它使用与链接相当的空间，对大型记录来说会使其丢失速度优势。

一般来说，开放式寻址最好用于具有小记录的散列表，这些记录可以存储在表（内部存储器）中并适合缓存行。它们特别适合一个字或更少的元素。如果预计表具有高负载因子，记录很大，或者数据是可变大小的，则链式散列表通常会表现得更好。

6．合并散列

合并散列即链接和开放寻址的混合，合并散列将表内的节点链接在一起。与开放寻址一样，它实现了空间使用（略微减少）和缓存优于链接的优势。与链接一样，它没有表现出聚类效应。事实上，散列表可以有效地填充到高密度。与链接不同，它不能包含比表槽更多的元素。

7．杜鹃散列

另一种替代的开放寻址解决方案是杜鹃散列，可确保在最坏的情况下保持查找时间，以及插入和删除的恒定摊销时间。它使用两个或更多散列函数，这意味着任何键值对可以位于两个或更多位置。对于查找，使用第一个散列函数；如果未找到键值对，则使用第二个散列函数，以此类推。如果在插入期间发生冲突，则使用第二个散列函数重新散列密钥以将其映射到另一个存储桶。如果使用了所有散列函数仍然存在冲突，则删除与其冲突的密钥以为新密钥腾出空间，并且使用其他散列函数之一来重新散列旧密钥，将其映射到另一个散列函数桶。如果该位置也产生冲突，则重复该过程直到没有冲突或该过程遍历所有桶，此时表的大小被调整。通过将多个散列函数与每个桶的多个单元组合，可以实现非常高的空间利用率。

12.5.4　散列表查找

一般而言，自定义散列表并进行查找有以下 4 个步骤：

（1）定义一个散列表结构；

（2）对散列表进行初始化；

（3）对散列表进行插入操作；

（4）根据不同的情况选择散列函数和处理冲突的方法（这里选择的是直接取余法和开放式寻址法）。

示例代码如代码 12-1 所示。

代码 12-1　散列表查找

```
#include "stdio.h"
#include "stdlib.h"

#define HASHSIZE 10                              //定义散列表长度
#define NULLKEY -32768

typedef struct
{
        int *elem;                               //数据元素存储地址，动态分配数组
        int count;                               //当前数据元素的个数
}HashTable;

int m = 0;

int Init(HashTable *H)
{
        int i;

        m = HASHSIZE;
        H->elem = (int *)malloc(m * sizeof(int));   //分配内存
        H->count = m;
        for (i = 0;i<m;i++)
        {
```

```
            H->elem[i] = NULLKEY;
        }
        return 1;
}


int Hash(int k)
{
        return k % m;                         //直接取余法
}

void Insert(HashTable *H,int k)
{
        int addr = Hash(k);
        while (H->elem[addr] != NULLKEY)
        {
            addr = (addr+1) % m;              //开放式寻址法
        }
        H->elem[addr] = k;
}

int Search(HashTable *H,int k)
{
        int addr = Hash(k);                   //求散列地址


        while (H->elem[addr] != k)            //用开放式寻址法解决冲突
        {
            addr = (addr+1) % m;

            if (H->elem[addr] == NULLKEY || addr == Hash(k))
                return -1;
        }
        return addr;
}

void Result(HashTable *H)                     //散列表元素的显示
{
        int i;
        for (i = 0;i<H->count;i++)
        {
            printf("%d ",H->elem[i]);
        }
        printf("\n");
}

void main()
{
        int i,j,addr;
        HashTable H;
        int arr[HASHSIZE] = { NULL };

        Init(&H);
```

```
    printf("输入键集合：");
    for (i = 0;i<HASHSIZE;i++)
    {
        scanf_s("%d",&arr[i]);
        Insert(&H,arr[i]);
    }
    Result(&H);

    printf("输入需要查找的元素：");
    scanf_s("%d",&j);
    addr = Search(&H,j);
    if (addr == -1)
        printf("元素不存在\n");
    else
        printf("%d 元素在表中的位置是：%d\n",j,addr);

}
```

本章小结

查找算法的基本目标为对给定的一个或多个元素和一个存储该类型元素的数据结构，求解给定的元素是否在该数据结构之中。

时间复杂度和空间复杂度分别用来衡量算法在时间上和空间上所耗费的资源大小。

算法中比较核心的一个思想：要么以空间换时间，要么以时间换空间。

本章讲述了常见的一些基础的查找算法，包括顺序表查找、折半查找、索引顺序查找和散列表查找。

顺序表是一种较为基础的存储结构，一般而言，顺序表在计算机内存中以数组形式存储数据，即用一组地址连续的存储单元依次存储数据元素的线性结构，数组内部可以存储包括数字、字符甚至对象在内的各种元素，只要求其在内存中的地址连续。顺序表用较高的空间要求换取了对其内部元素极快的查找速度，属于以空间换时间。

折半查找要求数据结构内存储的元素必须是“有序”排列的，通过比较数据结构中“中间位置”元素的“大小”来逐步缩小并最终确定要找的元素的范围。一般情况下其速度比顺序查找快，但对数据本身要求较高。

索引顺序查找的操作对象是一种特殊的顺序表，该顺序表通过特定的规则进行了分块处理，使该顺序表具有“块间有序，块内无序”的特性，然后通过先查找块间、再查找块内的方式来定位元素。

散列表查找是很重要、实用的一种查找方式，它通过散列函数，将原始数据的键映射到一个长度固定的散列表中，在查找时先查找散列表中的散列值，再查找散列值对应的键，从而免去了大量无意义的比较。散列表的关键点有两个：构造散列函数和解决散列冲突。针对不同的数据源，选择合适的散列函数和解决散列冲突的方法，是构造性能优秀的散列表的关键。

本章习题

给定如下表格，请尽可能多地填充该表格。

查找算法名	空间复杂度	时间复杂度	算法原理概述

课程实验

给定一个含有 n 个正整数的数组和一个正整数 s，找出该数组中满足元素之和大于等于 s 这一条件下，长度最小的连续子数组。如果不存在符合条件的连续子数组，则返回 0。

示例：

输入：s = 7, nums = [2,3,1,2,4,3]

输出：2

解释：子数组 [4,3] 是满足数组中元素之和大于等于 7 的长度最小的连续子数组。

进阶：如果你已经完成了 $O(n)$时间复杂度的解法，请尝试 $O(n\log n)$时间复杂度的解法。

第13章 基础算法设计

为了设计出有效的算法，必须首先了解基础算法的设计思想和方法。对于很多问题，只有仔细分析了数据对象后，才能找到相应的处理方法。本章介绍基础算法，包括分治法、动态规划法、贪心算法、回溯法等。

分治法

13.1 分治法

分治法在计算机中运用得非常多，因为一般能进行分而治之的问题都是能够并行或者部分并行的，这样就能提高算法的执行效率，在分布式系统中其就能派上用场。当然，即使是在单机环境中，分而治之的思想也是非常重要的。

13.1.1 基本思想

分治就是分而治之，把一个复杂的问题分解成多个规模较小的子问题，然后解决这些子问题，把子问题的解合并起来，大问题就解决了。

分治策略是：对于一个规模为 n 的问题，若该问题可以容易地解决（比如问题规模 n 较小）则直接解决，否则将其分解为 k 个规模较小的子问题，这些子问题互相独立且与原问题形式相同，递归地解决这些子问题，然后将各子问题的解合并得到原问题的解。这种算法设计策略叫作分治法。

如果原问题可分解成 k（$1<k\leqslant n$）个子问题，且这些子问题都可解并可利用这些子问题的解求出原问题的解，那么这种分治法就是可行的。采用分治法的过程中产生的子问题往往是原问题的较小模式，这就为使用递归技术提供了方便。在这种情况下，反复应用分治手段，可以使子问题与原问题类型一致而其规模却不断缩小，最终使子问题缩小到很容易直接求解。这自然会导致递归过程的产生。分治与递归像一对孪生兄弟，经常同时应用在算法设计之中，并由此产生许多高效算法。

可以使用分治法解决的问题的基本特征如下。

（1）问题缩小到一定规模容易解决，大多数问题都有这样的特征。

（2）分解出的子问题是相同类型的子问题，即该问题具有最优子结构性质，大多数问题也有这样的特征。这反映的是递归的思想。

（3）分解出的子问题的解可以合并。这一特征是能分治的关键，如果不能将子问题的解合并从而得到最终的解，就不能使用分治法。

（4）子问题是相互独立的，即子问题之间没有重复内容。如果原问题不具备这一特征，也可以用分治法。但是在分治的过程中，大量的重复子问题被多次计算，会降低算法效率，这样的问题可以考虑用动态规划法。

分治法可以采用 3 个步骤来实施：①将原问题分解成多个子问题；②求解子问题；③将子问题的解合并，从而得到原问题的解，如图 13-1 所示。

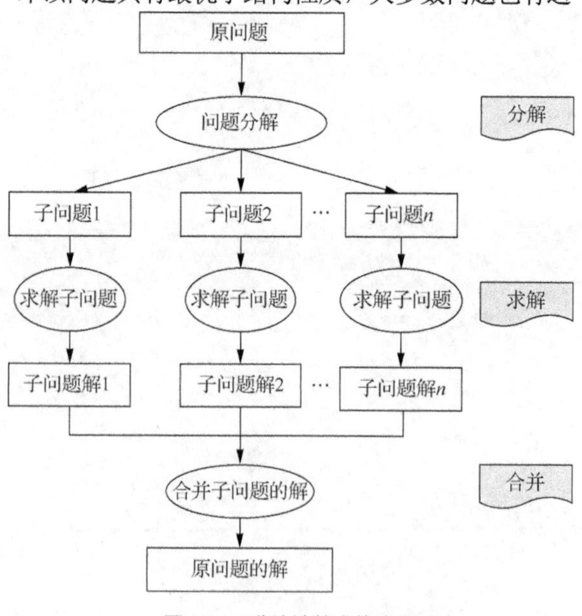

图 13-1 分治法的实施步骤

13.1.2　整数乘法

在介绍整数乘法之前，我们需要了解一下 Master 定理。设$a \geqslant 1$和$b>1$，a 和 b 均为常数，设$f(n)$为一函数，$T(n)$为定义在非负整数集上的函数，且$T(n)=a \cdot T(n/b)+f(n)$。

（1）若$f(n)=O\left(n^{\log_b a-\varepsilon}\right)$，$\varepsilon>0$且$\varepsilon$是常数，则$T(n)=\theta\left(n^{\log_b a}\right)$。

（2）若$f(n)=\theta\left(n^{\log_b a}\right)$，则$T(n)=\theta\left(n^{\log_b a} \cdot \lg n\right)$。

（3）若$f(n)=\Omega\left(n^{\log_b a-\varepsilon}\right)$，$\varepsilon>0$且$\varepsilon$是常数，且对所有充分大的 n，有$a \cdot f\left(\frac{n}{b}\right) \leqslant c \cdot f(n)$，$c$>1 且 c 是常数，则$T(n)=\theta\left[f(n)\right]$。

假如现在我们要计算两个大整数相乘的积，如 1234×1234，那么按照乘法规则，就要用乘数 1234 的每一位去和 1234 相乘，算法的时间复杂度是$O\left(n^2\right)$。整数位数越多，效率就越低，此时，我们可以使用分治法来解决该问题。如图 13-2 所示，我们将大整数按照位数分成两部分，然后计算两个大整数相乘的结果，观察此时的计算过程。

	$n/2$位	$n/2$位
X	A	B
Y	C	D

图 13-2　将整数分成两部分

$$X \cdot Y=\left(A \cdot 2^{\frac{n}{2}}+B\right) \cdot\left(C \cdot 2^{\frac{n}{2}}+D\right)$$

$$=AC \cdot 2^n+(AD+BC) \cdot 2^{\frac{n}{2}}+BD,$$

对于$AC \cdot 2^n+(AD+BC) \cdot 2^{\frac{n}{2}}+BD$这个式子，我们一共要进行 4 次乘法和 3 次加法，因而该算法的时间复杂度为

$$T(n)=4 \cdot T(n/2)+\theta(n)。$$

通过 Master 定理可以求得$T(n)=\theta\left(n^2\right)$，跟之前算法的时间复杂度没有本质区别。但是对于上述运算，我们是否可以用加法来代替乘法？因为多一次加法操作，加的是常数项，对时间复杂度没有影响，如果减少 1 次乘法则不同。

$$X \cdot Y=AC \cdot 2^n+\left[(A-B) \cdot (D-C)+AC+BD\right] \cdot 2^{\frac{n}{2}}+BD,$$

现在的时间复杂度为

$$T(n)=3 \cdot T(n/2)+\theta(n),$$

通过 Master 定理可求得$T(n)=O\left(n^{\log_2 3}\right)=O\left(n^{1.59}\right)$。

对 X= 1234 和 Y= 5678 进行分析，定义 divideConquer(*x*,*y*,len)为分治函数，表示对长度为 len 的 X 和 Y 进行分治，并计算 X 和 Y 的乘积；定义 A 为 X 的高位，B 为 X 的低位，C 为 Y 的高位，D 为 Y 的低位，$A1$ 为 A 的高位，$B1$ 为 A 的低位，$C1$ 为 C 的高位，$D1$ 为 C 的低位，计算过程的伪代码如代码 13-1 所示。

代码 13-1 分治法求解大整数相乘问题的计算过程（伪代码）

```
divideConquer(1234,5678,4)
X=1234 | A=12 | B=34 | A-B=-22
Y=5678 | C=56 | D=78 | D-C=22
3 次递归：
AC = divideConquer(12,56,2)
BD = divideConquer(34,78,2)
(A-B)(D-C) = divideConquer(-22,22,2)
AC 递归：
X=12 | A1=1 | B1=2 | A1-B1=-1
Y=56 | C1=5 | D1=6 | D1-C1=1
A1*C1 = divideConquer(1,5,1) = 5
B1*D1 = divideConquer(2,6,1) = 12
(A1-B1) * (D1-C1) = divideConquer(-1,1,1) = -1；
最终可得 X * Y = 7006652
```

最终的算法如代码 13-2 所示。

代码 13-2 分治法求解大整数相乘问题的算法实现

```
import sys
def add(n1,n2):
    n1 = n1[::-1]
    n2 = n2[::-1]
    #补齐到和的最大位数
    if len(n1)<len(n2):
        n2 += '0'
        n1 += '0'*(len(n2)-len(n1))
    else:
        n1 += '0'
        n2 += '0'*(len(n1)-len(n2))
    carry,sum = 0,''
    for i in range(len(n1)):
        cur_sum = int(n1[i]) + int(n2[i]) + carry
        carry = cur_sum // 10
        sum += str(cur_sum % 10)
    sum = sum[::-1]
    #去掉前面的零
    while len(sum)>1 and sum[0]=='0':
        sum = sum[1:]
    return sum
def muti(x1,x2):
    len1,len2 = len(x1[0]),len(x2[0])
    if len1 > 8:
        cut_point = len1//2
        x1_0 = [x1[0][:cut_point],x1[1]+len1-cut_point]
        x1_1 = [x1[0][cut_point:],x1[1]]
        return add(muti(x1_0, x2),muti(x1_1,x2))
    if len2 > 8:
        cut_point = len2//2
```

```
            x2_0 = [x2[0][:cut_point],x2[1]+len2-cut_point]
            x2_1 = [x2[0][cut_point:],x2[1]]
            return add(muti(x1,x2_0),muti(x1,x2_1))
        val = str(int(x1[0])*int(x2[0]))
        bit = x1[1]+x2[1]
        val += '0'*bit
        return val
if _name_ == "_main_":
    for line in sys.stdin:
        n1,n2 = line.strip().split()
        print(muti([n1,0], [n2,0]))
```

13.1.3　求两个矩阵的乘积

矩阵乘法：$\boldsymbol{A}\cdot\boldsymbol{B}=\boldsymbol{C}$。其中 $\boldsymbol{A}$ 矩阵的一行与 $\boldsymbol{B}$ 矩阵的一列点乘和为 $\boldsymbol{C}$ 的一个元素，运算逻辑如图 13-3 所示，$C_{ij}=\sum_{k=1}^{n}a_{ik}\cdot b_{kj}$（$1\leqslant i\leqslant m$，$1\leqslant j\leqslant q$，$n=p$）。

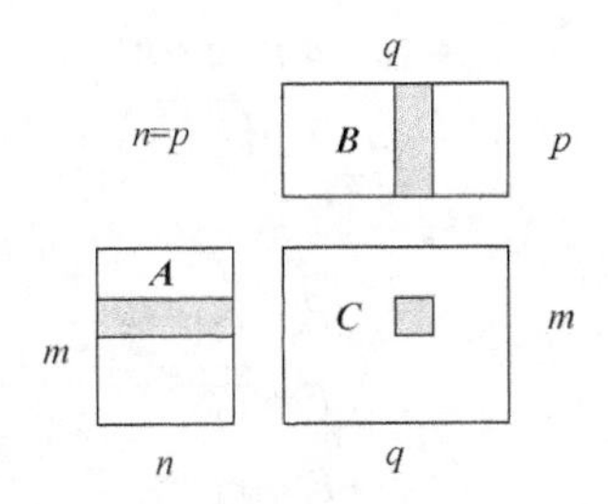

图 13-3　矩阵乘法的运算逻辑

由矩阵乘法的公式，我们很容易得到基本矩阵乘法的伪代码，如代码 13-3 所示。通过分析，算法的时间复杂度为 $O\left(n^3\right)$。

代码 13-3　基本矩阵乘法的伪代码

```
for i = 1 to col // row
    for j = 1 to row // col
        tmp = 0
        for k = 1 to col
            tmp += A[i*col + k]*B[j + k*row]
        end for
        C[i*col + j] = tmp
    end for
end for
```

怎样对矩阵乘法进行改进呢？我们很容易想到分块矩阵相乘。

$$\begin{pmatrix} r & s \\ t & u \end{pmatrix}=\begin{pmatrix} a & b \\ c & d \end{pmatrix}\cdot\begin{pmatrix} e & f \\ g & h \end{pmatrix}$$

$$r=a\cdot e+b\cdot g$$

$$s = a \cdot f + b \cdot h$$
$$t = c \cdot e + d \cdot g$$
$$u = c \cdot f + d \cdot h$$

一共有 8 次矩阵乘法和 4 次矩阵加法，使用 Master 定理，可得

$$T(n) = 8 \cdot T\left(\frac{n}{2}\right) + T(n^2) = O(n^3)。$$

由此可见，算法的时间复杂度并没有下降。这里我们就用到 Strassen 的矩阵乘法了，算法的本质是将 8 次乘法减少到 7 次。使用 7 次乘法，18 次加减法。我们将上述乘法，通过换元等手段进行构造。

$$P_1 = a \cdot (f - h)$$
$$P_2 = h \cdot (a + b)$$
$$P_3 = e \cdot (c + d)$$
$$P_4 = d \cdot (g - e)$$
$$P_5 = (a + d) \cdot (e + h)$$
$$P_6 = (b - d) \cdot (g + h)$$
$$P_7 = (a - c) \cdot (e + f)$$

因此，上述运算可以使用 $P_1 \sim P_7$ 代替。

$$r = P_5 + P_4 - P_2 + P_6$$
$$s = P_1 + P_2$$
$$t = P_3 + P_4$$
$$u = P_5 + P_1 - P_3 - P_7$$

于是时间复杂度变为 $T(n) = n^{\log_b a} = n^{\log_2 7} = n^{2.8074}$。

综上所述，算法的代码实现如代码 13-4 所示。

代码 13-4 Strassen 的矩阵相乘算法的代码实现

```
import numpy as np
def divide11(a,n):
    k=int(n/2)
    a11=[ [ [0] for i in range(0,k)]   for j in range(0,k)]   #初始化矩阵
    for i in range(0,k):
        for j in range(0,k):
            a11[i][j]=a[i][j]
    return a11
def divide12(a,n):
    k=int(n/2)
    a12=[ [ [0] for i in range(0,k)]   for j in range(0,k)]
    for i in range(0,k):
        for j in range(0,k):
            a12[i][j]=a[i][j+k]
    return a12
def divide21(a,n):
```

```
    k=int(n/2)
    a21=[ [ [0] for i in range(0,k)]   for j in range(0,k)]
    for i in range(0,k):
        for j in range(0,k):
            a21[i][j]=a[i+k][j]
    return a21
def divide22(a,n):
    k=int(n/2)
    a22=[ [ [0] for i in range(0,k)]   for j in range(0,k)]
    for i in range(0,k):
        for j in range(0,k):
            a22[i][j]=a[i+k][j+k]
    return a22
def Merge(a11,a12,a21,a22,n):
    k=int(2*n)
    a = [[[0] for i in range(0, k)] for j in range(0, k)]
    for i in range(0,n):
        for j in range(0,n):
            a[i][j]=a11[i][j]
            a[i][j+n]=a12[i][j]
            a[i+n][j]=a21[i][j]
            a[i+n][j+n]=a22[i][j]
    return a
def Plus(a,b,n):
    c=[[[0] for i in range(0,n)] for j in range(0,n)]
    for i in range(0,n):
        for j in range(0,n):
            c[i][j]=a[i][j]+b[i][j]
    return c
def Minus(a,b,n):
    c=[[[0] for i in range(0,n)] for j in range(0,n)]
    for i in range(0,n):
        for j in range(0,n):
            c[i][j]=a[i][j]-b[i][j]
    return c
def Strassen(a,b,n):
    k = n
    if k == 2:
        d = [[[0] for i in range(2)] for i in range(2)]
        d[0][0] = a[0][0] * b[0][0] + a[0][1] * b[1][0]
        d[0][1] = a[0][0] * b[0][1] + a[0][1] * b[1][1]
        d[1][0] = a[1][0] * b[0][0] + a[1][1] * b[1][0]
        d[1][1] = a[1][0] * b[0][1] + a[1][1] * b[1][1]
        return d
    else:
        a11 = divide11(a,n)
        a12 = divide12(a,n)
        a21 = divide21(a,n)
        a22 = divide22(a,n)
        b11 = divide11(b,n)
        b12 = divide12(b,n)
        b21 = divide21(b,n)
        b22 = divide22(b,n)
        k = int(n / 2)
        m1 = Strassen(a11,Minus(b12,b22,k),k)
```

```
        m2 = Strassen(Plus(a11,a12,k),b22,k)
        m3 = Strassen(Plus(a21,a22,k),b11,k)
        m4 = Strassen(a22,Minus(b21,b11,k),k)
        m5 = Strassen(Plus(a11,a22,k),Plus(b11,b22,k),k)
        m6 = Strassen(Minus(a12,a22,k),Plus(b21,b22,k),k)
        m7 = Strassen(Minus(a11,a21,k),Plus(b11,b12,k),k)
        c11 = Plus(Minus(Plus(m5,m4,k),m2,k),m6,k)
        c12 = Plus(m1,m2,k)
        c21 = Plus(m3,m4,k)
        c22 = Minus(Minus(Plus(m5,m1,k),m3,k),m7,k)
        c = Merge(c11,c12,c21,c22,k)
        return c
a = np.array([[1,2,3,4],[5,6,7,8],[4,3,2,1],[8,7,6,5]],dtype=int)
b = np.array([[1,2,3,4],[5,6,7,8],[4,3,2,1],[8,7,6,5]],dtype=int)
print(Strassen(a,b,4))
print(np.dot(a,b))
```

13.2 动态规划法

动态规划法通过拆分问题，定义问题状态和状态之间的关系，使问题能够以递推（或者说分治）的方式解决。

能采用动态规划法求解的问题一般具有以下 3 个性质。

（1）最优化原理：如果问题的最优解所包含的子问题的解也是最优的，就称该问题具有最优子结构，即满足最优化原理。

（2）无后效性：即某阶段状态一旦确定，就不受这个状态以后决策的影响。也就是说，某状态以后的过程不会影响以前的状态，其状态只与当前状态有关。

（3）有重叠子问题：即子问题之间是不独立的，一个子问题在下一阶段的决策中可能被多次使用。（该性质并不是动态规划法适用的必要条件，但是如果没有这条性质，动态规划法同其他算法相比就不具备优势。）

13.2.1 基本思想

动态规划法的基本思想与分治法的类似，也是将待求解的问题分解为若干个子问题（阶段），按顺序求解子问题，前一子问题的解为后一子问题的求解提供了有用的信息。在求解任一子问题时，列出各种可能的局部解，通过决策保留那些有可能达到最优的局部解，丢弃其他局部解。依次解决各子问题，最后一个子问题就是初始问题的解。由于动态规划法解决的问题多数有重叠子问题这个特点，为减少重复计算，对每一个子问题只求解一次，将其不同阶段的不同状态保存在一个二维数组中。

动态规划法所处理的问题是多阶段决策问题，一般由初始状态开始，通过对中间阶段决策的选择，达到结束状态。这些决策形成了一个决策序列，同时确定了完成整个过程的一条活动路线（通常是最优活动路线）。

初始状态→决策 1→决策 2→…→决策 n→结束状态

划分阶段：按照问题的时间或空间特征，把问题分为若干个阶段。在划分阶段时，注意划分后的阶段一定要是有序的或者是可排序的，否则问题就无法求解。

确定状态和状态变量：将问题发展到各个阶段时所处的各种客观情况用不同的状态表示出来。当然，状态的选择要满足无后效性。

确定决策并写出状态转移方程：因为决策和状态转移有着天然的联系，状态转移就是根据上一阶段的状态和决策来导出本阶段的状态。所以如果确定了决策，状态转移方程也就可写出。但事实上常常是反过来做，根据相邻两个阶段的状态之间的关系来确定决策方法和状态转移方程。

寻找边界条件：给出的状态转移方程是一个递推式，需要一个递推的终止条件或边界条件。

一般地，只要解决问题的阶段、状态和状态转移决策确定了，就可以写出状态转移方程（包括边界条件）。实际应用中可以按以下几个简化的步骤进行设计。

（1）分析最优解的性质，并刻画其结构特征。

（2）递归地定义最优解。

（3）以自底向上或自顶向下的记忆化方式（备忘录法）计算出最优值。

（4）根据计算最优值时得到的信息，构造问题的最优解。

13.2.2　矩阵连乘问题

给定 n 个矩阵 $\boldsymbol{A}_1,\boldsymbol{A}_2,\cdots,\boldsymbol{A}_n$，其中 $\boldsymbol{A}_i$ 与 $\boldsymbol{A}_{i+1}$ 是可乘的，$i=1,2,3,\cdots,n-1$。如何确定计算矩阵连乘积的计算次序，使以此次序计算矩阵连乘积需要的数乘次数最少？

例如，给定的 3 个连乘矩阵 $\boldsymbol{A}_1,\boldsymbol{A}_2,\boldsymbol{A}_3$ 分别是 10×100、100×5、5×50 的。采用$(\boldsymbol{A}_1\boldsymbol{A}_2)\boldsymbol{A}_3$，乘法次数为 $10\times100\times5+10\times5\times50=7500$，而采用 $\boldsymbol{A}_1(\boldsymbol{A}_2\boldsymbol{A}_3)$，乘法次数为 $100\times5\times50+10\times100\times50=75000$，显然，最好的次序是$(\boldsymbol{A}_1\boldsymbol{A}_2)\boldsymbol{A}_3$，乘法次数为 7500。

矩阵连乘问题描述：

给定由 n 个矩阵构成的序列 $\boldsymbol{A}_1,\boldsymbol{A}_2,\cdots,\boldsymbol{A}_n$，对乘积 $\boldsymbol{A}_1\boldsymbol{A}_2\cdots\boldsymbol{A}_n$，找到最小化乘法次数的加括号方法。

1．寻找最优子结构

此问题较难的地方在于找到最优子结构。对乘积 $\boldsymbol{A}_1\boldsymbol{A}_2\cdots\boldsymbol{A}_n$ 的任意加括号方法都会将序列在某个地方分成两部分，也就是最后一次乘法计算的地方，我们将这个位置记为 k，也就是说，首先计算 $\boldsymbol{A}_1\boldsymbol{A}_2\cdots\boldsymbol{A}_k$ 和 $\boldsymbol{A}_{k+1}\boldsymbol{A}_{k+2}\cdots\boldsymbol{A}_n$，然后将这两部分的结果相乘。

最优子结构如下：假设 $\boldsymbol{A}_1\boldsymbol{A}_2\cdots\boldsymbol{A}_n$ 的一个最优加括号把乘积在 $\boldsymbol{A}_k$ 和 $\boldsymbol{A}_{k+1}$ 间分开，则前缀子链 $\boldsymbol{A}_1\boldsymbol{A}_2\cdots\boldsymbol{A}_k$ 的加括号方法必定为 $\boldsymbol{A}_1\boldsymbol{A}_2\cdots\boldsymbol{A}_k$ 的一个最优加括号方法，后缀子链同理。一开始并不知道 k 的确切位置，需要遍历所有位置以保证找到合适的 k 来分割乘积。

2．构造递归解

设 $m[i,j]$ 为矩阵链 $\boldsymbol{A}_1\boldsymbol{A}_2\cdots\boldsymbol{A}_j$ 的最优解的代价，P_j 为矩阵 $\boldsymbol{A}_i$ 的行数，n 为连乘矩阵个数，则

$$m[i,j]=\begin{cases}0, & 1\leqslant j\leqslant i\leqslant n,\\ \min\limits_{i\leqslant k<j}\{m[i,k]+m[k+1,j]+P_{i-1}P_kP_j\}, & 1\leqslant i<j\leqslant n。\end{cases}$$

3．构建辅助表，解决重叠子问题

从上述的递归式可以发现求解的过程中会有很多重叠子问题，可以用 $n\times n$ 的辅助表 $m[n][n]$，$s[n][n]$ 分别表示最优乘积代价及其分割位置 k。

辅助表 $s[n][n]$ 可以用两种方法构造：一种是自底向上填表构建，该方法要求按照递增的方式逐步填写子问题的解，也就是先计算长度为 2 的所有矩阵链的解，然后计算长度为 3 的矩阵链的解，直至计算到长度为 n 的矩阵链的解；另一种是自顶向下填表的备忘录法，该方法将表的每个元素初始化为某特殊值（本问题中可以将最优乘积代价设置为一个极大值），以表示待计算，在递归的过程中逐个填入遇到的子问题的解。

对于一组矩阵：$A_1(30\times35),A_2(35\times15),A_3(15\times5),A_4(5\times10),A_5(10\times20)$。$p$ 数组保存它们的行数和列数：$p=\{30,35,15,5,10,20\}$。其共有 6 个元素。

$p[0],p[1]$ 代表第 1 个矩阵的行数和列数，$p[1],p[2]$ 代表第 2 个矩阵的行数和列数……$p[4],p[5]$ 代表第 5 个矩阵的行数和列数。表 13-1 是矩阵与 p 数组的关系，表 13-2 显示的是矩阵相乘的顺序划分和求解方式。

表 13-1　矩阵与 p 数组的关系

矩阵	A_1	A_2	A_3	A_4	A_5
行×列	30×35	35×15	15×5	5×10	10×20
p	$p[0],p[1]$	$p[1],p[2]$	$p[2],p[3]$	$p[3],p[4]$	$p[4],p[5]$

表 13-2　矩阵相乘的顺序划分和求解方式

i	j				
	1	2	3	4	5
1	0 (A_1)	30×35×15 $(A_1)A_2$	$A_1(A_2A_3)$ $(A_1A_2)A_3$	$A_1(A_2A_3A_4)$ $(A_1A_2)(A_3A_4)$ $(A_1A_2A_3)A_4$	$A_1(A_2A_3A_4A_5)$ $(A_1A_2)(A_3A_4A_5)$ $(A_1A_2A_3)(A_4A_5)$ $(A_1A_2A_3A_4)A_5$
2		0 (A_2)	35×15×5 $(A_2)A_3$	$A_2(A_3A_4)$ $(A_2A_3)A_4$	$A_2(A_3A_4A_5)$ $(A_2A_3)(A_4A_5)$ $(A_2A_3A_4)A_5$
3			0 (A_3)	30×35×15 $(A_3)A_4$	$A_3(A_4A_5)$ $(A_3A_4)A_5$
4				0 (A_4)	15×5×10 $(A_4)A_5$
5					0 (A_5)

辅助表 $m[i][j]$ 代表矩阵 $A_i,A_{i+1},\cdots,A_j$ 最小的相乘次数，比如 $m[2][5]$ 代表 A_2,A_3,A_4,A_5 最小的相乘次数，即最优的乘积代价。从矩阵 A_2 到 A_5 有 3 种断链方式：$A_2(A_3A_4A_5)$、$(A_2A_3)(A_4A_5)$ 和 $(A_2A_3A_4)A_5$。这 3 种断链方式会影响最终矩阵相乘的计算次数，我们分别算出来，然后选一个最小的，就是 $m[2][5]$ 的值，同时保留断开的位置 k 在 s 数组中，代码 13-5 是矩阵连乘的算法实现。

代码 13-5　矩阵连乘的算法实现

```
#矩阵连乘问题
#row_num 表示每个矩阵的行数
class Matrix:
    def _init_(self,row_num=0,col_num=0,matrix=None):
        if matrix != None:
            self.row_num = len(matrix)
            self.col_num = len(matrix[0])
        else:
            self.row_num = row_num
            self.col_num = col_num
        self.matrix = matrix
def matrix_chain(matrixs):
    matrix_num = len(matrixs)
    count = [[0 for j in range(matrix_num)] for i in range(matrix_num)]
    flag = [[0 for j in range(matrix_num)] for i in range(matrix_num)]
    for interval in range(1,matrix_num + 1):
        for i in range(matrix_num - interval):
            j = i + interval
            count[i][j] = count[i][i] + count[i + 1][j] + matrixs[i].row_num * matrixs[i + 1].row_num * matrixs[j].col_num
            flag[i][j] = i
            for k in range(i + 1,j):
                temp = count[i][k] + count[k + 1][j] + matrixs[i].row_num * matrixs[k + 1].row_num * matrixs[j].col_num
                if temp < count[i][j]:
                    count[i][j] = temp
                    flag[i][j] = k
    traceback(0,matrix_num - 1,flag)
    return count[0][matrix_num - 1]
def traceback(i,j,flag):
    if i == j:
        return
    if j - i > 1:
        print(str(i + 1) + '~' + str(j + 1),end=': ')
        print(str(i + 1) + ":" + str(flag[i][j] + 1),end=',')
        print(str(flag[i][j] + 2) + ":" + str(j + 1))
    traceback(i,flag[i][j],flag)
    traceback(flag[i][j] + 1,j,flag)
matrixs = [Matrix(30,35),Matrix(35,15),Matrix(15,5),Matrix(5,10),Matrix(10,20)]
result = matrix_chain(matrixs)
print(result)
```

13.3　贪心算法

贪心算法是指在对问题求解时，总是做出在当前看来最好的选择。也就是说，不从整体最优上加以考虑，它计算出的是某种意义上的局部最优解。

贪心算法的目的不是使所有问题都能得到最优解，关键是贪心策略的选择，选择的贪心策略必须具备无后效性，即某个状态以前的过程不会影响以后的状态，只与当前状态有关。

贪心选择是指所求问题的整体最优解，可以通过一系列局部最优的选择（即贪心选择）来实现。这是贪心算法可行的第一个基本要素，也是贪心算法与动态规划法的主要区别。贪心选择是采用自顶向下、以迭代的方法做出相继选择，每做一次贪心选择就将所求问题简化为一个规模更小的子问题。对于一个具体问题，要确定它是否具有贪心选择的性质，我们必须证明每一步所做的贪心选择最终能得到问题的最优解。通常要寻找问题的一个整体最优解，是从贪心选择开始的，而且做了贪心选择后，原问题简化为一个规模更小的类似子问题；然后，用数学归纳法，通过每一步贪心选择，最终得到问题的一个整体最优解。

当一个问题的最优解包含其子问题的最优解时，称此问题具有最优子结构性质。运用贪心策略在每一次转化时都取得了最优解。问题的最优子结构性质是该问题可用贪心算法或动态规划法求解的关键特征。贪心算法的每一次操作都对结果产生直接影响，而动态规划法则不是。贪心算法对每个子问题的解决方案都做出选择，不能回退；动态规划法则会根据以前的选择结果对当前进行选择，有回退功能。动态规划法主要运用于二维或三维问题，而贪心算法一般运用于一维问题。

13.3.1 基本思想

贪心算法的基本思想是从问题的某一个初始解出发，一步一步地进行，根据某个优化测度，每一步都要确保能获得局部最优解。每一步只考虑一个数据，且数据应该满足局部优化的条件。若下一个数据和局部最优解连在一起不再是可行解，就不把该数据添加到局部最优解中，直到把所有数据枚举完，或者不能再添加算法时停止。

使用贪心算法求解问题的步骤如下：

（1）建立数学模型来描述问题；

（2）把求解的问题分成若干个子问题；

（3）对每一个子问题求解，得到子问题的局部最优解；

（4）把子问题的局部最优解合成原来问题的一个解。

13.3.2 背包问题

背包问题有很多种，比如 0/1 背包、完全背包、多重背包等，这里能够使用贪心算法求解的是一般背包问题。给定 n 种物品和 1 个背包，背包容量为 C，每个物品 i 的价值为 V_i，重量为 W_i，应如何选择装入物品使背包的总价值最大？与 0/1 背包问题不同，在选择物品 i 装入背包时，可以选择物品 i 的一部分，而不一定要全部装入背包。

给定 $C>0, W_i>0, V_i>0, 1 \leqslant i \leqslant n$，找一个 n 元向量 $\boldsymbol{A}=(X_1, X_2, \cdots, X_n), 0 \leqslant X_i \leqslant 1$（$X_i$ 表示第 i 个物体装入背包的部分），使 $\sum W_i X_i \leqslant C$ 并且 $\sum V_i X_i$ 最大。

算法思路：将物品按照单位重量价值从大到小排序，将尽可能多的单位重量价值最高的物品装入背包，若将这种物品全部装入背包后，背包还有多余容量，则选择单位重量价值次高的并尽可能多地装入背包。如果最后一件物品无法全部装入，则计算可以装入的比例，然后按比例装入，算法实现如代码 13-6 所示。

代码 13-6　背包问题的算法实现

```
import time
class goods:
    def _init_(self,goods_id,weight=0,value=0):
        self.id = goods_id
        self.weight = weight
        self.value = value
#不适用于 0/1 背包
def knapsack(capacity=0,goods_set=[]):
    #按单位重量价值排序
    goods_set.sort(key=lambda obj: obj.value / obj.weight,reverse=True)
    result = []
    for a_goods in goods_set:
        if capacity < a_goods.weight:
            break
        result.append(a_goods)
        capacity -= a_goods.weight
    if len(result) < len(goods_set) and capacity != 0:
        result.append(goods(a_goods.id,capacity,a_goods.value * capacity / a_goods.weight))
    return result

some_goods = [goods(0,2,4),goods(1,8,6),goods(2,5,3),goods(3,2,8),goods(4,1,2)]
start_time = time.clock()
res = knapsack(6,some_goods)
end_time = time.clock()
print('花费时间：' + str(end_time - start_time))
for obj in res:
    print('物品编号：' + str(obj.id) + ' ,放入重量：' + str(obj.weight) + ',放入的价值：' + str(obj.value),end=',')
    print('单位价值量为：' + str(obj.value / obj.weight))
```

13.4　回溯法

回溯法是一种选优搜索法，又称试探法，按选优条件向前搜索，以达到目的。但当探索到某一步时，发现原先的选择并不优或达不到目的，就退回一步重新选择，这种“走不通”就“退回重走”的技术为回溯法，而满足回溯条件的某个状态的点称为“回溯点”。

13.4.1　基本思想

在回溯法中，每次扩大当前部分解时，都面临一个可选的状态集合，新的部分解就通过在该集合中选择构造而成。这样的状态集合，其结构是一棵多叉树，每个树节点代表一个可能的部分解，它的子节点是在它的基础上生成的其他部分解。树根为初始状态，这样的状态集合称为状态空间树。

回溯法中对任一解的生成，一般采用逐步扩大解的方式。每前进一步，都试图在当前部分解的基础上扩大该部分解。从问题的状态空间树的开始节点（根节点）出发，以深度优先方式搜索整棵状态空间树。这个开始节点成为活节点，同时也成为当前的扩展节点。在当前扩展节点处，搜索向纵深方向移至一个新节点。这个新节点成为新的活节点，并成为当前扩展节点。如果在当前扩展节点处不能再向纵深方向移动，则当前扩展节点成为死节点。此时，应往回移动（回溯）至最近的活节点处，并使这个活节点成为当前扩展节点。回溯法以这种工作方式递归地在状态空间树中搜索，直到找到所要求的解或状态空间树中已无活节点为止。

回溯法与穷举法有某些联系，它们都是基于试探的。穷举法要将一个完整解的各个部分全部生成后，才检查其是否满足条件，若不满足，则直接放弃该完整解，然后尝试另一个可能的完整解。它并没有沿着一个可能的完整解的各个部分逐步回退生成解的过程。而对于回溯法，一个解的各个部分是逐步生成的，当发现当前生成的某部分不满足约束条件时，就放弃该步所做的工作，退到上一步进行新的尝试，而不是放弃整个解重来。

运用回溯法解题的关键要素如下：

（1）针对给定的问题，定义问题的状态空间树；

（2）确定易于搜索的状态空间树结构；

（3）以深度优先方式搜索状态空间树，在搜索过程中用剪枝函数以避免无效搜索。

13.4.2 单词匹配问题

问题描述：给定一个二维网格和一个单词，要求确定该单词是否存在于网格中。单词必须按照字母顺序，通过相邻的单元格内的字母来构成，其中相邻单元格是那些水平相邻或垂直相邻的单元格。同一个单元格内的字母不允许被重复使用。单词匹配问题的算法实现如代码 13-7 所示。

代码 13-7 单词匹配问题的算法实现

```
def ws(i,j,l1,l2,start,board,word,used):
    if board[i][j]==word[start]:
        used.append([i,j])
        if start==len(word)-1:
            return True
        else:    #4 种情况
            if i<l1-1 and [i+1,j] not in used and ws(i+1,j,l1,l2,start+1,board,word,used):
                return True
            if j<l2-1 and [i,j+1] not in used and ws(i,j+1,l1,l2,start+1,board,word,used):
                return True
            if i>0 and [i-1,j] not in used and ws(i-1,j,l1,l2,start+1,board,word,used):
                return True
            if j>0 and [i,j-1] not in used and ws(i,j-1,l1,l2,start+1,board,word,used):
                return True
            used.pop()  #回溯，即若当前[i,j]是上一个节点往左的节点，不可行，出栈，加入上一个节点往右的可行节点
    else:
        return False
board=[  \
   ['A','B','C','E'], \
   ['S','F','C','S'], \
   ['A','D','E','E']   \
]
word="ABCCED"
```

```
l1=len(board)
l2=len(board[0])
flag=False
for i in range(l1):
    for j in range(l2):
        if board[i][j]==word[0]:
            if ws(i,j,l1,l2,0,board,word,[]):
                print("匹配成功")
                flag=True
                break
if flag==False:
    print("匹配失败")
```

本章小结

在本章中我们了解了计算机中的一些基本的算法思想，比如分治法、动态规划法、贪心算法、回溯法等。这些算法各有优劣，需要根据实际问题进行选用。算法的本质就是优化程序的执行性能，减少不必要的重复运算，提高程序的执行效率。我们一定要看到算法的本质，在程序执行的时间和空间上进行取舍，使算法的性能得到提升，从而解决实际问题。

本章习题

1．给定两个大小为 m 和 n 的有序数组 nums1 和 nums2。请你设计算法找出这两个有序数组的中位数，并且要求算法的时间复杂度为 $O[\log(m+n)]$。你可以假设 nums1 和 nums2 不会同时为空。

2．城市的天际线是从远处观看该城市中所有建筑物形成的外部轮廓。现在，假设你获得了城市风光照片[见图 13-4（a）]上显示的所有建筑物的位置和高度，请编写一个程序，输出由这些建筑物形成的天际线[见图 13-4（b）]。

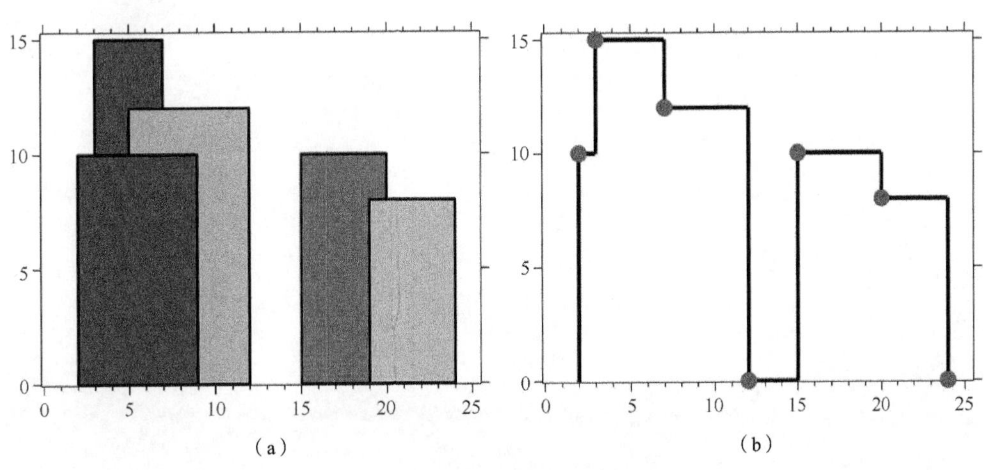

图 13-4　城市风光照片及天际线

3．在一条环路上有 N 个加油站，其中第 i 个加油站有汽油 gas[i]L（升）。假设你有一辆油箱容量无限的汽车，从第 i 个加油站开往第 i+1 个加油站需要消耗汽油 cost[i]L。你从其中的一个加油站出发，开始时油箱为空。请编程实现：在给定两个整数数组 gas 和 cost 的情况下，如果你可以绕环路行驶一周，则返回出发时加油站的编号；否则返回-1。

4．给定一个字符串 s，找到 s 中最长的回文子串。你可以假设 s 的最大长度为 1000。

5．给定一个无序的整数数组，找到其中最长上升子序列的长度。

6．给定一个没有重复数字的序列，返回其可能的全排列。给定一个可包含重复数字的序列，返回不重复的全排列。如何从序列中挑出 k 个元素组成组合呢？

课程实验

编写一个程序，通过已填充的空格（见下图）来解决数独问题，空白格用“.”表示。数独的解法需遵循如下规则：

（1）数字 1～9 在每一行只能出现一次；

（2）数字 1～9 在每一列只能出现一次；

（3）数字 1～9 在每一个以粗实线分隔的 3×3 宫格内只能出现一次。

5	3			7				
6			1	9	5			
	9	8					6	
8				6				3
4			8		3			1
7				2				6
	6					2	8	
			4	1	9			5
				8			7	9

5	3	4	6	7	8	9	1	2
6	7	2	1	9	5	3	4	8
1	9	8	3	4	2	5	6	7
8	5	9	7	6	1	4	2	3
4	2	6	8	5	3	7	9	1
7	1	3	9	2	4	8	5	6
9	6	1	5	3	7	2	8	4
2	8	7	4	1	9	6	3	5
3	4	5	2	8	6	1	7	9

第 14 章

机器学习算法基础

目前大数据在科技行业已经非常流行，而基于大量数据来进行预测或获得建议的机器学习算法无疑是非常强大的。机器学习算法可以分为两大类：监督学习、无监督学习。监督学习可用于特定的数据集（训练集），其具有某一属性（标签），但是其他数据没有标签或者需要预测标签。无监督学习可用于给定的没有标签的数据集（数据不是预先分配好的），目的就是找出数据间的潜在关系。本章介绍的机器学习算法可作为第 15 章介绍的大数据框架下算法并行化设计与实现相关内容的基础。

PageRank 算法

14.1 监督学习算法

监督学习是学习函数的机器学习任务，该函数基于示例 I/O 将输入映射到输出。它可推断出一个函数标记的训练数据由一组训练样例组成。在监督学习中，每个实施例包括一个输入物体（通常为矢量）和一个期望的输出值集合（也称为监控信号）。监督学习算法分析训练数据并产生推断函数，该函数可用于映射新示例。最佳方案将允许算法正确地确定看不见的实例的类标签。这要求监督学习算法以“合理”的方式从分析训练数据推广到“看不见的情况”。

一般而言，为了解决特定的监督学习问题，必须执行以下步骤。

（1）确定培训示例的类型。在做任何其他事情之前，用户应该决定将哪种数据用作训练集。例如，在手写分析的情况下，数据可以是单个手写字符、整个手写单词或整行手写句子。

（2）收集训练集。训练集除了需要特征向量，还需要预期输出。因此，可收集一组输入对象，并且可通过人类专家或从测量中收集相应的输出。

（3）确定学习函数的输入要素表示。学习函数的准确性很大程度上取决于输入对象的表示方式。通常，输入对象会被转换为特征向量，其包含许多描述对象的特征。由于维数与计算量正相关，特征的数量不应太大，但其应该包含足够的信息来准确预测输出。

（4）确定学习函数的结构和相应的监督学习算法。例如，工程师可以选择使用支持向量机或决策树。

（5）完成设计。基于收集的训练集运行监督学习算法。一些监督学习算法要求用户确定某些控制参数。可以通过优化训练集的子集（称为验证集）的性能或通过交叉验证来调整这些参数。

（6）评估学习函数的准确性。完成参数调整和学习之后，应基于与训练集分开的测试集测量所得函数的性能。

目前比较成熟的监督学习算法有很多种，这些算法各有优劣，可以肯定地说，目前还没有任何一种算法能够做到“完美无缺”，即在任何情况下都能做到最优。因此，确定监督学习算法，必须先针对问题本身进行分析、判断，根据问题的特性进行考量。

对于监督学习算法，需要考虑以下 4 点。

1. 偏差-方差权衡

第 1 点是偏差和方差之间的权衡。通常，偏差和方差之间存在权衡关系。具有低偏差的监督学习算法必须是“灵活的”，以便能够很好地拟合数据。但是如果监督学习算法太灵活，它将以不同的方式拟合每个训练数据集，因此具有高方差。许多监督学习算法的一个关键方面是它们能够在偏差和方差之间调整（自动调整或提供给用户可以调整的偏差/方差参数）这种权衡。

2. 函数复杂性和训练数据量

第 2 点是针对“真实”函数（分类器或回归函数）的不同复杂性，可用的训练数据量不同。如果真实函数很简单，那么具有高偏差和低方差的“不灵活”监督学习算法将能够从少量数据中学习它。但是如果真实函数非常复杂（例如，它涉及许多不同输入特征之间的复杂交互，并且在输入空间的不同部分表现不同），那么该函数将只能用量非常大的训练数据，以及使用具有低偏差和高方差的“灵活”学习算法。

3．输入空间的维度

第 3 点是输入空间的维度。如果输入特征向量具有非常高的维度，即使真实函数仅依赖于少数特征，学习问题也可能是困难的。这是因为许多“额外”维度会使监督学习算法混淆并导致其具有高差异。因此，高输入维度通常需要调整分类器以具有低方差和高偏差。实际上，如果工程师可以从输入数据中手动删除不相关的特征，可能会提高学习功能的准确性。此外，有许多用于特征选择的算法，会寻求、识别相关特征并丢弃不相关特征。这就是降维，旨在在运行监督学习算法之前将输入数据映射到较低维空间。

4．输出值中的噪声

第 4 点是所需输出值（监督目标变量）中的噪声。如果期望的输出值通常不正确（由于人为错误或传感器错误），则监督学习算法不应尝试找到与训练示例完全匹配的功能。试图过于仔细地拟合数据会导致过度拟合。即使没有测量误差（随机噪声），如果要学习的功能对于你的学习模型而言过于复杂，也可以过度拟合。在这种情况下，无法建模的目标函数部分会“破坏”训练数据。这种误差较大的数据被称为确定性噪声。当存在任何类型的噪声时，最好采用更高偏差、更低方差估计。

在实践中，有几种方法可用来减小输出值中的噪声，如在训练监督学习算法时，在模型收敛之前停止训练，并且检测和去除噪声训练示例。有几种算法可以识别嘈杂的训练样例，并且可在训练之前去除可疑的噪声训练样例，能减少具有统计显著性的泛化误差。

下面将对几种典型的监督学习算法进行讲解。

14.1.1　朴素贝叶斯算法

在机器学习中，朴素贝叶斯分类器是一系列简单的“概率分类器”，它基于贝叶斯定理应用特征之间的强独立假设。

自 20 世纪 60 年代以来，朴素贝叶斯算法就被广泛研究。它在 20 世纪 60 年代早期被引入文本检索社区，是一种流行的（基线）文本分类方法，即将文档判断为属于一个类别或另一个类别的问题（如将文档分类为垃圾邮件或合法邮件），以词频为特征。通过适当预处理，自然语言处理领域具有更高级的方法，包括支持向量机等，具有一定的竞争力。它也适用于自动医疗诊断领域。

朴素贝叶斯分类器具有高度可扩展性，通常来说，一个朴素贝叶斯分类器没有太多参数。最大似然训练可以通过评估闭式表达式来完成，采用线性时间，而不像许多其他类型的分类器那样使用“昂贵的”迭代近似。

在统计学和计算机科学文献中，朴素的贝叶斯模型以各种名称而闻名，包括简单的贝叶斯和独立贝叶斯。这些名称都源于朴素贝叶斯，但朴素贝叶斯算法并不（必然）是贝叶斯方法。

朴素贝叶斯算法是一种构造分类器的简单技术：将类标签分配给问题实例的模型，表示为特征值的向量，其中类标签是从某个有限集中绘制出的。朴素贝叶斯训练的分类器都基于这样一个前提：所有朴素贝叶斯分类器都假设特定特征的值独立于给定类变量的任何其他特征的值。例如，如果水果是红色的，圆形的，直径约 10cm，则可以认为它是苹果。朴素贝叶斯分类器认为这些特征中的每一个都独立地为该水果是苹果的概率做贡献，而不管任何可能的颜色、圆形程度和直径特征之间的相关性。

对于某些类型的概率模型，可以在监督学习设置中非常有效地训练朴素贝叶斯分类器。在许多实际应用中，朴素贝叶斯模型的参数估计使用最大似然法。换句话说，训练一个朴素贝叶斯模型通常不需要用到贝叶斯概率或任何贝叶斯方法。

抽象地，朴素贝叶斯是一个条件概率模型，即给定一个要分类的问题实例，用向量 $\boldsymbol{x}=(x_1,x_2,\cdots,x_n)$表示 n 个特征（自变量），对于 k 个可能的结果或类别中的每一个 C_k，它为这个实例分配如下概率：

$$p(C_k \mid x_1,\cdots,x_n)\text{。}$$

上述公式的问题在于，如果特征数量 n 的值很大或者特征可以采用大量值，那么使这样的模型基于概率表是不可行的。因此，我们重新确定模型，使其更易于处理。使用贝叶斯定理，条件概率可以分解为

$$p(C_k \mid \boldsymbol{x})=\frac{p(C_k)p(\boldsymbol{x} \mid C_k)}{p(\boldsymbol{x})}\text{。}$$

使用贝叶斯概率术语，上面的等式可以写成

$$\text{后验概率}=\frac{\text{先验概率}\times\text{似然概率}}{\text{边际概率}}\text{。}$$

在实践中，只需关注该分数的分子，因为分母不依赖于 C 和 $\boldsymbol{x}$，分母实际上是恒定的。而分子等价于联合概率模型

$$p(C_k,x_1,\cdots,x_n)\text{，}$$

可以按如下方式重写，使用链式规则重复应用条件概率的定义：

$$\begin{aligned}p(C_k,x_1,\cdots,x_n)&=p(x_1,\cdots,x_n,C_k)\\&=p(x_1 \mid x_2,\cdots,x_n,C_k)p(x_2,\cdots,x_n,C_k)\\&=p(x_1 \mid x_2,\cdots,x_n,C_k)p(x_2 \mid x_3,\cdots,x_n,C_k)p(x_3,\cdots,x_n,C_k)\\&=\cdots\\&=p(x_1 \mid x_2,\cdots,x_n,C_k)p(x_2 \mid x_3,\cdots,x_n,C_k)\cdots p(x_{n-1} \mid x_n,C_k)p(x_n \mid C_k)p(C_k)\text{。}\end{aligned}$$

现在，根据条件独立假设，假设所有特征都在 $\boldsymbol{x}$ 内且相互独立，在这个假设下，

$$p(x_i \mid x_{i+1},\cdots,x_n,C_k)=p(x_i \mid C_k) \qquad (i\in[1,n-1])\text{。}$$

因此，聚合概率模型可以表示为

$$\begin{aligned}p(C_k \mid x_1,\cdots,x_n)&\propto p(C_k,x_1,\cdots,x_n)\\&=p(C_k)p(x_1 \mid C_k)p(x_2 \mid C_k)p(x_3 \mid C_k)\cdots\\&=p(C_k)\prod_{i=1}^{n}p(x_i \mid C_k)\text{。}\end{aligned}$$

这意味着在上述条件独立假设下，类变量的条件分布 C 可以表示为

$$p(C_k \mid x_1,\cdots,x_n)=\frac{1}{Z}p(C_k)\prod_{i=1}^{n}p(x_i \mid C_k)\text{，}$$

其中 $Z=p(\boldsymbol{x})=\sum_{k=0}^{n}p(C_k)p(\boldsymbol{x} \mid C_k)$ 是仅依赖于 C_k 的缩放因子，即如果已知特征变量的值，则 Z 为常量。

14.1.2 决策树算法

在计算机科学中，决策树学习使用决策树（作为预测模型）从关于项目（在分支中表示）的观察到关于项目的目标变量（在叶子中表示）的结论。它是统计、数据挖掘和机器学习中使用的预测建模方法之一。目标变量采用一组离散值的树模型称为分类树。在树结构中，叶子代表类标签，分支代表连词，连接这些类标签的功能。目标变量采用连续值（通常是实数）的决策树称为回归树。

在决策分析中，决策树可用于在视觉上明确地表示决策。在数据挖掘中，决策树可用于描述数据（得到的分类树可以用于决策的输入）。本章主要论述数据挖掘中的决策树。

决策树学习是数据挖掘中常用的一种方法。其目标是创建一个模型，根据几个输入变量预测目标变量的值。每个内部节点对应一个输入变量，对于该输入变量的每个可能值，子项都有一个边。每个叶子节点表示目标变量的值，给定由从根到叶子的路径表示的输入变量的值。

决策树是用于对实例进行分类的简单表示。本小节中，假设所有的输入特征具有有限离散域，并且存在被称为“分类”的单个目标特征。分类域的每个元素称为类。决策树或分类树是其中每个内部节点（非叶子节点）用输入特征标记的树。来自标记有输入特征的节点的边用目标或输出特征的每个可能值标记，或者具有不同特征的节点从属决策节点。树的每个叶子节点都用类别上的概率分布标记，表示数据集已被树分类为特定类或特定概率分布（如果决策树很好，则树的构造倾向于某些类的子类）。

通过将构成树的根节点的源集分割成子集（其构成后继子节点）来构建树。根节点的拆分基于特征。以递归方式对每个派生子集重复拆分过程，称为递归分区。该递归在一个节点的子集具有所述目标变量的所有相同的值时，或者当分区不再添加值的预测时完成。这种自上而下的决策树归纳（Top-Down Induction of Decision Trees，TDIDT）是贪心算法的一个例子。

在数据挖掘中，决策树也可以描述为数学和计算技术的组合，以帮助进行给定数据集的描述、分类和概括。

数据挖掘中使用的决策树有以下两种主要类型。

（1）**分类树分析**：指预测结果是数据所属的类（离散）。

（2）**回归树分析**：指预测结果（如房屋价格或患者在医院中停留的时间）可以被视为实数。

分类和回归树（Classification And Regression Trees，CART）分析是上述两种决策树类型的总称，由布赖曼（Breiman）等人首先提出。

一些技术（通常称为集合方法）构造了多个决策树。

（1）**梯度增强**通过训练每个新实例来强化先前错误建模的训练实例，从而逐步建立整体模型。一个典型的例子是 AdaBoost，可用于回归类型和分类类型的问题。

（2）Bootstrap 聚合决策树，一种早期的集合方法，通过重复重新采样替换训练数据来构建多个决策树，并对树进行投票以进行共识预测。

决策树学习从类标记的训练元组构造决策树。决策树结构类似流程图，其中每个内部节点（非叶子节点）表示对属性的测试，每个分支表示测试的结果，并且每个叶子（或终端）节点有类标签。树中最顶层的节点是根节点。

14.2 无监督学习算法

无监督学习算法是一种自组织的赫布（Hebbian）型学习算法，有助于在没有标签的情况下找到数据集中以前未知的模式。它也被称为自组织，允许对给定输入的概率密度进行建模。无监督学习、监督学习和强化学习是机器学习的3类主要方式，除此之外，还有监督与无监督学习混合的半监督学习。

无监督学习算法中主要使用的两种方法是主成分分析和聚类分析。聚类分析用于无监督学习，以对具有共享属性的数据集进行分组或分段，从而推断算法关系。聚类分析是机器学习的一个分支，它对无标签或有标签的数据进行分组。聚类分析不是响应反馈，而是根据新数据中是否存在共性来识别数据中的共性并做出反应。此方法有助于检测不属于任意一组的异常数据点。

无监督学习算法的核心应用是对概率密度进行估计，虽然无监督学习包括许多涉及总结和解释数据特征的其他结构域。无监督学习与监督学习形成鲜明对比。监督学习旨在推断条件概率分布，以标签为条件输入数据；无监督学习旨在推断先验概率分布。下面以聚类分析为例，介绍无监督学习的设计思想。

14.2.1 聚类分析

聚类分析或聚类是指以一种方式对一组对象进行分组的任务，它是探索性数据挖掘的主要任务，也是统计数据分析的常用技术，用于许多领域，包括机器学习、模式识别、图像分析、信息检索、生物信息学、数据压缩和计算机图形学等。

聚类分析本身不是一种特定的算法，而是要处理的一般任务。它可以通过各种算法来实现，相关算法在理解群集的构成以及如何有效地找到它们方面存在显著差异。流行的群集概念包括群集成员之间距离较小的群体、数据空间的密集区域、间隔或特定的统计分布。因此，聚类可以表述为多目标优化问题。聚类算法的选择和参数设置（包括距离函数、密度阈值、预期分类的数量等参数）取决于单个数据集和结果的预期用途。聚类分析不是自动任务，而是涉及试验和失败的知识发现或交互式多目标优化的迭代过程。聚类分析通常需要修改数据预处理和模型参数，直到结果满足所需的属性。

除了术语聚类，还有许多具有相似含义的术语，如自动分类、数值分类、类型学分析和社区检测。根据结果的使用，可以将这些含义相似的术语进行区分：在数据挖掘中，主要关注算法运行后所得到的分类；在自动分类中，主要关注算法运行所产生的判别力。

聚类算法的种类相当多，现选取其中比较有代表性的两种算法——层次聚类和 k-means 算法进行讲解。

14.2.2 层次聚类

基于连接的聚类（也称为层次聚类）的核心思想是基于对象与附近对象相关，而不是与较远对象相关。层次聚类根据距离将“对象”连接起来形成“簇”。在不同的距离处，将形成不同的簇，其可以使用树状图来表示，它解释了通用名称“层次聚类”的来源：这些算法不提供数据集的单个分区，而是提供在特定距离处彼此合并的广泛的聚类层次结构。在树状图中，y 轴标记簇合并的距离，而对象沿 x 轴放置，使得簇不混合。

基于连通性的聚类是一整套方法，它们根据距离不同而计算方式不同。除了通常选择的距离函数，用户还需要决定使用何种连接标准（因为聚类由多个对象组成，有多个“候选者”可用来计算距离）。常用的选择为单连锁聚类（物距最小）、完整的连锁聚类（物距最大）、UPGMA 或 WPGMA（具有算术平均值的未加权或加权对组方法，也称为平均连锁聚类）。此外，层次聚类可以是凝聚的（从单个元素开始并将它们聚合成聚类）或分裂的（从完整的数据集开始并将其划分为分区）。

14.2.3　*k*-means

在 *k*-means（*k* 均值聚类）算法中，聚类由中心向量表示，该中心向量可能不是数据集的成员。当簇的数量固定为 *k* 时，*k*-means 给出形式定义作为优化问题：找到 *k* 个簇中心并将对象分配到最近的簇中心，使得与簇距离的平方最小化。

已知部分优化问题本身是 NP 难的，因此通常的方法是仅搜索近似解。一种特别著名的近似方法是 Floyd 算法，通常被称为 *k*-means 算法（尽管另一种算法引入了这个名称）。然而，它确实只找到局部最优解，并且通常使用不同的随机初始化多次运行。*k*-means 的变化通常包括选择多次运行中最佳的优化，但也将质心限制为数据集的成员（*k*-medoids），选择中位数（*k*-medians 聚类），随机选择初始的簇中心（*k*-means++）或允许模糊聚类分配（模糊 *c* 均值）。

大多数 *k*-means 型算法需要群集的数量 *k* 事先被指定，这被认为是这些算法的主要缺点之一。此外，*k*-means 算法更喜欢大小大致相似的簇，因为它们总是将对象分配给最近的簇中心。这通常会导致错误地切割簇的边界（这并不奇怪，因为算法优化了簇中心，而不是簇边界）。

k-means 有许多有趣的理论属性。首先，它将数据空间划分为称为 Voronoi 图的结构。其次，它在概念上接近 *k* 邻近分类，因此在机器学习中很流行。最后，它可以看作基于模型的聚类的变体。

14.3　PageRank 算法

14.3.1　背景概述

PageRank 以拉里 • 佩奇（Larry Page）命名，他是 Google 公司的创始人之一。PageRank 是一种衡量网站页面重要性的方法。根据 Google 公司的官方介绍，可知如下内容。

PageRank 的工作原理是计算页面链接的数量和质量，以确定对网站重要程度的粗略估计。基本假设是更重要的网站可能会从其他网站收到更多链接。

PageRank 是一种链接分析算法，它为超链接文档集（如万维网）的每个元素分配数字权重，目的是“测量”其在集合中的相对重要性。该算法可以应用于具有相互引用和引用的任何实体集合。它赋予任何给定元素 E 数字权重，并将其称为 E 的 PageRank，表示为 PR(E)。

PageRank 来自基于 webgraph 的数学算法，将所有万维网页面创建为节点和超链接作为边缘，考虑权限中心。等级值表示特定页面的重要性。指向页面的超链接计为支持投票。页面的 PageRank 是递归定义的，取决于链接到它的所有页面的数量和这些链接的 PageRank 度量（“传入链接”）。由具有高 PR 值的许多页面链接的页面本身会获得较高的排名。

自佩奇和布林的原始论文发表以来，许多关于 PageRank 的学术论文已发表。在实践中，PageRank 概念可能容易受到“操纵”。识别错误影响的 PageRank 排名的相关研究已出现，其目标是找到一种有效的方法来忽略具有错误影响的 PageRank 的文档中的链接。

其他基于链接的网页排名算法包括 HITS 算法、TrustRank 算法、Hummingbird 算法等。

14.3.2 算法概述

PageRank 算法输出概率分布，用于表示随机点击链接的人访问任何特定页面的可能性。可以为任何大小的文档集合计算 PR 值。在一些研究论文中，假设在计算过程开始时，所有文档在集合中是均匀分布的。PR 值计算需要多次传递，称为“迭代”，通过集合调整近似 PR 值，以更准确地反映理论真实值。

概率表示为介于 0～1 的数值。概率 0.5 通常表示发生事件的“50%概率”。因此，PR 值为 0.5 表示点击随机链接的人有 50%的可能性被导向 PR 值为 0.5 的文档。

假定互联网中只有 4 个页面：A、B、C 和 D。从页面到其自身的链接将被忽略。从一个页面到另一个页面的多个出站链接被视为单个链接。PR 值初始化为所有页面的相同值。在 PR 值的原始形式中，所有页面上 PR 值的总和是当时 Web 上的页面总数，因此本示例中的每个页面的初始值都为 1。但是，PageRank 的更高版本和本小节的其余部分假设概率分布为 0～1。因此，此示例中每个页面的初始值为 0.25。

在下一次迭代时，从给定页面转移到其出站链接目标的 PR 值在所有出站链接中平均分配。

如果系统中的唯一链接是从页面 B、C 和 D 到 A，则每个链接在下一次迭代时将 0.25 的 PR 值传输到 A，总计 0.75，计算公式为

$$\mathrm{PR}(A)=\mathrm{PR}(B)+\mathrm{PR}(C)+\mathrm{PR}(D)\text{。}$$

假设页面 B 具有到页面 C 和 A 的链接，页面 C 具有到页面 A 的链接，而页面 D 具有到另外 3 个页面的链接。在第一次迭代中，页面 B 将转移一半现有的值（即 0.125）到页面 A，另一半（即 0.125）到页面 C。页面 C 将其所有现有值 0.25 转移到它链接到的唯一页面 A。由于 D 有 3 个出站链接，它会将现有值的 1/3 或大约 0.083 转移到 A。在此迭代完成时，页面 A 的 PR 值大约为 0.458，计算公式为

$$\mathrm{PR}(A)=\frac{\mathrm{PR}(B)}{2}+\frac{\mathrm{PR}(C)}{1}+\frac{\mathrm{PR}(D)}{3}\text{。}$$

换句话说，出站链接赋予的 PR 值等于文档自己的 PR 值除以出站链接数 $L()$，即

$$\mathrm{PR}(A)=\frac{\mathrm{PR}(B)}{L(B)}+\frac{\mathrm{PR}(C)}{L(C)}+\frac{\mathrm{PR}(D)}{L(D)}\text{。}$$

在一般情况下，对于任何网页，其 PR 值可以表示为

$$\mathrm{PR}(u)=\sum_{v\in B_u}\frac{\mathrm{PR}(v)}{L(v)}。$$

即页面 u 的 PR 值等于集合 B_u 中包含的每个页面 v 的 PR 值除以来自页面 v 的链接的数量 $L(v)$ 之和。

本章小结

监督学习是学习函数的机器学习任务，该函数基于示例 I/O 将输入映射到输出。它可推断出一个函数标记的训练数据由一组训练样例组成。

一般而言，为了解决特定的监督学习问题，必须执行以下步骤。

（1）确定培训示例的类型。

（2）收集训练集。

（3）确定学习函数的输入要素表示。

（4）确定学习函数的结构和相应的监督学习算法。

（5）完成设计。

（6）评估学习函数的准确性。

本章习题

写出 3 种大数据分析算法，并指出它们的优点和缺点，写出算法的核心思路。

课程实验

尝试实现一种监督学习算法。

第15章

大数据框架下的算法设计

大数据计算模型包括针对不同类型数据的计算模型，如针对非结构化数据的 MapReduce 批处理模型、针对动态数据流的流计算（Stream Computing）模型、针对结构化数据的大规模并行处理（Massively Parallel Processing，MPP）模型、基于物理大内存的高性能内存计算（In-Memory Computing）模型。在各种模型基础上，可以运行针对应用需求的各类数据分析算法。

大数据框架下 PageRank 算法实现

15.1 朴素贝叶斯算法实现

朴素贝叶斯算法是流行的十大数据挖掘算法之一，该算法是一种监督算法，可解决的是分类问题，如客户是否流失、是否值得投资、信用等级评定等分类问题。该算法的优点在于简单易懂、学习效率高，在某些领域的分类问题中能够与决策树、神经网络相媲美。但该算法以自变量之间的条件特征独立性和连续变量的正态性假设为前提，这会导致算法精度在某种程度上受影响。

贝叶斯分类是一类分类算法的总称，这类算法均以贝叶斯定理为基础，故统称为贝叶斯分类。这个定理解决了现实生活里经常遇到的问题：已知某条件概率，如何得到两个事件交换后的概率，也就是在已知 $P(A|B)$ 的情况下如何求得 $P(B|A)$ 。$P(A|B)$ 表示事件 B 已经发生的前提下事件 A 发生的概率，叫作事件 B 发生下事件 A 的条件概率，基本求解公式为

$$P(A|B)=\frac{P(AB)}{P(B)}。$$

下面不加证明地直接给出贝叶斯定理：

$$P(B|A)=\frac{P(A|B)P(B)}{P(A)}。$$

朴素贝叶斯分类是一种十分简单的分类算法，叫它朴素贝叶斯分类是因为这种算法的思想真的很朴素。朴素贝叶斯分类的思想基础是这样的：对于给出的待分类项，求解在此项出现的条件下各个类别出现的概率，哪个类别出现的概率最大，就认为此项属于该类别。

朴素贝叶斯分类的正式定义如下。

（1）设 $X=\{a_1,a_2,a_3,\cdots,a_n\}$ 为一个待分类项，a_n 为 X 的一个特征属性。

（2）有类别集合 $C=\{y_1,y_2,y_3,\cdots,y_n\}$ 。

（3）计算 $P(y_1|X),P(y_2|X),P(y_3|X),\cdots,P(y_n|X)$ 。

（4）如果 $P(y_k|X)=\max\limits_{1\leqslant i\leqslant n}\{P(y_1|X),P(y_2|X),P(y_3|X),\cdots,P(y_n|X)\}$ （$i,k\in[1,n]$），则 $X\in y_k$ 。

那么现在的关键就是如何计算（3）中的各个条件概率。我们可以像下面这么做。

首先，找到一个已知分类的待分类项集合 $X'=\{a_1,a_2,a_3,\cdots,a_m\}$ ，这个集合叫作训练样本集。

然后，统计得到在各类别下各个特征属性的条件概率估计。

$$P(a_1|y_1),P(a_2|y_1),\cdots,P(a_m|y_1),$$

$$P(a_1|y_2),P(a_2|y_2),\cdots,P(a_m|y_2),$$

$$\cdots,$$

$$P(a_1|y_n),P(a_2|y_n),\cdots,P(a_m|y_n)。$$

最后，如果各个特征属性是条件独立的，则根据贝叶斯定理有如下推导公式：

$$P(y_i|X)=\frac{P(X|y_i)P(y_i)}{P(X)}。$$

因为分母对所有类别来说为常数，所以我们只需要将分子最大化。又因为各特征属性是条件独立的，所以有

$$P(X'|y_i)P(y_i)=P(a_1|y_i)P(a_2|y_i)\cdots P(a_m|y_i)P(y_i)=P(y_i)\prod_{j=1}^{m}P(a_j|y_i)。$$

整个朴素贝叶斯分类分为 3 个阶段。

第 1 阶段：准备工作阶段。本阶段的任务是为朴素贝叶斯分类做必要的准备，主要工作是根据具体情况确定特征属性，并对每个特征属性进行适当划分，然后人工对一部分待分类项进行分类，形成训练样本集。本阶段的输入是所有待分类数据，输出是特征属性和训练样本。本阶段是整个朴素贝叶斯分类中唯一需要人工完成的阶段，其质量对整个分类过程将有重要影响，分类器的质量很大程度上由特征属性、特征属性划分及训练样本质量决定。

第 2 阶段：分类器训练阶段。本阶段的任务就是生成分类器，主要工作是计算每个类别在训练样本中的出现频率及每个特征属性划分对每个类别的条件概率估计，并记录结果。其输入是特征属性和训练样本，输出是分类器。本阶段是机械性阶段，可以根据前面介绍的公式由程序自动计算完成。

第 3 阶段：应用阶段。本阶段的任务是使用分类器对待分类项进行分类，其输入是分类器和待分类项，输出是待分类项与类别的映射关系。本阶段也是机械性阶段，可由程序完成。

朴素贝叶斯分类过程如图 15-1 所示。

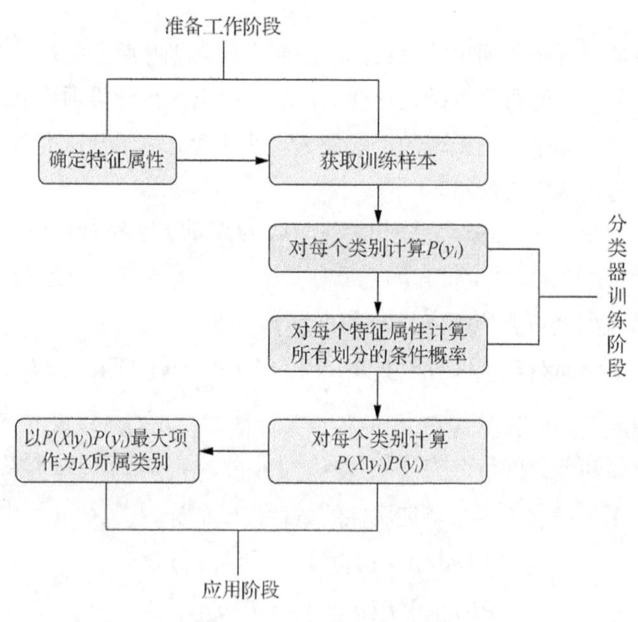

图 15-1　朴素贝叶斯分类过程

朴素贝叶斯分类的优缺点如下。

（1）优点：分类效率稳定；对缺失数据不敏感，算法比较简单，常用于文本分类；在属性相关性较小时，该算法性能最好。

（2）缺点：假设属性之间相互独立；先验概率多取决于假设。

朴素贝叶斯分类的代码实现如代码 15-1 所示。

代码 15-1 朴素贝叶斯分类的代码实现

```
from numpy import *
#对某网站的恶意留言进行分类，若是侮辱性留言则返回 1，非侮辱性留言则返回 0
#创建一个实验样本
def loadDataSet():
    postingList = [['my','dog','has','flea','problems','help','please'],
                   ['maybe','not','take','him','to','dog','park','stupid'],
                   ['my','dalmation','is','so','cute','I','love','him'],
                   ['stop','posting','stupid','worthless','garbage'],
                   ['mr','licks','ate','my','steak','how','to','stop','him'],
                   ['quit','buying','worthless','dog','food','stupid']]
    classVec = [0,1,0,1,0,1]
    return postingList,classVec
#创建一个在所有文档中出现的、不重复词的列表
def createVocabList(dataSet):
    vocabSet = set([])                              #创建一个空集
    for document in dataSet:
        vocabSet = vocabSet | set(document)         #创建两个集合的并集
    return list(vocabSet)

#将文档词条转换成词向量
def setOfWords2Vec(vocabList,inputSet):
    returnVec = [0]*len(vocabList)                  #创建一个其中所含元素都为 0 的向量
    for word in inputSet:
        if word in vocabList:
            returnVec[vocabList.index(word)] += 1   #每个单词可以出现多次
        else: print("the word: %s is not in my Vocabulary!" % word)
    return returnVec

#朴素贝叶斯分类器训练函数（通过词向量计算概率）
def trainNB0(trainMatrix,trainCategory):
    numTrainDocs = len(trainMatrix)
    numWords = len(trainMatrix[0])
    pAbusive = sum(trainCategory)/float(numTrainDocs)
    #p0Num = zeros(numWords); p1Num = zeros(numWords)
    #p0Denom = 0.0; p1Denom = 0.0
    p0Num = ones(numWords);                         #避免一个概率值为 0，最后的乘积也为 0
    p1Num = ones(numWords);                         #用来统计两类数据中各个词的词频
    p0Denom = 2.0;                                  #用于统计 0 类中的总数
    p1Denom = 2.0                                   #用于统计 1 类中的总数
    for i in range(numTrainDocs):
        if trainCategory[i] == 1:
            p1Num += trainMatrix[i]
            p1Denom += sum(trainMatrix[i])
        else:
            p0Num += trainMatrix[i]
            p0Denom += sum(trainMatrix[i])
            #p1Vect = p1Num / p1Denom
            #p0Vect = p0Num / p0Denom
    p1Vect = log(p1Num / p1Denom)                   #在 1 类中，每个词的出现概率
    p0Vect = log(p0Num / p0Denom)                   #避免下溢出或者浮点数舍入导致的错误
```

```
    return p0Vect,p1Vect,pAbusive

#朴素贝叶斯分类器
def classifyNB(vec2Classify,p0Vec,p1Vec,pClass1):
    p1 = sum(vec2Classify*p1Vec) + log(pClass1)
    p0 = sum(vec2Classify*p0Vec) + log(1.0-pClass1)
    if p1 > p0:
        return 1
    else:
        return 0

def testingNB():
    listOPosts,listClasses = loadDataSet()
    myVocabList = createVocabList(listOPosts)
    trainMat = []
    for postinDoc in listOPosts:
        trainMat.append(setOfWords2Vec(myVocabList,postinDoc))
    p0V,p1V,pAb = trainNB0(array(trainMat),array(listClasses))
    testEntry = ['love','my','dalmation']
    thisDoc = array(setOfWords2Vec(myVocabList,testEntry))
    print(testEntry,'classified as: ',classifyNB(thisDoc,p0V,p1V,pAb))
    testEntry = ['stupid','garbage']
    thisDoc = array(setOfWords2Vec(myVocabList,testEntry))
    print(testEntry,'classified as: ',classifyNB(thisDoc,p0V,p1V,pAb))
testingNB()
```

15.1.1 MapReduce 框架下的朴素贝叶斯算法

MapReduce 是一种分布式计算模型，是 Google 公司提出的，主要用于搜索领域，可解决海量数据的计算问题。

MapReduce 由 Map 和 Reduce 两个阶段组成，用户只需实现 map()和 reduce()两个函数，即可实现分布式计算。MapReduce 架构如图 15-2 所示，MapReduce 执行流程如图 15-3 所示。

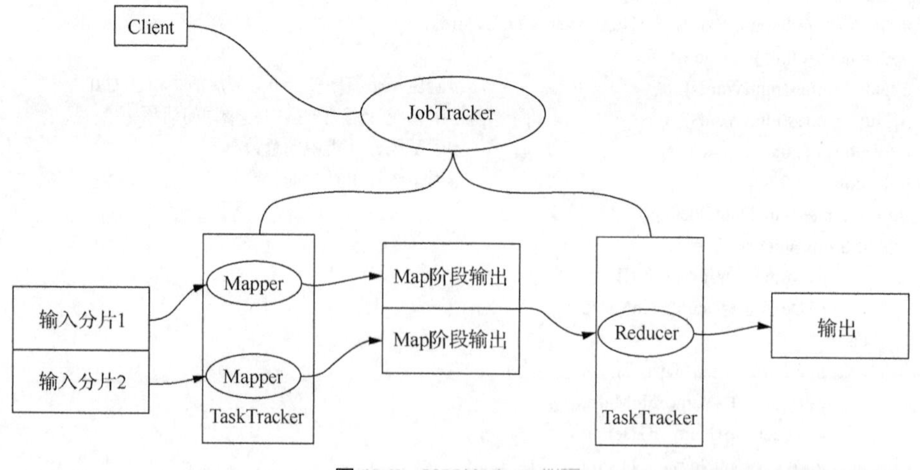

图 15-2　MapReduce 架构

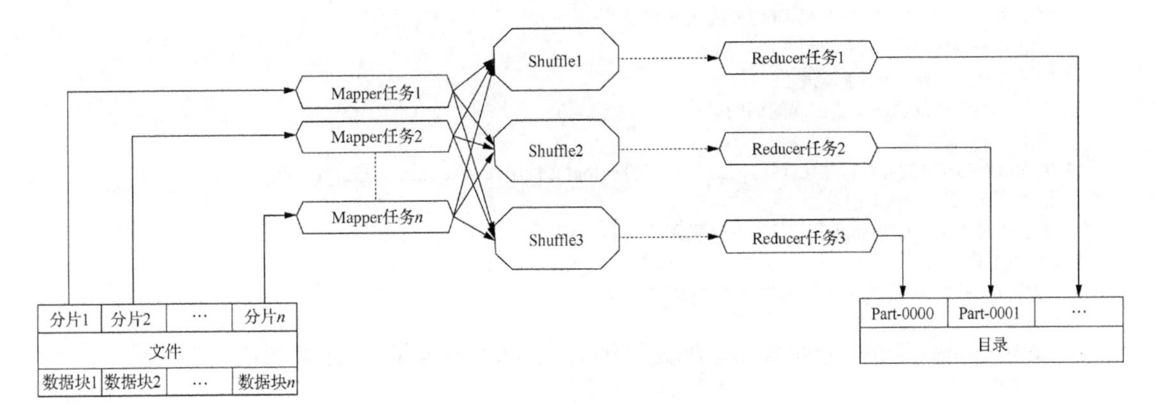

图 15-3　MapReduce 执行流程

下面以包含两行文本的文件为例来展示 MapReduce 运算过程。

```
hello you
hello me
```

1．Map 任务处理

（1）读取 HDFS 中的文件。每一行解析成一个<k,v>。每一个键值对调用一次 map()函数，输出：<0,hello you><1,hello me>。

（2）覆盖 map()，接收（1）产生的<k,v>，进行处理，将其转换为新的<k,v>并输出。输出：<hello,1> <you,1> <hello,1> <me,1>。

（3）对（2）输出的<k,v>进行分区，默认分为一个区。对不同分区中的数据进行排序，按照 k 分组。分组指的是将相同键的值放到一个集合中。排序后：<hello,1> <hello,1> <me,1> <you,1>。分组后：<hello,{1,1}><me,{1}><you,{1}>。

（4）对分组后的数据进行 Combiner 归约，其作用是合并 Map 的输出，这一步是可选操作，可以减少之后的网络传输数据和计算消耗，如果进行归约，输出的结果为：<hello,2><me,1><you,1>。

2．Reduce 任务处理

（1）多个 Map 任务的输出，按照不同的分区，通过网络复制到不同的 Reduce 节点上。

（2）对多个 map()的输出进行合并、排序。覆盖 reduce()函数，reduce()函数的任务是接收分组后的数据，对<hello,2> <me,1> <you,1>处理后，产生新的<k,v>并输出。

（3）将 reduce()输出的<k,v>写到 HDFS 中。下面用词频统计案例的伪代码进一步阐述 MapReduce 过程，如代码 15-2 所示。

代码 15-2　MapReduce 算法（伪代码）

```
1.统计词出现的次数
  计算类别的先验概率
  输入格式:类别+文档 id+文档词(切分成 A,B,C)
  输出格式:类别+文档出现次数+文档出现的词的总数
2.计算每个词的条件概率
```

输入格式:类别+文档 id+文档词(切分成 A,B,C)
输出格式:类别+词+词的总数
3.假设二分类问题——计算概率值
类别+文档出现次数+文档出现的词的总数
类别+词+词的总数
类别+词+log(词的总数/文档出现的词的总数),类别-log(文档出现次数/sum(文档出现次数))
输入格式:类别+词+词的总数
输出格式:"词","类别+log()值概率"+1,2+类别的先验概率
4.假设二分类问题——测试
类别+文档出现次数+文档出现的词的总数
类别+词+词的总数
类别+词+log(词的总数/文档出现的词的总数),类别-log(文档出现次数/sum(文档出现次数))
输入格式:新文档 id+文档词(切分成 A,B,C)
输出格式:新文档 id+类别

15.1.2 Spark 框架下的朴素贝叶斯算法

MapReduce 编程模型极大地方便了编程人员在不懂分布式并行编程的情况下，能够将自己的程序运行在分布式系统上。但是 MapReduce 也存在一些缺陷，如高延迟、不支持 DAG（Directed Acyclic Graph，有向无环图）模型、Map 与 Reduce 的中间数据落地难等。Spark 应运而生，Spark 是加州大学伯克利分校 AMP 实验室开源的通用并行计算框架，因其先进的设计理念，成为 Github 开源社区的热门项目。Spark 相对于 MapReduce 的优势：低延迟、支持 DAG 模型和分布式内存计算。Spark 力图整合机器学习（MLlib）、图算法（GraphX）、流式计算（Spark Streaming）和数据仓库（Spark SQL）等领域，通过计算引擎 Spark 和弹性分布式数据集（Resilient Distributed Dataset，RDD），架构出一个新的大数据应用平台。Spark 在内存中对数据进行迭代计算，数据由内存读取的速度是 Hadoop MapReduce 的 100 多倍。Spark 是基于内存的迭代计算框架，适用于需要多次操作特定数据集的应用场合。需要反复操作的次数越多，所需读取的数据量越大，使用 Spark 受益越大；数据量小但是计算密集度较大的场合，使用 Spark 受益相对较小。

Spark 使用 Scala 语言进行实现，它是一种面向对象、函数式的编程语言。使用它能够像操作本地集合对象一样轻松地操作分布式数据集，它具有以下特点。

（1）运行速度快：Spark 拥有 DAG 执行引擎，支持在内存中对数据进行迭代计算。官方提供的数据表明，如果数据由磁盘读取，速度是 Hadoop MapReduce 的 10 倍以上；如果数据从内存中读取，速度可以比 Hadoop MapReduce 高 100 多倍。

（2）易用性好：Spark 不仅支持用 Scala 编写应用程序，而且支持用 Java 和 Python 等语言进行编写。Scala 是一种高效、可拓展的语言，能够用简洁的代码处理较为复杂的工作。

（3）通用性强：Spark 生态圈包含 Spark Core、Spark SQL、Spark Streaming、MLlib（或 MLbase）和 GraphX 等组件，这些组件功能丰富，如 Spark Core 的内存计算框架、Spark SQL 的即席查询、Spark Streaming 的实时处理应用、MLlib（或 MLbase）的机器学习和 GraphX 的图处理。

（4）随处运行：Spark CSV 具有很强的适应性，能够从 HDFS、Cassandra、HBase、S3 和 Techyon 中为持久层读写原生数据，能够以 Mesos、YARN 和自身携带的 Standalone 作为资源

管理器调度 job（任务），来完成 Spark 应用程序的计算。Spark 框架下朴素贝叶斯算法的实现如代码 15-3 所示。

代码 15-3　Spark 框架下朴素贝叶斯算法的实现

```
package com.Bayes
import org.apache.log4j.{Level,Logger}
import org.apache.spark.mllib.classification.NaiveBayes
import org.apache.spark.mllib.linalg.Vectors
import org.apache.spark.mllib.regression.LabeledPoint
import org.apache.spark.{SparkConf,SparkContext}
object Bayes2{
  def main(args: Array[String]): Unit = {
    Logger.getLogger("org.apache.spark").setLevel(Level.WARN)
    Logger.getLogger("org.apache.jetty.server").setLevel(Level.OFF)
    val conf=new SparkConf().setAppName("BayesDemo").setMaster("local[2]")
    val sc=new SparkContext(conf)
    val data=sc.textFile("file:///home/zyr/bayes.txt")
    #0,1 0 0
    #0,2 0 0
    #1,0 1 0
    #1,0 2 0
    #2,0 0 1
    #2,0 0 2
    val demo=data.map{
      line=>
        val parts=line.split(',')
        LabeledPoint(parts(0).toDouble,Vectors.dense(parts(1).split(' ').map(_.toDouble)))
    }
    #将样本数据分为训练样本和测试样本
    val sp=demo.randomSplit(Array(0.6,0.4),seed = 11L)          #对数据进行分配
    val train=sp(0)                                             #训练数据
    val testing=sp(1)                                           #测试数据
    #建立贝叶斯分类模型，并进行训练
    val model=NaiveBayes.train(train,lambda = 1.0)
    #对测试样本进行测试
    val pre=testing.map(p=>(model.predict(p.features),p.label)) #验证模型
    val print_predict=pre.take(20)
    println("prediction"+"\t"+"label")
    for(i<- 0 to print_predict.length-1){
      println(print_predict(i)._1+"\t\t"+print_predict(i)._2)
    }
    println("(0.0,0.0,1.0) ==> "+model.predict(Vectors.dense(0.0,0,1)))
  }
}
```

15.1.3　性能分析与比较

从代码的复杂度可以看出，Hadoop 编程需要编写大量的代码，因为其面向底层，没有对一些方法进行封装和整合。相对来说，Spark 编程的代码就简练得多，这也为开发人员节省了很多

的精力。从任务运行的环境可以看出，Spark 在内存中执行，这样减少了 I/O 操作所需的时间，大大提高了执行的效率。但是对任务量比较少、需要大量计算资源的任务来说，Spark 就没有想象中工作得好。Hadoop 是磁盘级计算，计算时需要在磁盘中读取数据。其采用的是 MapReduce 的逻辑，用对数据进行切片计算这种方式来处理大量的离线数据。Hadoop 将每次处理后的数据写入磁盘，在应对系统错误上具有“天生”优势。Spark 则会在内存中以接近“实时”的时间完成所有的数据分析。Spark 的批处理速度比 Hadoop MapReduce 的快 10 倍以上，内存中的数据分析速度则快近 100 倍。比如实时的市场活动、在线产品推荐等需要对流数据进行分析的场景就要使用 Spark。Spark 的数据对象存储在 RDD 中。Spark 的数据对象既可放在内存中，也可以放在磁盘中，所以 RDD 也提供完整的“灾难恢复”功能。Spark 在机器学习应用中的处理速度更快，比如朴素贝叶斯算法中，用处理速度衡量的 Spark 性能已经被证实比 Hadoop 的更优，原因如下：每次运行 MapReduce 任务的选定部分时，Spark 都不会受到 I/O 问题的限制。事实证明，Spark 的速度要比 IIadoop MapReduce 的速度快得多，Spark 具有 DAG 优化功能。Hadoop 在 MapReduce 步骤之间没有任何周期性连接，这意味着在运行过程中不会发生性能调整。但是，如果 Spark 与其他共享服务在 YARN 上运行，则性能可能会降低并导致 RAM（Random Access Memroy，随机存储器）开销、内存泄露。出于这些考虑，如果用户有批处理的用例，那么 Hadoop 可认为是更高效的系统。

15.2 *k*-means 算法实现

k-means 算法实际上就是通过计算不同样本间的距离来判断它们的相近关系的，相近的样本会被放到同一个类别中。首先我们需要选择一个 *k* 值，为了表示我们希望把数据分成 *k* 类，这里 *k* 值的选择对结果的影响很大。*k* 值选择方法有两种，一种是根据聚类的结果和 *k* 的函数判断 *k* 为多少时效果最好；另一种则是根据具体的需求确定，比如进行衬衫尺寸数据的聚类，可能就会考虑分成 3 类(L,M,S)等。

然后我们需要选择最初的聚类点（或者叫质心），一般是随机选择的，在实现代码中，一种是在数据范围内随机选择，另一种是随机选择数据中的点。这些点的选择会在很大程度上影响最终的结果，也就是说运气不好的话就可能会选到局部最小值。这里有两种处理方法，一种是多次取均值，另一种则是改进算法（二分 *k*-means）。接下来我们会针对数据集中所有的点，计算其与这些质心的距离，把它们放到离它们质心最近的类别中。完成后我们需要算出每个聚类的平均值，用这个均值点作为新的质心。反复重复上述步骤，直到聚类算法收敛，我们就得到最终的结果。

k-means 算法的主要优点如下。

（1）原理简单、易于理解。

（2）实现简单。

（3）计算速度较快。

（4）聚类效果不错。

k-means 算法的主要缺点如下。

（1）需要确定 *k* 值。

（2）对质心的选择敏感。

（3）对异常值敏感，因为异常值会在很大程度上影响聚类中心的位置。

（4）无法增量计算。该缺点在数据量大的时候尤为突出。

（5）可能收敛到局部最小值。

（6）在大规模数据集上收敛较慢。

k-means 算法的实现如代码 15-4 所示。

代码 15-4　*k*-means 算法的实现

```
from copy import deepcopy
import numpy as np
import pandas as pd
from matplotlib import pyplot as plt
plt.rcParams['figure.figsize'] = (16,9)
plt.style.use('ggplot')

#导入数据集
data = pd.read_csv('xclara.csv')
print("Input Data and Shape")
print(data.shape)
data.head()

#得到具体值并画图展示
f1 = data['V1'].values
f2 = data['V2'].values
X = np.array(list(zip(f1,f2)))
plt.scatter(f1,f2,c='black',s=7)

#计算欧氏距离
def dist(a,b,ax=1):
    return np.linalg.norm(a - b,axis=ax)

#得到簇数
k = 3
#随机质心的 X 坐标
C_x = np.random.randint(0,np.max(X)-20,size=k)
#随机质心的 Y 坐标
C_y = np.random.randint(0,np.max(X)-20,size=k)
C = np.array(list(zip(C_x,C_y)),dtype=np.float32)
print("Initial Centroids")
print(C)

#沿着质心标绘
plt.scatter(f1,f2,c='#050505',s=7)
plt.scatter(C_x,C_y,marker='*',s=200,c='g')
```

```
#更新时存储质心值的步骤
C_old = np.zeros(C.shape)
#簇标签（0,1,2）
clusters = np.zeros(len(X))
#误差函数——新质心和旧质心之间的距离
error = dist(C,C_old,None)
#循环将一直运行，直到误差为零
while error != 0:
    #将每个值分配给最近的簇
    for i in range(len(X)):
        distances = dist(X[i],C)
        cluster = np.argmin(distances)
        clusters[i] = cluster
    #存储旧的质心值
    C_old = deepcopy(C)
    #通过取平均值来寻找新的质心
    for i in range(k):
        points = [X[j] for j in range(len(X)) if clusters[j] == i]
        C[i] = np.mean(points,axis=0)
    error = dist(C,C_old,None)

colors = ['r','g','b','y','c','m']
fig,ax = plt.subplots()
for i in range(k):
        points = np.array([X[j] for j in range(len(X)) if clusters[j] == i])
        ax.scatter(points[:,0],points[:,1],s=7,c=colors[i])
ax.scatter(C[:,0],C[:,1],marker='*',s=200,c='#050505')
plt.show()

#scikit-learn 进行对比
from sklearn.cluster import KMeans

#簇数量
kmeans = KMeans(n_clusters=3)
#拟合输入数据
kmeans = kmeans.fit(X)
#得到簇标签
labels = kmeans.predict(X)
#质心值
centroids = kmeans.cluster_centers_

#与 scikit-learn 质心比较
print("Centroid values")
print("Scratch")
print(C)            #From Scratch
print("sklearn")
print(centroids)    #From scikit-learn
```

算法运行结果如图 15-4 所示。

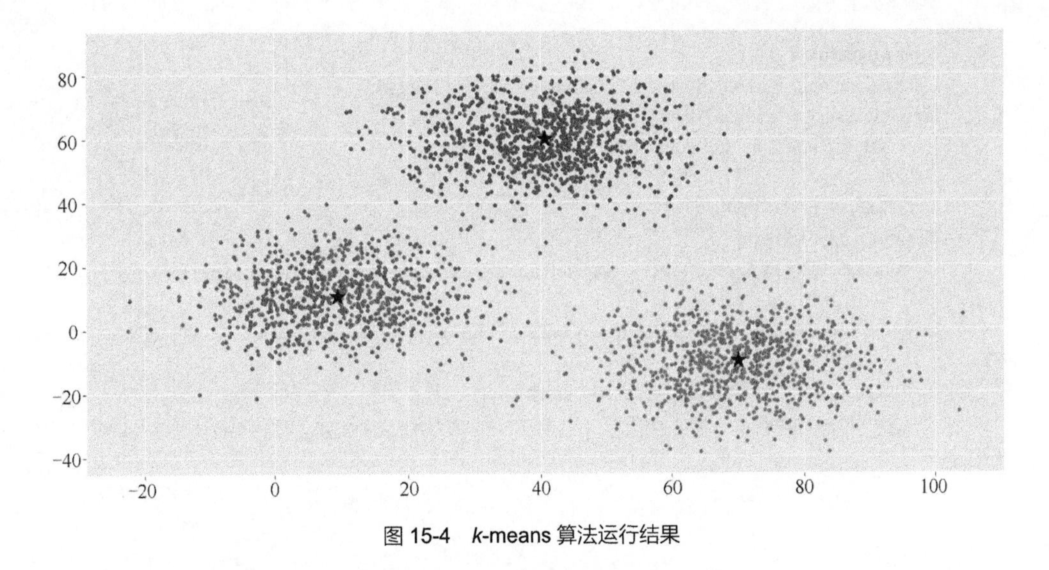

图 15-4　*k*-means 算法运行结果

15.2.1　MapReduce 框架下的 *k*-means 算法

大致的步骤如下。

（1）map()每读取一条数据就与质心值进行对比，求出该条数据记录对应的中心，然后以中心的 ID 为键、该条数据为值将数据输出。

（2）利用 reduce()的归并功能将相同的键归并到一起，集中与该键对应的数据，再求出这些数据的平均值，输出平均值。

（3）对比 reduce()求出的平均值与原来的中心值，如果不相同，则清空原中心的数据文件，将 reduce()的结果写到中心文件中。中心的值存储在一个 HDFS 的文件中。删掉 reduce()的输出目录以便下次输出。继续运行任务。

（4）对比 reduce()求出的平均值与原来的中心值，如果相同，则删掉 reduce()的输出目录，运行一个没有 reduce()的任务将中心 ID 与值对应输出。

这里我们使用 mahout 实现，如代码 15-5 所示。

代码 15-5　*k*-means 算法用 mahout 的实现

```
package mahout;
import java.io.IOException;
import java.util.ArrayList;
import java.util.List;
import org.apache.mahout.clustering.kmeans.Cluster;
import org.apache.mahout.clustering.kmeans.KMeansClusterer;
import org.apache.mahout.common.distance.EuclideanDistanceMeasure;
import org.apache.mahout.math.Vector;

public class MahoutKmeans{
    public static void main(String[] args) throws IOException{
        List sampleData = MathUtil.readFileToVector("/home/zyr/kmean.txt");
        int k = 3;
```

```
            double threshold = 0.01;
            List randomPoints = MathUtil.chooseRandomPoints(sampleData,k);
            for (Object vector : randomPoints) {
                System.out.println("Init Point center: " + vector);
            }
            List clusters = new ArrayList();
            for (int i = 0;i < k;i++) {
                clusters.add(new Cluster((Vector)randomPoints.get(i),i,new EuclideanDistanceMeasure()));
            }
            List<List> finalClusters = KMeansClusterer.clusterPoints(sampleData,clusters,new EuclideanDistanceMeasure(),
k,threshold);
            for (Object cluster : finalClusters.get(finalClusters.size() - 1)) {
                System.out.println("Cluster id: " + ((Cluster)cluster).getId() + " center: " + ((Cluster)cluster).getCenter().
asFormatString());
            }
        }
    }
```

15.2.2 Spark 框架下的 *k*-means 算法

k-means 是经典的聚类算法，一般的机器学习框架里都实现了 *k*-means，Spark 自然也不例外。前面我们已经讲了标准 *k*-means 的流程及优缺点，针对标准 *k*-means 的不足，Spark 主要做了如下优化。

1．选择合适的 *k* 值

k 值的选择是应用 *k*-means 算法的关键。Spark MLlib 在 KMeansModel 里实现了 computeCost() 方法，这个方法通过计算数据集中所有的点到最近中心点的距离的平方和来评估聚类的效果。一般来说，同样的迭代次数下，距离的平方和的值越小，说明聚类的效果越好。但在实际使用过程中，还必须考虑聚类结果的可解释性，不能一味地选择 cost 值最小时的 *k* 值。比如我们考虑极限情况，如果数据集有 *n* 个点，令 *k*=*n*，每个点都是聚类中心，每个类都只有一个点，此时 cost 值最小为 0。但是这样的聚类结果显然是没有实际意义的。

2．选择合适的初始中心点

大部分迭代算法都对初始值很敏感，*k*-means 也是如此。Spark MLlib 在初始中心点的选择上，使用了 *k*-means++算法。*k*-means++的基本思想是初始中心点的距离尽可能远。为了实现这一思想，采取如下步骤。

（1）从初始数据集中随机选择一个点作为第一个聚类中心点。

（2）计算数据集中所有点到最近一个中心点的距离 *D*(*x*)并存在一个数组里，然后将所有距离加起来得到 Sum(*D*(*x*))。

（3）取一个随机值 Random，用权重的方式计算下一个中心点。具体的实现方法：先取一个在 Sum(*D*(*x*))范围内的随机值，然后令“Random-= D(x)”，直至“Random<= 0”，此时这个 *D*(*x*)对应的点为下一个中心点。

（4）重复步骤（2）、（3）直到 *k* 个聚类中心点被找出。

（5）利用找出的 *k* 个聚类中心点，执行标准的 *k*-means 算法。

算法的关键是（3），不能直接取距离最大的那个点作为中心点。因为这个点很可能是离群点，这种取随机值的方法能保证距离最大的那个点被选中的概率最大。假设有 4 个点 A、B、C、D，离最近中心点的距离 $D(x)$ 为 1、2、3、4，那么 $\mathrm{Sum}(D(x))=10$。然后在[0,10]中取一随机数，假设为 random，用 random 与 $D(x)$ 依次相减，直至 random<0 为止，应该不难发现，D 被选中的概率最大。

Spark 框架下 *k*-means 算法的实现如代码 15-6 所示。

代码 15-6　Spark 框架下 *k*-means 算法的实现

```
package com.kmeans
import org.apache.log4j.{Level,Logger}
import org.apache.spark.mllib.clustering.KMeans
import org.apache.spark.mllib.linalg.Vectors
import org.apache.spark.{SparkConf,SparkContext}
object Kmeans{
  def main(args: Array[String]): Unit = {
    Logger.getLogger("org.apache.spark").setLevel(Level.WARN)
    Logger.getLogger("org.apache.jetty.server").setLevel(Level.OFF)

    val conf = new SparkConf().setAppName("Simple Application").setMaster("local[2]")
    val context = new SparkContext(conf)
    val dataSourceRDD = context.textFile("file:///home/zyr/kmeans.txt").cache()
    val trainRDD = dataSourceRDD.map(lines => Vectors.dense(lines.split(" ").map(_.toDouble)))
    #训练数据得到模型
    #参数 1：训练数据（Vectors 类型的 RDD）
    #参数 2：中心簇数量 0～n
    #参数 3：迭代次数
    val model = KMeans.train(trainRDD,3,30)
    println("数据模型的中心点：")
    model.clusterCenters.foreach(println)
    println("误差为：" + model.computeCost(trainRDD))
    println("使用模型匹配测试数据获取预测结果：")
    println("0.2 0.2 0.2 ==> " + model.predict(Vectors.dense("0.2 0.2 0.2".split(' ').map(_.toDouble))))
    println("0.25 0.25 0.25 ==> " + model.predict(Vectors.dense("0.25 0.25 0.25".split(' ').map(_.toDouble))))
    println("-0.1 -0.1 -0.1 ==> " + model.predict(Vectors.dense("0.1 0.1 0.1".split(' ').map(_.toDouble))))
    println("9 9 9 ==> " + model.predict(Vectors.dense("9 9 9".split(' ').map(_.toDouble))))
    println("9.1 9.1 9.1 ==> " + model.predict(Vectors.dense("9.1 9.1 9.12".split(' ').map(_.toDouble))))
    println("99 99 99 ==> " + model.predict(Vectors.dense("9.06 9.06 9.06".split(' ').map(_.toDouble))))
    println("使用原数据进行交叉评估预测：")
    val crossPredictRes = dataSourceRDD.map{
      lines =>
        val lineVectors = Vectors.dense(lines.split(" ").map(_.toDouble))
        val predictRes = model.predict(lineVectors)
        lineVectors + "==>" + predictRes
    }
    crossPredictRes.foreach(println)
  }
}
```

在上述代码中，程序的依赖如下所示：

```
import org.apache.spark.{SparkConf,SparkContext}
import org.apache.spark.mllib.clustering.KMeans
import org.apache.spark.mllib.linalg.Vectors
```

其中调用的不同库的作用分别如下。

（1）SparkContext 是 Spark Driver 的核心，用于连接 Spark 集群及创建 RDD、累加器、广播变量等。

（2）SparkConf 为 SparkContext 的组件，是 SparkContext 的配置类，配置信息以键值对的形式存在。

（3）mllib.clustering 是 Spark MLlib 库提供的聚类依赖。

（4）mllib.linalg.Vectors 是用来保存 MLlib 的本地向量的，其中包含的 Dense 和 Sparse，分别用来保存稠密向量和稀疏向量。

15.2.3 性能分析与比较

同理，使用 Spark 几乎能够完全发挥内存计算的优势，随着数据量的增加，计算速度明显快于 Hadoop 的。

15.3 PageRank 算法实现

较早的搜索引擎采用的是分类目录的方法，即通过人工进行网页分类并整理出高质量的网站。雅虎（Yahoo）和国内的 hao123 使用的就是这种方法。后来网页越来越多，人工分类已经不现实了，搜索引擎进入了“文本检索时代”，即通过计算用户查询关键词与网页内容的相关程度来返回搜索结果。这种方法突破了数量的限制，但是搜索结果不是很好。因为总有某些网页来回地“倒腾”某些关键词，使自己的搜索排名靠前。

于是 Google 公司的两位创始人，当时还是美国斯坦福大学学生的佩奇和布林，开始了对网页排序问题的研究。他们借鉴了学术界评价学术论文重要性的通用方法——看论文的引用次数，他们由此想到网页的重要性也可以根据这种方法来评价。于是 PageRank 的核心思想就诞生了。

如果一个网页被很多其他网页链接，则说明这个网页比较重要，也就是 PR 值会相对较高。如果一个 PR 值很高的网页链接到一个其他的网页，那么被链接到的网页的 PR 值会相应地提高。

总的来说，PageRank 算法就是预先给每个网页一个 PR 值，由于 PR 值在物理意义上为一个网页被访问的概率，所以一般是$1/N$，其中 N 为网页总数。另外，一般情况下，所有网页的 PR 值的总和为 1。不为 1 的话也不是不行，最后算出来的不同网页之间 PR 值的大小关系仍然是正确的，只是不能直接地反映概率了。预先给定 PR 值后，通过算法不断迭代，直至趋于平稳分布。互联网中的网页（现假设有 4 个）可以看作一个有向图，如图 15-5 所示。

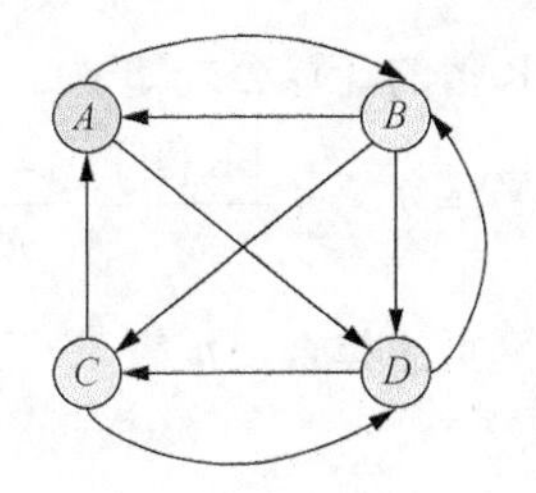

图 15-5　将网页抽象成有向图

这时 A 的 PR 值就可以表示为

$$\mathrm{PR}(A)=\mathrm{PR}(B)+\mathrm{PR}(C)\text{。}$$

然而有向图中会有一些出链，比如节点 B 的出链为 BA、BC 和 BD，因此 $\mathrm{PR}(B)$ 其实被分成了 3 份，上面的计算并不准确。想象一个用户在浏览 B 网页，那么下一步打开 A、C、D 网页的概率应该是相同的，所以 A 的 PR 值为

$$\mathrm{PR}(A)=\mathrm{PR}(B)/3+\mathrm{PR}(C)/2\text{。}$$

互联网中也有一些没有出链的网页，如图 15-6 所示。图 15-6 中的 C 网页没有出链，对其他网页没有 PR 值贡献，这显然不是我们想看到的，因此将其当作对所有的网页（包括它自己）都有出链，则图 15-6 中 A 的 PR 值可表示为

$$\mathrm{PR}(A)=\mathrm{PR}(B)/3+\mathrm{PR}(C)/4\text{。}$$

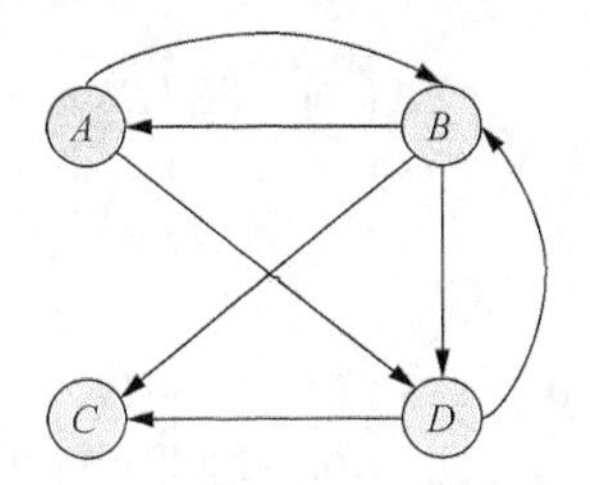

图 15-6　C 为没有出链的网页

如图 15-7 所示，如果互联网中一个网页只有对自己的出链，或者几个网页的出链形成一个循环圈，那么在不断迭代的过程中，这一个或几个网页的 PR 值将只增不减，显然不合理。

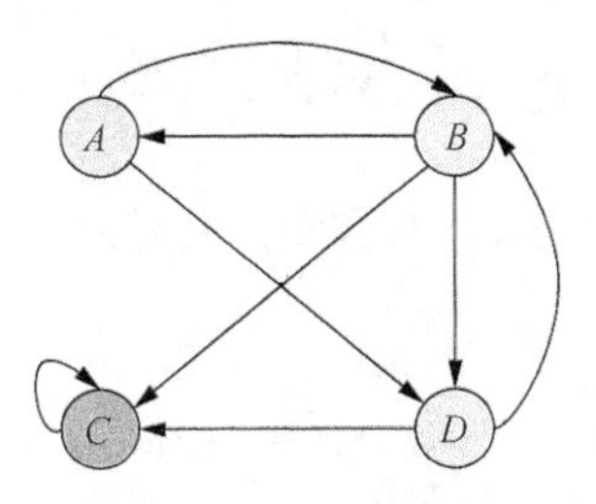

图 15-7　网页循环圈

为了解决这个问题，我们想象一个随机浏览网页的人，当他打开这样的循环圈网页之后，显然不会傻傻地一直被循环圈网页困住。我们假定他会以一个确定的概率输入网址并直接打开一个随机的网页，而且打开每个网页的概率是一样的，于是图 15-7 中 A 的 PR 值可表示为

$$\mathrm{PR}(A)=\alpha\left[\mathrm{PR}(B)/3\right]+(1-\alpha)/4\text{。}$$

其中，α 为节点 PR 值的权重系数。

在一般情况下，一个网页 X 的 PR 值的计算公式如下：

$$\mathrm{PR}(X)=\alpha\sum_{Y_i\in S(X)}\frac{\mathrm{PR}(Y_i)}{n_i}+\frac{1-\alpha}{N}。$$

其中，$S(X)$ 表示指向网页 X 的所有网页的集合，n_i 表示网页 Y_i 的出链数量，N 表示所有网页总数，α 一般取 0.85。

根据上面的公式，我们可以计算每个网页的 PR 值，在不断迭代趋于平稳分布的时候，即得最终结果。

PR 值计算方法如下。

（1）迭代法。利用前面得到的 $\mathrm{PR}(X)$ 公式进行迭代，直到迭代前后两次的差值在允许的阈值内，迭代结束。当然，可以将迭代过程写成矩阵形式。推导过程如下。

针对图 15-7，可以分别得到各个网页的 PR 值的计算公式：

$$\mathrm{PR}(A)=\alpha\frac{\mathrm{PR}(B)}{3}+\frac{1-\alpha}{4},$$

$$\mathrm{PR}(B)=\alpha\left[\frac{\mathrm{PR}(A)}{2}+\frac{\mathrm{PR}(D)}{2}\right]+\frac{1-\alpha}{4},$$

$$\mathrm{PR}(C)=\alpha\left[\frac{\mathrm{PR}(B)}{3}+\frac{\mathrm{PR}(C)}{1}+\frac{\mathrm{PR}(D)}{2}\right]+\frac{1-\alpha}{4},$$

$$\mathrm{PR}(D)=\alpha\left[\frac{\mathrm{PR}(A)}{2}+\frac{\mathrm{PR}(B)}{3}\right]+\frac{1-\alpha}{4}。$$

写成矩阵的形式为

$$\begin{pmatrix}\mathrm{PR}(A)\\ \mathrm{PR}(B)\\ \mathrm{PR}(C)\\ \mathrm{PR}(D)\end{pmatrix}=\alpha\begin{pmatrix}0 & 1/3 & 0 & 0\\ 1/2 & 0 & 0 & 1/2\\ 0 & 1/3 & 1 & 1/2\\ 1/2 & 1/3 & 0 & 0\end{pmatrix}\begin{pmatrix}\mathrm{PR}(A)\\ \mathrm{PR}(B)\\ \mathrm{PR}(C)\\ \mathrm{PR}(D)\end{pmatrix}+\frac{1-\alpha}{4}\begin{pmatrix}1\\ 1\\ 1\\ 1\end{pmatrix}。$$

可以将上面的列向量和矩阵分别用一些符号记录，上式可表示为

$$\boldsymbol{P}_{n+1}=\alpha\cdot\boldsymbol{S}\cdot\boldsymbol{P}_n+\frac{1-\alpha}{N}\boldsymbol{e}^{\mathrm{T}}。$$

其中，α 为系数，一般为 0.85；$\boldsymbol{e}^{\mathrm{T}}$ 为 n 维列向量，其元素值均为 1。

还有更简洁的记法，令

$$\boldsymbol{A}=\alpha\cdot\boldsymbol{S}+\frac{1-\alpha}{N}\boldsymbol{e}\boldsymbol{e}^{\mathrm{T}},$$

$\boldsymbol{A}$ 是一个常数矩阵，那么有迭代公式

$$\boldsymbol{P}_{n+1}=\boldsymbol{A}\cdot\boldsymbol{P}_n。$$

（2）代数法。PageRank 算法最终会实现收敛，收敛时刻的 PR 值组成的列向量 $\boldsymbol{P}$ 应当满足

$$\boldsymbol{P}=\alpha\cdot\boldsymbol{S}\cdot\boldsymbol{P}+\frac{1-\alpha}{N}\boldsymbol{e}^{\mathrm{T}},$$

因此有

$$(\boldsymbol{E}-\alpha\boldsymbol{S})\boldsymbol{P}=\frac{1-\alpha}{N}\boldsymbol{e}^{\mathrm{T}} \Rightarrow \boldsymbol{P}=(\boldsymbol{E}-\alpha\boldsymbol{S})^{-1}\frac{1-\alpha}{N}\boldsymbol{e}^{\mathrm{T}},$$

其中 $\boldsymbol{E}$ 为 n 阶单位矩阵。

代数法不用迭代，求出矩阵的逆，就可以求出 PR 值组成的列向量 $\boldsymbol{P}$，然而，计算大规模的矩阵的逆也是一个难题。因此，代数法代码简单，但效率可能不如迭代法高。

PageRank 算法的实现如代码 15-7 所示。

代码 15-7　PageRank 算法的实现

```
from pygraph.classes.digraph import digraph
class PRIterator:
    def _init_(self,dg):
        self.damping_factor = 0.85          #阻尼系数，即 α
        self.max_iterations = 100           #最大迭代次数
        self.min_delta = 0.00001            #确定迭代是否结束的参数，即 ε
        self.graph = dg
    def page_rank(self):
        #将图中没有出链的节点改为对所有节点都有出链
        for node in self.graph.nodes():
            if len(self.graph.neighbors(node)) == 0:
                for node2 in self.graph.nodes():
                    digraph.add_edge(self.graph,(node,node2))
        nodes = self.graph.nodes()
        graph_size = len(nodes)
        if graph_size == 0:
            return {}
        page_rank = dict.fromkeys(nodes,1.0 / graph_size)
        damping_value = (1.0 - self.damping_factor) / graph_size
        flag = False
        for i in range(self.max_iterations):
            change = 0
            for node in nodes:
                rank = 0
                for incident_page in self.graph.incidents(node):
                    rank += self.damping_factor* (page_rank[incident_page] / len(self.graph.neighbors(incident_page)))
                rank += damping_value
                change += abs(page_rank[node] - rank)   #求绝对值
                page_rank[node] = rank
            print("This is NO.%s iteration" % (i + 1))
            print(page_rank)
            if change < self.min_delta:
                flag = True
                break
        if flag:
            print("finished in %s iterations!" % node)
        else:
            print("finished out of 100 iterations!")
        return page_rank
```

```
if _name_ == '_main_':
    dg = digraph()
    dg.add_nodes(["A","B","C","D","E"])
    dg.add_edge(("A","B"))
    dg.add_edge(("A","C"))
    dg.add_edge(("A","D"))
    dg.add_edge(("B","D"))
    dg.add_edge(("C","E"))
    dg.add_edge(("D","E"))
    dg.add_edge(("B","E"))
    dg.add_edge(("E","A"))
    pr = PRIterator(dg)
    page_ranks = pr.page_rank()
print("The final page rank is\n",page_ranks)
```

代码 15-7 是 PageRank 算法的实现，在此之前需要使用命令 pip install python-graph-core 安装相应的第三方库，这样才能运行第三方库。PageRank 算法原理简单、效果惊人，然而它还是有一些弊端。第一，没有区分站内导航链接。很多网站的首页都有很多对站内其他页面的链接，称为站内导航链接。这些链接与不同网站之间的链接相比，肯定是后者更能体现 PR 值的传递关系。第二，没有过滤广告链接和功能链接（如常见的“分享到微博”）。这些链接通常没有什么实际价值，前者链接到广告页面，后者常常链接到某个社交网站首页。第三，对新网页不友好。一个新网页的入链一般相对较少，即使它的内容质量很高，要成为一个高 PR 值的页面仍需要很长时间的推广。针对 PageRank 算法的弊端，有人提出 TrustRank 算法。TrustRank 算法的工作原理：先人工识别高质量的页面，即“种子”页面，由“种子”页面指向的页面也可能是高质量页面，即其 TR 值也高，与“种子”页面的链接越远，页面的 TR 值越低。“种子”页面可选出链数较多的网页，也可选 PR 值较高的网页。TrustRank 算法给出每个网页的 TR 值。将 PR 值与 TR 值结合起来，可以更准确地判断网页的重要性。

15.3.1 MapReduce 框架下的 PageRank 算法

作为 Hadoop（分布式系统平台）的核心模块之一，MapReduce 是一个高效的分布式计算框架。所谓 MapReduce，就是 Mapping 和 Reducing 两种操作。

映射（Mapping）：对集合里的每个目标应用同一个操作。

化简（Reducing）：遍历 Mapping 返回的集合中的元素，并返回一个综合的结果。

MapReduce 框架下的 PageRank 算法实现如代码 15-8 所示。

代码 15-8　MapReduce 框架下的 PageRank 算法实现

```
from pygraph.classes.digraph import digraph
import itertools
class MapReduce:
    def map_reduce(i,mapper,reducer):
        intermediate = []    #存储所有的(intermediate_key,intermediate_value)
```

```
            for (key,value) in i.items():
                intermediate.extend(mapper(key,value))
            #sorted()返回一个排好序的列表
            #groupby()把迭代器中相邻的重复元素挑出来放在一起
            groups = {}
            for key,group in itertools.groupby(sorted(intermediate,key=lambda im: im[0]),key=lambda x: x[0]):
                groups[key] = [y for x,y in group]
            return [reducer(intermediate_key,groups[intermediate_key]) for intermediate_key in groups]
class PRMapReduce:
    def _init_(self,dg):
        self.damping_factor = 0.85      #阻尼系数，即 α
        self.max_iterations = 100       #最大迭代次数
        self.min_delta = 0.00001        #确定迭代是否结束的参数，即 ε
        self.num_of_pages = len(dg.nodes())  #总网页数
        self.graph = {}
        for node in dg.nodes():
            self.graph[node] = [1.0 / self.num_of_pages,len(dg.neighbors(node)),dg.neighbors(node)]
    def ip_mapper(self,input_key,input_value):
        if input_value[1] == 0:
            return [(1,input_value[0])]
        else:
            return []
    def ip_reducer(self,input_key,input_value_list):
        return sum(input_value_list)
    def pr_mapper(self,input_key,input_value):
        return [(input_key,0.0)] + [(out_link,input_value[0] / input_value[1]) for out_link in input_value[2]]
    def pr_reducer_inter(self,intermediate_key,intermediate_value_list,dp):
        return (intermediate_key,
                self.damping_factor * sum(intermediate_value_list) +
                self.damping_factor * dp / self.num_of_pages +
                (1.0 - self.damping_factor) / self.num_of_pages)
    def page_rank(self):
        iteration = 1    #迭代次数
        change = 1       #记录每轮迭代后的 PR 值变化情况
        while change > self.min_delta:
            print("Iteration: " + str(iteration))
            dangling_list=MapReduce.map_reduce(self.graph,self.ip_mapper,self.ip_reducer)
            if dangling_list:
                dp = dangling_list[0]
            else:
                dp = 0
            new_pr = MapReduce.map_reduce(self.graph,self.pr_mapper,lambda x,y: self.pr_reducer_inter(x,y,dp))
            change = sum([abs(new_pr[i][1] - self.graph[new_pr[i][0]][0]) for i in range(self.num_of_pages)])
            print("Change: " + str(change))
            for i in range(self.num_of_pages):
                self.graph[new_pr[i][0]][0] = new_pr[i][1]
            iteration += 1
        return self.graph
```

最后是测试部分，使用 Python 的 digraph()创建一个有向图，并调用上面的方法来计算 PR 值，如代码 15-9 所示。

代码 15-9　创建有向图

```
if _name_ == '_main_':
    dg = digraph()
    dg.add_nodes(["A","B","C","D","E"])
    dg.add_edge(("A","B"))
    dg.add_edge(("A","C"))
    dg.add_edge(("A","D"))
    dg.add_edge(("B","D"))
    dg.add_edge(("C","E"))
    dg.add_edge(("D","E"))
    dg.add_edge(("B","E"))
    dg.add_edge(("E","A"))
    pr = PRMapReduce(dg)
    page_ranks = pr.page_rank()
    print("The final page rank is")
    for key,value in page_ranks.items():
        print(key + " : ",value[0])
```

15.3.2　Spark 框架下的 PageRank 算法

PageRank 是执行多次连接的迭代算法，因此，它是 RDD 分区操作的一个很好的用例。算法会维护两个数据集：一个由<pageID,linkList>的元素组成，包含每个页面的相邻页面的列表；另一个由<pageID,rank>元素组成，包含每个页面的当前排序值。PageRank 算法按如下步骤进行计算。

将每个页面的排序值初始化为 1.0。在每次迭代中，对页面 p，向其每个相邻页面发送贡献值 $\text{rank}(p)/\text{numNeighbors}(p)$。将每个页面的排序值设为 $0.15+0.85\times\text{contributionsReceived}$。最后重复几个循环，在此过程中，算法会逐渐收敛于每个页面的实际 PR 值。在实际操作中，收敛通常需要约 10 轮迭代。

假设有一个由 A、B、C 和 D 这 4 个页面组成的“小团体”。相邻页面如下所示。

A：$A\ C\ D$

B：D

C：$B\ D$

D：

Spark 框架下的 PageRank 算法实现如代码 15-10 所示。

代码 15-10　Spark 框架下的 PageRank 算法实现

```
package com.pagerank
import org.apache.log4j.{Level,Logger}
import org.apache.spark.{HashPartitioner,SparkConf,SparkContext}
object PageRank{
  def main(args: Array[String]): Unit = {
    Logger.getLogger("org.apache.spark").setLevel(Level.WARN)
```

```
        Logger.getLogger("org.apache.jetty.server").setLevel(Level.OFF)
        #定义 α
        val alpha = 0.85
        val iterCnt = 20
        #初始化“网页图”
        val conf = new SparkConf().setAppName("page rank").setMaster("local[2]")
        val sc=new SparkContext(conf)
        val links = sc.parallelize(
          List(
            ("A",List("A","C","D")),
            ("B",List("D")),
            ("C",List("B","D")),
            ("D",List()))
        ) #利用内存缓存分区数据
        .partitionBy(new HashPartitioner(2))
        .persist()
        #初始化 PR 值
        var ranks = links.mapValues(_ => 1.0)
        #迭代
        for (i <- 0 until iterCnt) {
          val contributions = links.join(ranks).flatMap{
            case (_, (linkList,rank)) => linkList.map(dest => (dest,rank / linkList.size))
          }
          ranks = contributions.reduceByKey((x,y) => x + y).mapValues(v => {(1 - alpha) + alpha * v})
        }
        #展示最终 PageRank 值
        ranks.sortByKey().foreach(println)
    }
}
```

算法从将 ranks 的每个元素的值初始化为 1.0 开始，之后在每次迭代中不断更新 ranks 变量。在 Spark 中编写 PageRank 算法实现代码的主体相当简单，首先对当前的 ranks 和静态的 links 进行一次 join()操作，来获取每个页面 ID 对应的相邻页面列表和当前的排序值；然后使用 flatMap 创建 contributions 来记录每个页面对各个相邻页面的贡献；再把这些贡献值按照页面 ID 分别累加起来，把页面的排序值设为 0.15 + 0.85 × contributionsReceived。

虽然代码本身很简单，代码 15-10 还是“做了不少事情”来确保 RDD 以比较高效的方式进行分区，从而最小化通信开销。

下面是利用 Spark 计算 PageRank 的一些优化手段。

（1）注意 links 在每次迭代中都会和 ranks 发生连接操作。由于 links 是一个静态数据集，所以在程序一开始的时候就对它进行了分区操作，这样就不需要把它通过网络进行数据混洗了。实际上，links 的字节数一般来说会比 ranks 大得多，毕竟它包含每个页面的相邻页面列表（由页面 ID 组成），而不仅仅是一个 double 值，因此，这一优化相比 PageRank 的原始实现代码 15-7，节约了相当可观的网络通信开销。

（2）出于与（1）相同的原因，调用 links 的 persist()方法，将它保留在内存中以供每次迭代使用。

（3）当第一次创建 ranks 时，我们使用 mapValues()而不是 map()来保留上级 links 的分区方式，这样对它进行的第一次连接操作开销就会很小。

（4）在循环体中，在 reduceByKey()后使用 mapValues()。因为 reduceByKey()的结果已经是散列分区的了，这样一来，下一次循环将映射操作的结果，再次与 links 进行连接操作时就会更加高效。

15.3.3 性能分析与比较

在 PageRank 问题中，每次迭代都需要对链接和排名数据进行相同的操作。由 MapReduce 处理迭代问题时每次迭代都需要进行磁盘读取操作，效率较低；而 Spark 每次迭代的结果无须存入磁盘，并且允许用户将常用数据存入内存，这使 Spark 在处理迭代问题时效率要高于 Hadoop MapReduce。Spark 提供了与 Scala、Java、Python 编程一样的高级 API，这样便于开发并发处理应用程序。Hadoop 每一次迭代会在工作集上反复调用一个函数，每一次迭代都可以看作 MapReduce 的任务，每一次任务的执行都需要从硬盘重新下载数据，这会显著地增加时间延迟；而 Spark 却不用从硬盘调用数据，只需从内存调用数据。二者对比，Spark 相较于 Hadoop 显著的特征就是快，Spark 对于小数据集能够达到“亚秒级”的延迟，这相对于 Hadoop 由于“心跳机制”要花费数秒的性能而言无疑是飞跃。Hadoop 经常被用于在大数据上通过 SQL 接口（如 Pig 和 Hive）运行 Ad-hoc 探索性查询，实际上用户可以将数据集装载到内存进行查询，然而 Hadoop 通过 MapReduce 任务进行，由于反复从硬盘读取数据，因此它的延迟非常多。Spark 借助 Hadoop 的基础设施，与其实现了完美融合，凭借 Scala 的强大功能，能运行在 JVM（Java Virtual Machine，Java 虚拟机）的任何地方，还可以充分利用大量现存的 Java 库和现有的 Java 代码。因此，Spark 只需要稍做修改，就可以实现交互式编程。通过对比代码数量可以发现，由于 Scala 的简洁性以及 Spark 非常好地利用了 Hadoop 和 Mesos 的基础设施，Spark 代码量明显少了许多。

本章小结

本章介绍了多种大数据计算框架下，面向不同应用需求的数据分析算法。具体来说，本章介绍了针对非结构化数据的 Hadoop MapReduce 批处理模型，介绍了基于物理大内存的高性能内存计算（Spark）模型中的朴素贝叶斯算法、*k*-means 算法、PageRank 算法的实现，并分析、比较了各类数据分析算法的性能。

本章习题

1．简述 Hadoop 的 MapReduce 编程模型。

2．简要阐述 Hadoop 和 Spark 的发展过程、相互关系，以及 Hadoop 和 Spark 在性能上的差别与适用场景。

3．使用 Hadoop 和 Spark 对常用的机器学习算法进行建模编程和实现，从中体会二者的区别和联系。

4．深入理解 Hadoop 和 Spark 的底层原理，使用图示的方式简要阐述集群中的 RPC 过程。

课程实验

搭建 Hadoop 和 Spark 伪分布式实验环境，并运行 WordCount 实例。

参考文献

［1］罗伯特·L.克鲁斯，亚历山大·J.瑞巴．数据结构与程序设计——C++语言描述[M]．北京：高等教育出版社，2001.

［2］巴德．经典数据结构（Java 语言版）[M]．北京：清华大学出版社，2005.

［3］殷人昆，陶永雷，谢若阳，等．数据结构（用面向对象方法与 C++描述）[M]．北京：清华大学出版社，1999.

［4］萨特吉·萨尼．数据结构、算法与应用——C++语言描述[M]．王立柱，刘志红，译．北京：机械工业出版社，2015.

［5］管纪文，刘大有．数据结构[M]．北京：高等教育出版社，1985.